# 火力发电生产典型异常事件汇编

## 主机部分

大唐国际发电股份有限公司　编

中国电力出版社
CHINA ELECTRIC POWER PRESS

## 内 容 提 要

《火力发电生产典型异常事件汇编》分为主机部分、辅机部分两分册。主机部分含锅炉部分、汽轮机部分、电气部分、继电保护部分、热工控制部分、辅机控制部分，内容包括主机本体设备故障及运行人员操作不当等原因导致的机组非停事件，如典型的四管泄漏停机异常事件、汽轮机本体故障停机异常事件、保护误动停机异常事件等。主机部分的案例约200个，每个事件案例从设备简介、事件经过，原因分析、整改措施四个方面进行阐述，力求描述清晰、分析到位、措施合理。

本书可作为火力发电机组运行、维护、管理人员的安全生产学习用书，也可供检修人员参考学习。

**图书在版编目（CIP）数据**

火力发电生产典型异常事件汇编．主机部分/大唐国际发电股份有限公司编．—北京：中国电力出版社，2013.6（2019.5重印）

ISBN 978-7-5123-4437-2

Ⅰ.①火… Ⅱ.①大… Ⅲ.①火电厂—事故—案例—汇编 Ⅳ.①TM621

中国版本图书馆CIP数据核字（2013）第095198号

中国电力出版社出版、发行

（北京市东城区北京站西街19号 100005 http：//www.cepp.sgcc.com.cn）

北京雁林吉兆印刷有限公司印刷

各地新华书店经售

*

2013年6月第一版 2019年5月北京第三次印刷

787毫米×1092毫米 16开本 17印张 403千字

印数5001—6000册 定价 **50.00** 元

# 《火力发电生产典型异常事件汇编》

## 编　委　会

# 序

大唐国际发电股份有限公司自组建以来，在“十一五”和“十二五”期间经历了一个快速发展的时期，管理火力发电企业由4家发展到24家，火电装机容量达3209万kW，其中包括新投产的一批高参数、大容量火电机组。公司的快速发展使发电企业呈现出定员少、人员流动快、岗位变化大等特点，这对生产和管理人员的安全生产技能和技术水平的要求越来越高。生产人员的技术技能水平，尤其是异常事件处理的能力与安全生产的实际需要不相适应，给各企业的安全生产带来一定的风险。为更好地防控风险，尽快提高安全生产人员异常事件的防范和处理能力，公司梳理了2005年以来各火电企业发生的典型异常事件，编写了《火力发电生产典型异常事件汇编》，供生产人员系统学习，以弥补其现场实际经验不足的短板。

实践证明任一异常事件的发生，必然暴露出“人、机、环、管”某些环节问题，本书从问题出发，分析异常事件发生的机理，总结防范措施，希望从源头切断异常事件发生的链条，筑牢安全基础，切实保障人身、设备的安全。本书每一个案例都来自实际的事件，对每一个事件的处理都是按照“四不放过”的原则进行结案的，在编辑过程中略去了对人员的责任认定和处理相关内容。真心希望各级安全生产人员能从以往的异常事件中吸取教训，举一反三，不断提高安全防范意识和处理异常事件的能力。

“前事不忘，后事之师”，安全生产的经验不能简单复制，但是可以学习、借鉴、积累，关键是要用心来感受、感知。对发生在“他厂”、“他人”的异常事件要感同身受，切不可漠然视之，“事不关己，高高挂起”，最终重蹈覆辙。本书用一个个实际的案例一次次地提醒我们：“安全生产，如履薄冰”，告诫我们在安全生产工作中的薄弱点在哪里，指出我们应该干什么和不该干什么。希望本书的出版能够对提高生产一线人员的技术技能水平有所帮助，同时希望对于加强企业的安全管理和技术管理，提高运行管理、设备管理、检修管理水平，落实安全生产责任有所帮助。

**安洪光**

2012年10月

# 前　言

近年来，高参数、大容量火电机组数量逐年增多，生产人员结构年轻化情形愈加凸显。因此，要保持大型火电机组安全生产的长治久安，就必须提高设备健康水平和生产管理水平，提高机组运行可靠性，以减少机组设备异常事件的发生。为此，为进一步加强技术管理和培训工作，实现大型火电机组安全生产的技术共享，推进“本质安全型企业”创建工作，在大唐国际发电股份有限公司领导的关心下，组织火力发电技术专业人员编写了一套《火力发电生产典型异常事件汇编》，分为主机部分、辅机部分两分册。

本套汇编选编的事件都来源于生产现场，覆盖火力发电企业主、辅控系统的各个专业。每个事件由设备简介、事件经过、原因分析、整改措施四个方面进行阐述，力求描述清晰、分析到位、措施合理。

《火力发电生产典型异常事件汇编　主机部分》主要编写人员有：杨海涛、桂东波、田昊明、王俊、李小军、张立、丁兆宗、谷宏彬、朱卫民、李建辉、武志军、樊喜山、王新蕾、胡继斌、黄鹏、林永文、吴元生、刘思明、杨春龙、张永利、方向明、常旭东、董志明、王同富、张茂盛、吴克锋、杨补运、董绍存、姚海洋、冯海军、郭跃武、朱忠强、王晓健、周亚强、高德程、贾福云、石元军、王向洪、许小明、张敏、焦开明、张西杰。

《火力发电生产典型异常事件汇编》历经近两年时间编写完成，得到了公司各火力发电企业的大力支持，在此一并致谢。

由于编写水平所限，书中难免存在不足之处，敬请读者批评指正。

编　者

2012 年 10 月

# 目 录

## 第二篇　汽轮机部分

## 第三篇　电气部分

## 第四篇　继电保护部分

## 第五篇　热工控制部分

## 第六篇　辅机控制部分

# 第一篇

# 锅炉部分

# 第一章　四管泄漏停机异常事件

## 第一节　管子材质不良引起泄漏异常事件

### 案例1　后屏过热器材质不良导致泄漏停机异常事件

#### 一、设备简介

某电厂锅炉为亚临界、一次中间再热、固体排渣、单炉膛、Π型半露天布置、全钢构架、悬吊结构、控制循环汽包锅炉，型号为HG-2030/17.5-YM9。2005年投产，没有进行过大修。后屏过热器管子规格$\phi$60×12mm，材料为12Cr1MoVG。

#### 二、事件经过

2007年1月6日14时40分，机组负荷540MW，锅炉四管泄漏监视装置发07点、21点、22点、24点报警（07点的位置在炉墙左侧折焰角处，21点、22点、24点的位置在锅炉尾部烟道竖井上部）。检查人员初步判断为过热器泄漏爆管。联系中调停机抢修，于1月6日22时30分解列。

进入锅炉内检查发现，第一漏点为后屏过热器左数第6、前数第28根管标高62m（距下弯头约11m）处爆破，爆口形式为钝边纵向，爆口宽度10mm，长度335mm，并有向两侧延伸趋势，爆口两端无胀粗现象，爆破管段外表面光滑，无过热氧化皮和微裂纹，见图1-1、图1-2。爆口将左数第6屏、前数共11根管和第7屏、前数共13根管吹损。

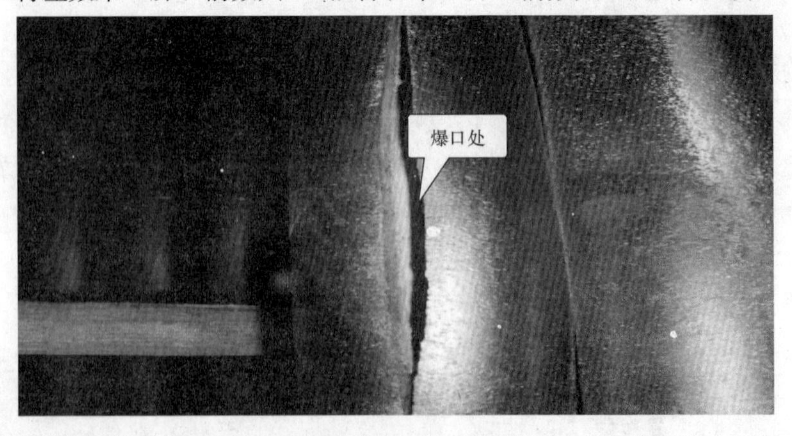


图1-1　首爆口形貌图

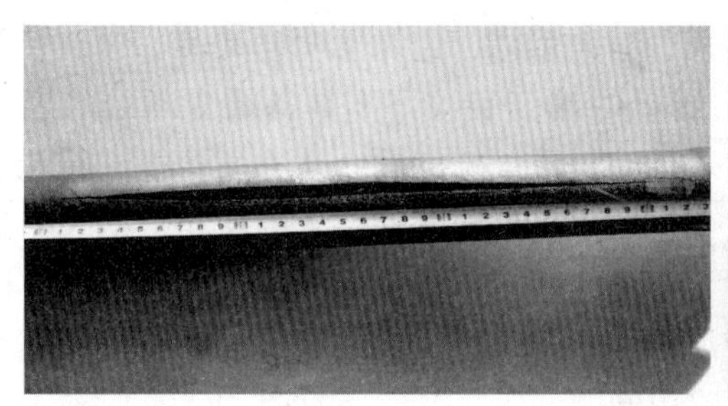

图 1-2 首爆口宏观放大形貌图

## 三、原因分析

（1）对爆破的过热器管进行光谱检验、金相检验、力学性能试验。

光谱分析结果：用 X-MET3000TX 直读光谱对爆破管件进行光谱检验，数值在允许的偏差范围内，见表 1-1。

**表 1-1 光谱检验结果** （%）

| 检验元素 | Cr | Mo | V |
|---|---|---|---|
| 检验结果 | 1.09 | 0.28 | 0.32 |
| GB 5310—1995 | 0.9～1.2 | 0.25～0.35 | 0.15～0.3 |

从力学性能结果来看拉伸强度，延伸率均符合国家标准要求，压扁试验结果也合格，见表 1-2。

**表 1-2 力学性能试验结果（拉伸试验）**

| 序号 | 抗拉验度（MPa） | 延伸率（%） |
|---|---|---|
| 试验 1 | 530 | 33 |
| 试验 2 | 505.1 | 30 |
| GB 5310—1995 | 470～640 | ≥19 |

金相检验结果：爆口取样做金相检验，组织为铁素体＋贝氏体组织，晶粒度不均匀，见图 1-3。未见蠕变孔洞裂纹，碳化物已成球状，球化级别 2～3 级，见图 1-4。与爆口间隔 90°位置的金相组织与爆口附近金相组织相似。

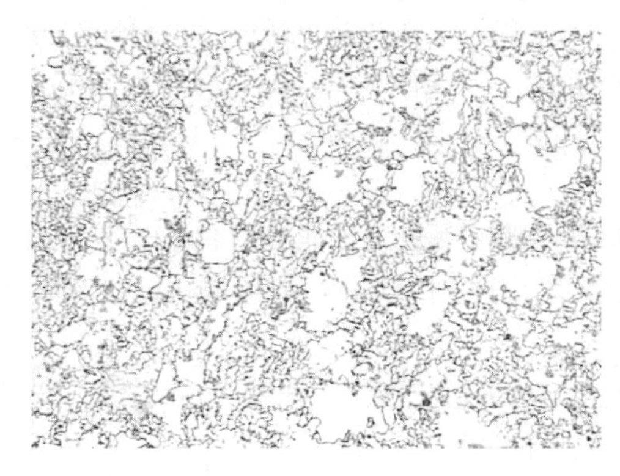

图 1-3 金相检验（晶粒度）

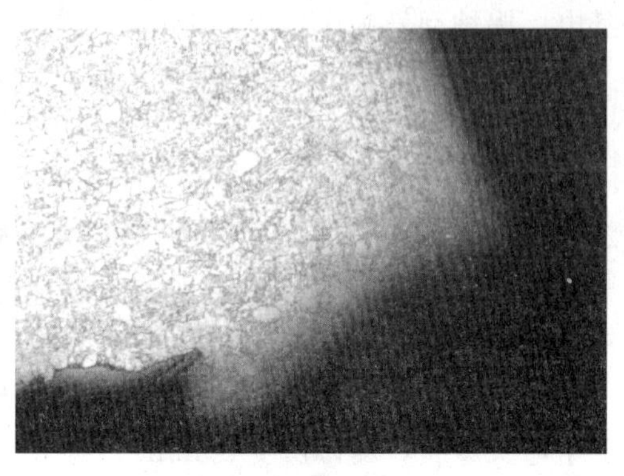

图 1-4 金相检验（球化）

（2）从首爆管的宏观形貌看，爆口张口不大、断面粗糙、边缘无明显减薄，爆破管段及相邻管段氧化色正常，主爆口两侧无平行于主爆口的蠕变裂纹，不具备蠕变断裂的宏观特征。从光谱检验结果分析，管材符合设计材质，排除材质用错问题。从力学性能试验看，拉伸试验和压扁试验符合标准要求。从金相组织分析，爆口处与其他位置的金相组织无明显差异，爆口附件未见蠕变孔洞和蠕变裂纹，管材无明显的胀粗，不具备长期过热爆管的显微组织特征。金相检验结果中，晶粒度不均说明管材轧制工艺不佳。由以上金属分析结果认为，本次锅炉泄漏排除了金属过热爆管，属管材缺陷引起。

（3）在基建期间，曾发现原厂家所供个别管屏的管子端部有裂纹。经分析是管材在拔制后应进行切头处理，管材生产厂家在管材出厂时切头漏切。初步确认爆口属于偶发性缺陷，为锅炉管出厂在对管端切割时未彻底将质量不稳定区除掉。此次爆管为管材的端部有缺陷，在运行中扩展所致。

## 四、整改措施

（1）本次对爆管及吹损部位进行了全面的检查，对 25 根管子全部进行更换，焊口进行了热处理和 100%RT 检查，焊口未见异常。

（2）对其他受热面进行扩大检查。针对运行中出现过的管壁温度报警，对分隔屏过热器管的超温影响进行抽查，对左数第 3 屏进行抽样金相分析和硬度检验，抽检三根管的金相未见异常，硬度检查后估算常温机械强度符合标准，管子表面无过热氧化皮裂纹和脱落现象。

（3）对尾部、转向室、上水平烟道受热面进行检查，未见超标缺陷。对四管泄漏监控装置第 20～22 点附近的受热面及水冷壁进行检查，未发现异常。

（4）对换下的管子中存在对接焊口的管端进行抽样分析，以检查管材存在制造缺陷是个案还是普遍问题。在机组小修时再进行管头割样分析，以便消除事故隐患。

# 案例2 水冷壁管材质不良导致泄漏停机异常事件

## 一、设备简介

某电厂锅炉型号为 HG-670/140-9，为超高压参数，一次中间再热自然循环汽包锅炉，1988 年 1 月 24 日投产。水冷壁型式为膜式，外径 60mm、壁厚 6.5mm、材质为 20G。

## 二、事件经过

2008 年 1 月 23 日 18 时 23 分，运行人员检查发现该锅炉 1 号角处冒白汽，就地检查发现沿 1 号喷燃器喷口处水冷壁有泄漏，迅速减负荷。18 时 25 分，汽包水位低三值保护动作，锅炉停炉。

24 日 14 时，就地检查设备损坏情况，发现前墙水冷壁左数第四根管、标高约 21m 左右处的一个弯头爆裂，爆口长度 30mm×190mm，见图 1-5。

25 日 04 时，更换弯头完毕，恢复 1 号喷口。锅炉上水过程中，发现距 1 号角下二次风喷口下方约 500mm 处，前墙水冷壁左数第一根水冷壁管子横向断裂，见图 1-6。

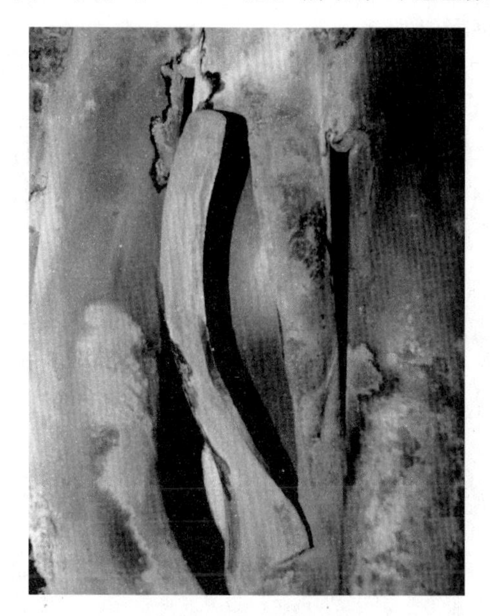

图 1-5 水冷壁爆口

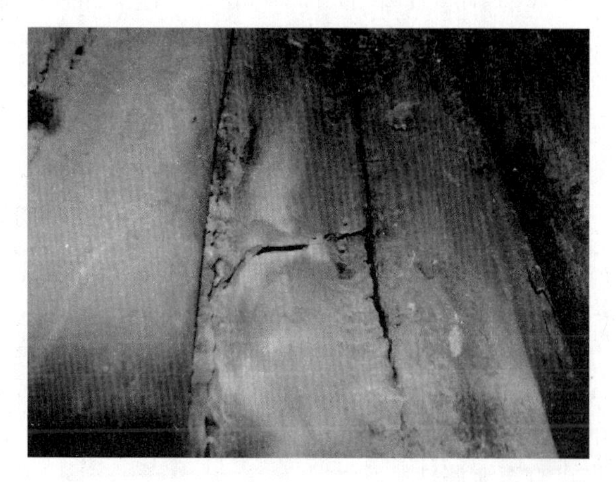

图 1-6 水冷壁管子横向断裂

## 三、原因分析

(1) 该锅炉前墙水冷壁左数第四根管、标高约 21m 处的一个弯头爆裂为第一个漏点。裂口呈撕裂状，爆口长度 30mm×190mm，爆口边缘未见减薄，管内壁有轻微划痕，管子外壁无冲刷痕迹，无超温和磨损减薄现象。初步判断为管材在生产或加工弯管时产生隐性内部缺陷，经多年运行疲劳损伤形成纵向爆口。

(2) 该锅炉前墙水冷壁左数第一根管、标高约 13m 处横向断裂为第二个漏点。从外观检查，管子外壁无冲刷痕迹，无超温和磨损减薄现象。判断为第一个漏点弯头爆裂后，炉墙管排之间产生的反作用力将管子拉断。

## 四、整改措施

(1) 在机组检修中，落实防磨防爆责任制，扩大检查范围，建立隐蔽区域泄漏记录处理档案。在做好对常规部位割管、换管、检查记录及受热面管运行时间统计的同时，加大对水冷壁四角弯管部位的检查。

(2) 加强对防磨防爆人员专业知识的培训，不断提高工作人员的综合素质。

(3) 加强防磨防爆管理，坚持逢停必查。并利用机组停运机会，对受热面进行全面的检查。

# 案例3 水冷壁材质缺陷导致泄漏停机异常事件

## 一、设备简介

某电厂锅炉为亚临界、一次中间再热、固态排渣、单炉膛、Π型布置、全钢构架悬吊结构、半露天布置、控制循环汽包锅炉，型号为 HG-2023/17.6-YM4。锅炉水冷壁材质 SA210A1，规格为 $\phi$50.8×6.2mm～$\phi$63.5×6.2mm 螺纹管。

## 二、事件经过

2006 年 9 月 22 日 17 时 00 分，锅炉四管泄漏装置 2 点显示较平时略大，就地检查炉右 7.5m 侧墙人孔门处有泄漏声。18 时 00 分，向中调申请停机，19 时 05 分机组开始滑停，21 时 53 分发电机解列，机组停运。

## 三、原因分析

（1）检查割下的管件，发现泄漏处存在横向裂纹，裂纹长度约 30mm，经长期运行后裂纹逐步扩展，最终导致泄漏，见图 1-7。此处泄漏后，将第 12 根管件滋漏，其他相邻管件滋伤。宏观检查其他管件未见异常。

（2）管件受外力拉裂。泄漏部位下部为侧墙与前墙斜坡水冷壁交界处，此处受侧墙及前墙不同方向的外力，受力情况复杂。锅炉在运行及启停过程中，由于锅炉工况的变化，整体的膨胀随之变化，两墙交界处的管件受力较大。由于反复受到多变的外力，导致管件产生损伤，直至泄漏。

图 1-7 水冷壁爆口处

## 四、整改措施

（1）加强设备点检、巡检，以及相关参数的监督，及时发现异常并及时处理。

（2）加强防磨防爆管理，坚持逢停必查。并利用机组停运机会，对受热面进行全面的检查。

# 案例4 循环流化床锅炉中温过热器管材不良导致泄漏停机异常事件

## 一、设备简介

某电厂锅炉型号为 HG-1025/17.5-L.HM37 循环流化床锅炉。主要参数：最大连续蒸发量 1025t/h，过热蒸汽出口压力 17.5MPa，过热蒸汽出口温度 540℃，再热蒸汽进/出口压力 3.99/3.8MPa，再热蒸汽流量 846t/h，总风量 918 000m³/h，给水温度 282℃，总给煤量

226.5t/h。

## 二、事件经过

2006年9月8日00时55分，锅炉右侧有异常声音，且给水流量由923t/h升至960t/h，经检查发现右二外置床内部受热面爆管。02时15分打闸停机。8日09时，检查确认锅炉右二外置床内部右后中温过热器Ⅱ靠炉前从左数第2～7根吊挂管膨胀弯处损坏，吊挂管左数第1～10根直管段出现不同程度的磨损减薄，最薄处壁厚5.0mm，右后外置床因汽水导致床料板结。

## 三、原因分析

从现场情况看，首先是右二外置床内部中温过热器Ⅱ第2根吊挂管弯头处爆裂，见图1-8。随后将外置床墙面和外护板吹破，再将第3～7根管子吹破，同时将第1～10根直管段吹薄。泄漏的水汽与床料和灰接触，造成板结。在检查破损管时，发现右数第2根吊挂管膨胀弯上部爆破口处有纵向裂纹，初步分析为管子原始制造缺陷，从而导致右数第3～7根吊挂管膨胀弯处吹损。

图1-8 右二外置床外部泄漏点

## 四、整改措施

(1) 停炉后测量泄漏点附近的过热器管壁厚，对不能满足运行要求的全部更换。
(2) 对使用的新管材及弯头进行严格金属检验，将不符合检验标准要求的返厂。
(3) 对其他三个外置床受热面管的磨损情况进行检查。
(4) 加强锅炉四管泄漏监视，停炉必查。

# 案例5 循环流化床锅炉左中温过热器材质不良导致泄漏停机异常事件

## 一、设备简介

某电厂锅炉为HG-1025/17.5-L.HM37循环流化床锅炉，主要参数：最大连续蒸发量

1025t/h，过热蒸汽出口压力 17.5MPa，过热蒸汽出口温度 540℃，再热蒸汽进/出口压力 3.99/3.8MPa，再热蒸汽流量 846t/h，总风量 918 000m³/h，给水温度 282℃，总给煤量 226.5t/h。

## 二、事件经过

2009 年 3 月 31 日 14 时 50 分，机组负荷 282MW，机跟炉方式，总煤量 211t/h，主蒸汽压力 16.7MPa，主蒸汽温度 539℃，主蒸汽流量 968t/h，给水流量 868t/h，锅炉左右侧平均床压 6.5kPa 左右，左二外置床床压 34kPa，左二回料阀开度 36%左右，锅炉双套引风机、送风机、一次风机运行，三台高压流化风机运行，四套给煤系统运行。运行人员发现给水流量有增大趋势，凝结水补给水量突然增大 20t/h，检查发现左二外置床入炉膛膨胀节下部有水滴，左二外置床顶部有蒸汽冒出，确认左二外置床过热器管爆管，机组开始降负荷滑停。在机组滑停过程中补水量突然增大 100t/h 以上，3 月 31 日 16 时机组打闸。

2009 年 4 月 1 日，机组停运后对锅炉四个外置床放空床料，检查左二外置床内部受热面管，发现左二外置床内部布置的中温过热器Ⅱ受热面管排吹损严重，泄漏管多达 22 根，还有大部分被吹损减薄管。经测厚发现有 11 根管超标，需进行更换。此次抢修共用时 12 天，焊口数量 98 道。

## 三、原因分析

锅炉左二外置床的泄漏部位为中过ⅡB 区改造管下方，经检查共吹损 43 根受热面蛇形管、5 根吊挂管，主要为 B 区第一屏至第三屏管排共 31 根管，第十三屏、第十四屏共 7 根管。由于泄漏发生后及时停运，中温过热器Ⅱ内部管排吹损面积较小，经检查确认首爆口为第四排吊挂管，见图 1-9～图 1-12。

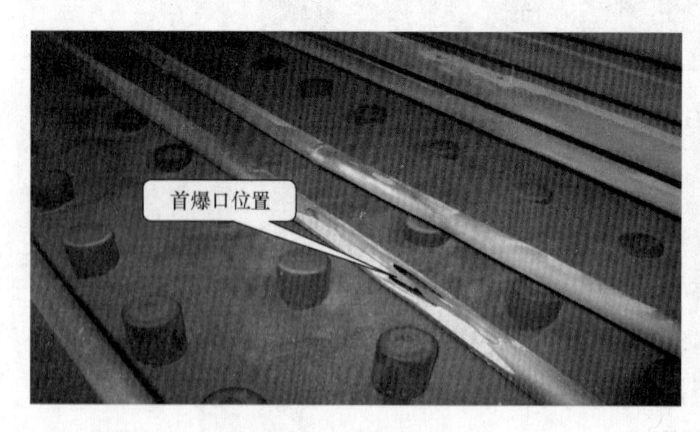


图 1-9 首爆口位置

图 1-10 右侧吹损管

从爆管情况分析：爆管位置为该吊挂管中部（此吊挂管为改造后新更换的管子），当吊挂管泄漏后，蒸汽喷出吹爆两侧管排。初步判断为该吊挂管因磨损以致管壁减薄后泄漏。但检查吊挂管其他部位及另外几根吊挂管下部并无磨损，后经联系锅炉厂家设计处分析，认为该吊挂管因把周围管排取空后而造成物料流化变化，使该吊挂管水平段磨损加剧，15 天内就减薄发生泄漏的可能性很小，从而推断中温过热器Ⅱ受热面该吊挂管材质可能存在缺陷，当锅炉启动升压后就已经发生泄漏。

图 1-11 左侧吹损管

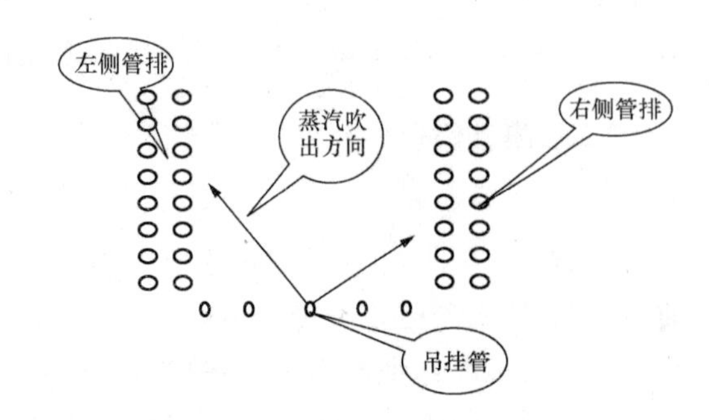


图 1-12 管排泄漏示意图

（1）此次发生泄漏的中温过热器Ⅱ吊挂管为首爆口，材质为 T91，吊挂管材质存在缺陷，这是此次发生爆管的直接原因。

（2）此次更换的管子入厂后未做入库后的金属检验，存在对入库的高温高压管道管理不到位现象，这是造成此次泄漏的主要原因。

（3）未能对所有库存的合金管做全面系统的金属检验，对金属检验存在管理不到位的情况，这是造成此次泄漏的次要原因。

### 四、整改措施

（1）确定逢停必检项目，坚持"逢停必查"的原则，利用一切机会进行受热面防磨防爆检查，对外置床应及时放尽床料进行检查，发现问题及时处理。

（2）运行人员应加强运行参数的监视，及时发现异常，认真分析。当确定受热面泄漏时，要果断采取停机措施，防止吹损其他受热面而造成事故的扩大。

（3）点检人员应加强对外置床的巡检监督力度，尤其要加强对外置床内部受热面管的壁温测点、运行参数等的监督。

（4）对外置床内部中过Ⅱ受热面管排进行全面技术改进，消除留有隐患的管排，留出检修空间。

（5）加强金属监督，对所有库存合金管，尤其是高温高压管道进行涡流探伤，严禁使用检验出有缺陷的管道。

## 第二节 超温引起泄漏异常事件

### 案例6 水冷壁管堵异物泄漏导致停机异常事件

### 一、设备简介

某电厂锅炉为东方锅炉厂制造的 DG1025/177-Ⅱ型中间再热、自然循环、单炉膛、燃煤汽包锅炉。主要参数：最大连续蒸发量 1025t/h，过热蒸汽出口压力 17.4MPa，过热蒸汽出口温度 540℃，给水温度 276℃。锅炉汽包下部装置 $\phi$508×55mm 集中下降管 4 根，由集中下降管分配集箱引出 74 根 $\phi$159×18mm 的分散连接管将水输送到水冷壁下集箱，由下集箱上引出 $\phi$63.5×7.5mm 管子 662 根，为确保锅炉水循环的安全可靠，在标高 25 200mm 以上直到折焰角共 23.2m 高度范围四周全部采用内螺纹管。

## 二、事件经过

1. 第一次爆管

2004 年 10 月 21 日，锅炉水冷壁爆管。检查发现：左墙水冷壁水平烟道附近人孔向炉前数第 13 根水冷壁管爆管，规格为 $\phi$63.5×7.5mm，材质为 SA-210C。

首爆口情况：张口不大，张口宽 3mm，长度 34mm。有明显蠕胀变形，爆口断面为脆性断面，爆口附近有许多与爆口平行的纵向微裂纹，属于典型的长期超温爆口特征。

首爆管的金相分析情况：向火面自两侧鳍片至向火面中心，珠光体组织呈现连续老化现象：由正常→部分球化→完全球化及石墨化，向火面中心组织老化严重，出现了石墨化现象。说明本水冷壁管长期处于超温运行状态。

综上所述，爆管起因是长期超温。导致长期超温的原因可能是：该管路内部介质流通不畅，对向火面冷却不足造成超温，但超温的幅度不会太大，经长期运行后发生蠕变引起了爆管。

对该管路进行全面检查，用内窥镜检查集箱管座及管内情况，未发现管道堵塞现象，认为堵塞物已经被吹走，机组启动。

2. 第二次爆管

2005 年 5 月 11 日，1 号炉水冷壁爆管，仍为炉左侧包墙水冷壁后数第 13 根管爆管。

首爆口情况：呈鱼嘴状，爆口位于水冷壁的向火侧，沿管材外壁纵向撕裂，爆口边缘减薄明显，爆口长约 220mm，最宽处约为 90mm，最薄处约为 1.0mm。属于典型的短期超温爆口特征。

首爆管的金相分析情况：爆口边缘的珠光体基本消失，存在大量的被拉长的铁素体晶粒及颗粒状碳化物，但未观察到明显的相变组织存在，管材在运行中发生了组织球化，管材背火侧组织球化速度较慢，向火侧较快，而爆口附近部位为球化最严重的部位。

综上所述，爆管起因是短期超温。说明该管路内部介质流通不畅，对向火面冷却不足造成超温。

对该管路进行彻底检查。对三通管进行射线检查，未见异常；对爆口上下管路进行窥镜检查，未见异常（受光缆长度限制，只能检查部分管路）。

组织了设备、运行、金属等专业的技术人员进行进一步的原因分析，并研究防范措施。分析认为：该管确实存在堵塞现象，扩大了检查范围没有发现堵塞物，说明堵塞物已经被吹走，可以安排机组启动，同时采取必要的防范措施。

防范措施主要有：

（1）经常对爆管部位进行测温，监视运行，每天 2 次。

（2）加强运行调整，在条件允许的情况下，可改变火焰位置，降低爆管侧水冷壁管内侧烟气温度。

（3）将爆管部位前水冷壁鳍片割开，向炉内伸进一块不锈钢挡板，使烟气不会直接冲刷水冷壁，减少水冷壁的对流换热，以降低超温水冷壁管内的介质温度。

(4) 准备与水冷壁同规格的12Cr1MoV管子，有机会时作停炉换管处理。

(5) 有停炉机会，将此根超温水冷壁管从三通至上集箱的水冷壁管全部割下进行检查，并对上下集箱进行彻底检查。

3. 第三次爆管

2005年6月3日，1号炉水冷壁爆管，仍为炉左侧包墙水冷壁后数第13根管爆管。

首爆口情况：呈鱼嘴状，爆口长约240mm，最宽处约为90mm，爆口边缘减薄明显，爆口呈撕裂张开状，最薄处约为1.0mm；在爆口边缘有许多纵向小裂纹。爆口附近管材外壁有氧化皮，致密坚硬，内壁氧化皮不明显，属于典型的短期超温爆口特征。

综上所述可以确定，该管路确有堵塞物没有被吹走，导致该管路内部介质流通不畅，发生短期超温爆管。

将第13根水冷壁管对应的出入口集箱手孔割除，对集箱内部用内窥镜进行了详细检查，未发现其他情况，并对爆管周边的其他水冷壁管及经爆管冲刷的高温过热器管排进行了详细测厚和蠕胀检查，均未发现异常情况。

最后，将此根水冷壁管对应的上集箱管座割开，检查发现在上集箱向下的第一道焊口上存有异物（一圆形铁板，此异物为基建时遗留），将水冷壁堵死。至此，1号炉水冷壁连续三次爆管的原因彻底查明。

## 三、原因分析

(1) 水冷壁管内有基建遗留的圆形铁板，导致水冷壁管堵塞，是事故的直接原因。

(2) 没有坚持“四不放过”的原则，在事故原因分析上不深入、不彻底，是事故连续发生的主要原因。

第一次和第二次爆管后，都进行了窥镜检查，但是不够彻底，都没有找到事故的真正原因。

(3) 存在侥幸心理，在进行窥镜检查等没有发现异常的情况下，便认为堵塞物肯定被吹走，于是安排了机组启动，是事故发生的次要原因。

## 四、整改措施

(1) 坚持“四不放过”的原则，在事故原因分析上要深入彻底。“四不放过”的核心是原因不清不放过。今后，对于设备事故，在原因分析一定要深入彻底，加强事故原因的技术分析，机组发生事故后要做到没有查明事故原因就不启动。

(2) 在事故的原因分析上要克服侥幸心理。克服认为事故可能是偶然发生，即使原因不明，机组启动后也未必再会发生类似事故的侥幸心理。一定要找到事故的真正原因。

(3) 加强锅炉的防磨防爆检查。做到大修全面彻查，小修重点检查，临修见缝插针检查。坚持大小修时对锅炉过热器和再热器打水压查漏。

# 案例7 屏式过热器短期超温泄漏导致停机异常事件

## 一、设备简介

某电厂锅炉为HG-1900/25.4-YM4型超临界变压运行直流锅炉，锅炉设计煤种为山西大同塔山矿洗精煤，以东胜纳林庙烟煤作为校核煤种。屏式过热器管材规格：SA-213T91，$\phi$38×6.6mm。

## 二、事件经过

（1）事故前运行工况。

机组负荷600MW，协调投入正常。A引风机、B引风机、送风机、一次风机、汽动给水泵运行，B、C、D、E、F制粉系统运行。引风机静叶开度分别为54%、53%，电流分别为227A、210A；A、B空气预热器吹灰正在进行过程中。

（2）事故经过。

2006年10月13日17时28分，“炉膛压力高”突然报警，检查炉膛压力最高151Pa，给水流量由1800t/h增加至1820t/h，两台引风机静叶开度由54%、53%升至58%，电流升高至238A、230A。检查锅炉四管泄漏报警指示5、6、7、9、10、13、14、15、16、19、20点为蓝色异常。停止锅炉吹灰系统，并就地检查和倾听，发现锅炉左侧螺旋管圈出口集箱偏上至水平烟道部位声音异常。根据以上情况，判断为锅炉爆管。汇报值长后，降负荷至300MW运行，通知设备部锅炉点检进行现场确认。13日17时35分，给水量继续增加至1840t/h，锅炉四管泄漏报警指示5、6、7、9、10、13、14、15、16、19、20点红色泄漏报警，立即将以上异常汇报值长。19时11分，接值长令，汽轮机打闸，锅炉MFT，发电机解列。

## 三、原因分析

1. 宏观检查

本次锅炉泄漏部位为屏式过热器左数第12屏靠近出口集箱侧，前数第1根，距顶棚1.5m左右炉管，见图1-13。宏观检查管材规格为SA-213T91、$\phi$38×6.6mm，爆口宏观形貌见图1-14。爆管沿纵向开裂破断，爆口较大，爆口长约73mm，宽约96mm，呈喇叭状。爆口边缘明显减薄至1mm，呈楔形，断口表面粗糙，具有典型的韧性撕裂断口特征。由于爆破时的反作用力，管子发生严重变形，爆口处折弯成近90°，附近管子内外表面均覆盖有一层较厚的黑褐色氧化皮，并且表面有许多平行的纵向氧化皮开裂，见图1-15。

图1-13 屏式过热器爆管部位

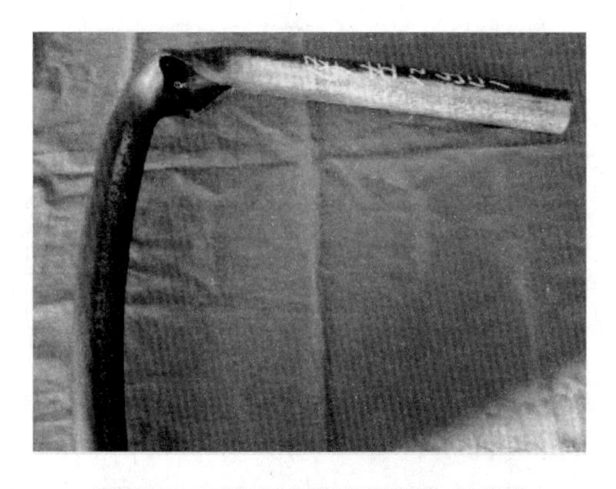

图 1-14 屏式过热器爆管宏观形貌

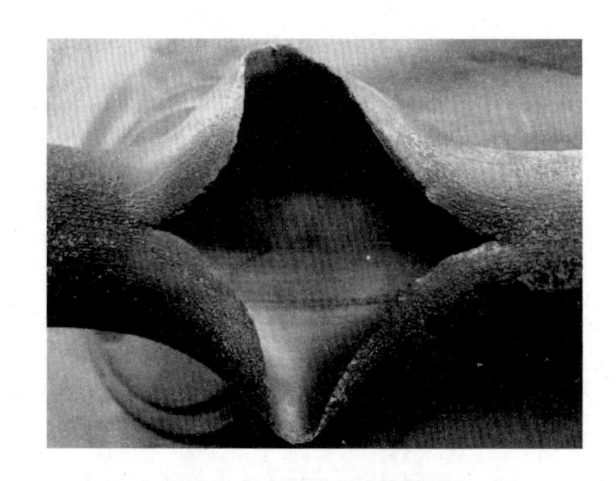

图 1-15 爆口宏观形貌

对爆口附近管径进行测量，发现爆管管径胀粗明显。检查管子壁厚，发现破口上下250mm范围内同一截面存在较大的壁厚差，且薄壁一律都与破口同一方向，爆口附近管子的外径和壁厚测量结果见表1-3。

**表1-3 爆口附近管子的外径和壁厚测量结果**

| 检查部位 | $D_1$ (mm) | $D_2$ (mm) | 平均值 $D$ (mm) | 胀粗量 (%) | 迎流面壁厚 (mm) | 背流面壁厚 (mm) |
|---|---|---|---|---|---|---|
| 爆口上方240mm处 | 40.0 | 39.42 | 39.71 | 4.5 | 5.6 | 7.06 |
| 爆口纵向末端附近（上方） | 41.4 | 39.5 | 40.45 | 6.4 | 4.56 | 7.44 |
| 爆口纵向末端附近（下方） | 41.5 | 39.34 | 40.42 | 6.4 | — | — |
| 爆口下方260mm处 | 39.22 | 38.66 | 38.94 | 2.5 | 5.08 | 7.26 |

注 $D_1$、$D_2$ 为两个相互垂直的方向上测得的管子直径。

宏观检查结论：爆口具有短时过热爆破特征。

2. 金相检查

分别截取爆口边缘、爆口背面、爆口纵向末端和远离爆口（爆口上方约250mm处）管子的横截面进行金相检查，浸蚀剂为三氯化铁盐酸水溶液，金相试样在OLYMPUS PME3-323UN金相显微镜下观察并拍照。检验结果见图1-16。

爆口边缘、爆口背面、爆口纵向末端裂纹附近和爆口上下两端远离爆口处的金相组织均为铁素体+贝氏体，这表明上述部位的金相组织已发生相变，见图1-16～图1-18、图1-20。破口边缘横断面的组织因严重的塑性变形而出现拉长的铁素体+贝氏体，爆口纵向末端背流面和远离爆口上下两端管子背流面的金相组织为回火马氏体+碳化物+少量铁素体，见图1-19、图1-21、图1-22。

在管子爆口纵向末端横断面上可以看到整条裂纹穿透整个壁厚，裂纹穿晶扩展，见图1-23。裂纹附近的金相组织为铁素体+贝氏体+碳化物，晶界上碳化物聚集较多，见图1-24。

3. 力学性能测试

截取爆口上方的管样加工成全壁厚纵向弧形拉伸试样，依据GB 228—2002《金属拉伸试验方法》的规定在CMT5205型微机控制电子万能试验机上进行拉伸试验，见表1-4。

图 1-16 爆口边缘 500×

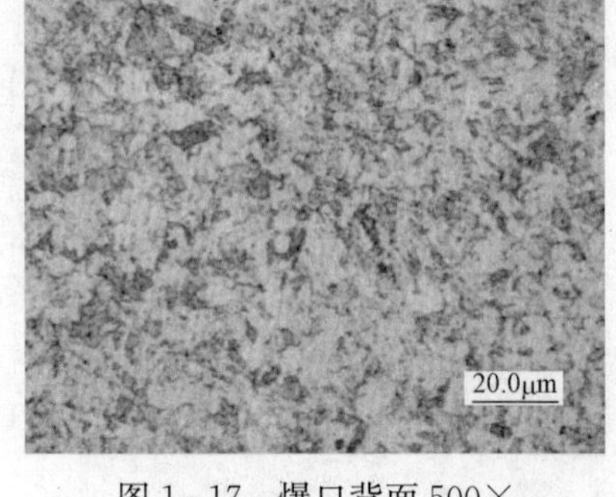


图 1-17 爆口背面 500×

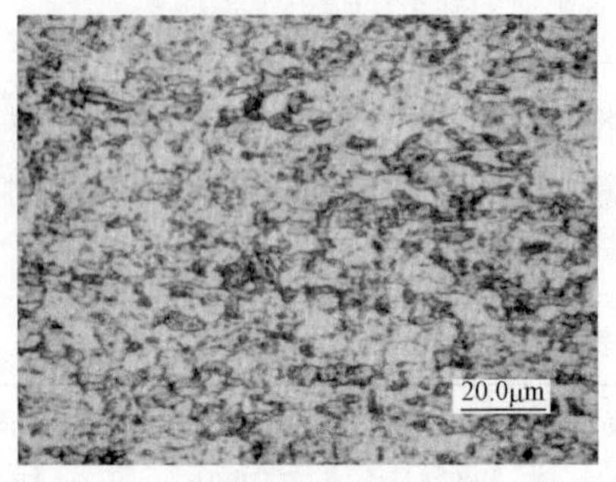


图 1-18 爆口纵向末端迎流面 400×

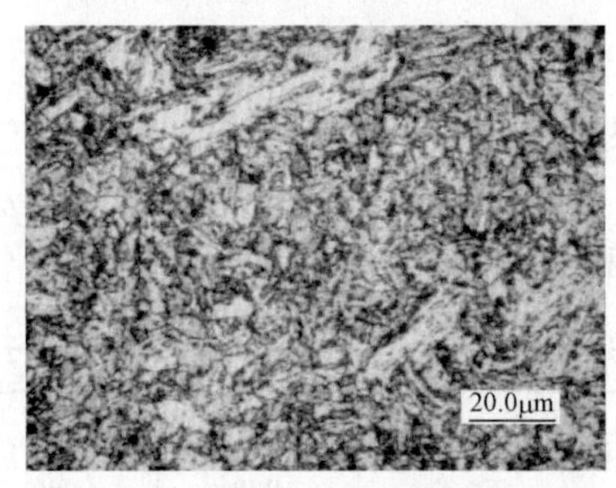


图 1-19 爆口纵向末端背流面 400×

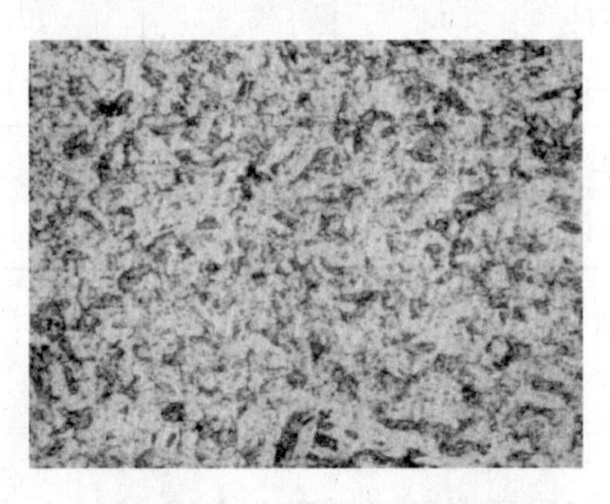

图 1-20 远离爆口迎流面（上方 250mm）400×

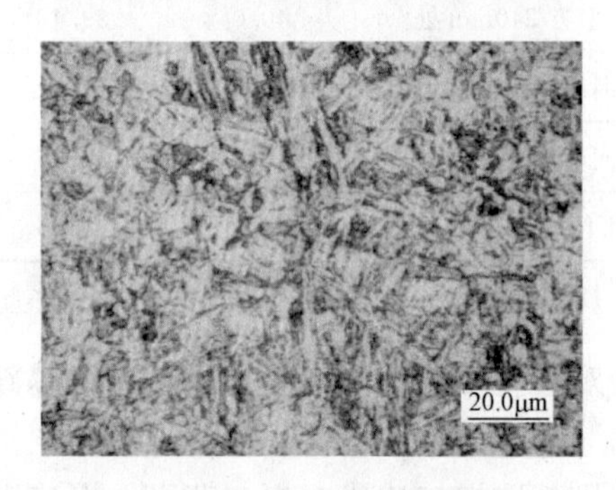


图 1-21 远离爆口背流面（上方 250mm）400×

图 1-22 远离爆口迎流面（下方 250mm）400×

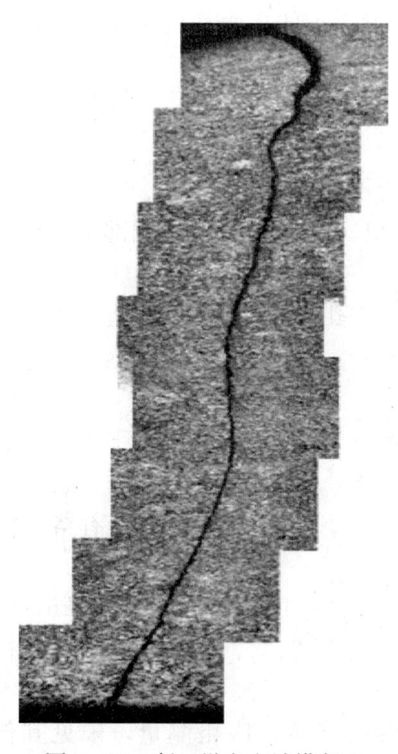

图 1-23 断口纵向末端横断面整条裂纹的金相照片 50×

拉伸性能测试结果表明，爆口上方管段的屈服强度 $R_{p0.2}$ 和迎流面管样的抗拉强度 $R_m$ 低于 ASME 标准的技术要求，爆口侧面抗拉强度 $R_m$、断后伸长率 $A$ 均符合要求，但抗拉强度 $R_m$ 已接近下限值。

4. 分析与讨论

（1）从爆口的宏观检查结果看，爆口处塑性变形量较大，管径明显胀粗，爆口边缘为薄边，该爆口具有撕裂状的韧性断口特征，是典型的短时过热爆管。爆口附近内外表面有较厚的氧化皮，壁厚和外径的测量结果表明，迎流面破口附近管子壁厚明显减薄，管径有胀粗现象，管径胀粗导致表面氧化皮纵向开裂。这说明爆管前，该管爆口上下250mm 范围内都经受了较大幅度的超温运行。

图 1-24 远离爆口背流面（下方 250mm）400×

**表 1-4** **拉伸性能测试结果**

| 样品编号 | | 屈服强度 $R_{p02}$（MPa） | 抗拉强度 $R_m$（MPa） | 断后伸长率 $A$（%） |
|---|---|---|---|---|
| 爆口上方附近管段 | JS-2006-48-1-1（侧面） | 390 | 600 | 29.0 |
| | JS-2006-48-1-2（迎流面） | 320 | 495 | 31.5 |
| | JS-2006-48-1-3（侧面） | 390 | 600 | 28.5 |
| ASME SA213-T91 | | ≥415 | ≥585 | ≥20 |

（2）T91 管子的正常金相组织为回火马氏体。而爆口边缘、爆口纵向末端附近、爆口上下两端远离爆口处的金相组织均为铁素体＋贝氏体，表明这些部位的金相组织都已发生相变，管壁的温度曾超过 AC1 点（835℃），由于组织中有块状铁素体存在，说明其过热温度是处在 AC1～AC3 两相区。对上述部位的金相检查未发现蠕变孔洞或蠕变微裂纹。

（3）拉伸试验的结果表明，爆口上方管段的屈服强度 $R_{p0.2}$ 和迎流面管样的抗拉强度 $R_m$ 低于 ASME 标准的技术要求，这是由于受检屏式过热器管壁温大幅超温，金相组织出现不完全相变产物，回火马氏体特征消失，这种组织变化使得T91钢的屈服和抗拉强度显著下降，最终导致短时超温爆管。

### 四、整改措施

（1）对爆管的屏式过热器出口前数第1根管子做整圈管子更换。

（2）与爆破管子相邻、吹损变薄严重的同屏前数第17根、第20根管子吹损部位进行更换处理。

（3）割除屏式过热器入口集箱左数第3～14、17～28检查孔，做内部异物检查（检查后无杂物）。

（4）屏式过热器出口水平段间隔管更换新管。

（5）屏式过热器出口左数第20排，前数第1根管（磨损深度0.8mm的T91管子）进行补焊处理。

（6）屏式过热器入口水平段间隔管与第2、9、12、14、20、30排，磨损处补焊，管材TP347H。

（7）更换的新水平段间隔管定位板，安装在第2、5、8、12、14、18、20、23、26、29排，与屏式过热器相交的屏式过热器出口管段上，挡板安装在第2、5、12、18、23、29排屏式过热器出口前数第一根T91管子上。

（8）对屏式过热器出、入口侧距顶棚1.5m左右管屏的管子做胀粗测量，未见其他异常。

（9）其他减薄不超过壁厚10%的管子，不做更换处理，继续跟踪，待下次停机时再复查。

## 案例8 屏式过热器出口集箱管座超温泄漏导致停机异常事件

### 一、设备简介

某电厂1号机组锅炉为一次中间再热、滑压运行、内置式再循环泵启动系统、固态排渣、单炉膛、平衡通风、Ⅱ型布置、全钢构架悬吊结构、露天布置锅炉，型号为HG-1890/25.4-YM4。锅炉汽水流程以内置式汽水分离器为界双流程设计。水冷壁为膜式水冷壁，从冷灰斗进口一直到标高43.96m的中间混合集箱之间为螺旋管圈水冷壁，连接至炉膛上部的水冷壁垂直管屏和后水冷壁吊挂管，然后经下降管引入折焰角和水平烟道侧墙，再引入汽水分离器。汽水分离器出来的蒸汽引至顶棚和包墙系统，再进入尾部烟道低温过热器，然后流经屏式过热器和末级过热器。燃烧方式为分三层前后墙对称布置的对冲燃烧，烟气依次流经上炉膛的屏式过热器、末级过热器、水平烟道中的高温再热器，然后至尾部双烟道中。烟气分两路，一路流经前部烟道中的立式和水平低温再热器、省煤器，一路流经后部烟道的水平低温过热器、省煤器，最后流经布置在下方的两台三分仓回转式空气预热器。

## 二、事件经过

1号机组2008年3月24日16时02分B级检修后并网，19时40分机组带负荷至300MW。3月25日09时15分，机组升负荷至600MW，13时30分四管泄漏27～30点报警（锅炉大包区域）。就地查看B侧大包声音明显，大包所有交接缝处均有汽水逸出，确定大包内部爆管，降负荷后开B侧大包人孔门查看，发现屏式过热器出口集箱右一屏区域保温吹开，B侧水冷壁出口集箱上有吹扫痕迹。3月25日13时50分，机组逐渐降温降压，开始降负荷准备滑参数停机。17时55分汽轮机打闸，锅炉灭火。18时05分停A引风机，停B送风机。

3月26日18时20分开始进行锅炉内部检修，大包内部检查发现屏式过热器出口集箱右一屏前数第27根管座（材质T91，管径$\phi$38×6.6mm）背弧处有一18mm×5mm蠕胀爆口，见图1-25。蠕胀区域长60mm，需更换。检查下口短管（材质T91，管径$\phi$38×6.6mm）暴露部分也有蠕胀现象，但未超标（$\phi$38.85），割入口集箱手孔盖检查未见异常。

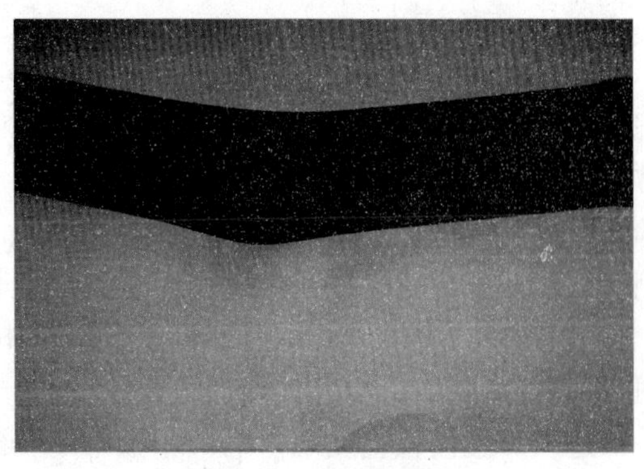

图1-25 蠕胀爆口

对屏式过热器出口集箱接管座全面拆保温检查，炉膛屏式过热器右半区搭脚手架全面检查，更换爆口下有蠕胀现象的短管。在刨开顶棚管上珍珠岩混凝土时，发现混凝土中管道局部严重蠕胀至$\phi$41.3，处于临爆状态，于是将其更换。

3月28日17时30分锅炉点火，22时16分汽轮机冲车。3月29日00时32分机组并网。

## 三、原因分析

由于检修中从该屏式过热器入口集箱取出过一团直径90mm的金属切削异物（属制造厂加工遗留物），造成该管道进口蒸汽流量减小，处于长期超温状态形成蠕胀，而此次启动过程中的严重超温使其迅速蠕胀而导致爆管。

## 四、整改措施

（1）加强安装过程中的监管，防止异物进入系统而造成超温爆管。

（2）按照防止火电厂锅炉四管泄漏的管理办法，做好防磨防爆的检查工作，做到逢停必检。

（3）加强设备运行中参数变化的监控，及时发现超温现象并调整，防止金属材料的组织状态在高温状态下改变而引起材料失效，提高材料的寿命。

# 案例9 过热器短期超温泄漏导致停机异常事件

## 一、设备简介

某电厂锅炉为HG-1900/25.4-YM4型600MW超临界变压运行直流锅炉。锅炉设计煤种为山西大同塔山矿洗精煤，以东胜纳林庙烟煤作为校核煤种。屏式过热器管材规格为SA-213T91、ϕ38×6.6mm。

## 二、事件经过

1. 事故前运行工况

2006年9月3日00时机组负荷603MW，协调投入，空气预热器吹灰运行，双引风机、双送风机、双一次风机运行，B、C、D、E、F制粉系统运行，两台汽动给水泵运行，主蒸汽压力24.42MPa，主蒸汽温度570℃。

2. 事件经过

2006年9月3日00时，机组负荷603MW，锅炉总煤量244t/h，比正常运行时多20t/h，锅炉总给水量1897t/h，比正常运行时多100t/h。两台引风机电流分别为277A、273A，比正常运行时升高20A，炉膛负压在+100Pa～-200Pa之间波动。由于机组各参数异常，热工和运行人员检查四管泄漏报警装置，发现第14点声音异常，就地检查发现锅炉水平烟道右侧有明显泄漏声，判断锅炉过热器泄漏，值长向中调申请停机。

9月3日00时45分接中调令，同意停机；01时47分机组负荷降至30MW，汽轮机打闸，逆功率保护动作，发电机解列。

进入炉膛内检查发现，锅炉左数第25屏，前数第24圈屏式过热器出口距离顶棚过热器1.5m处发生爆管，爆破后将相邻的第23圈屏式过热器出口处打弯，背面爆口将左数第145～151根顶棚管吹损；正面爆口将相邻的第24屏后数第1～11圈屏式过热器出口距离顶棚0.8m处吹损，并将第3根吹薄后爆破，第3根爆破后又将左数第24屏，前数第1～4根末级过热器管吹损。经防磨防爆检查，将吹损和测厚检查超标的管段全部进行了更换。

## 三、原因分析

（1）根据现场情况，分析爆管原因如下：

屏式过热器左数第12屏靠近出口集箱侧，前数第1根为始爆管，它是导致其他管子损伤的根源。

屏式过热器左数第12屏靠近出口集箱侧，前数第17、20根管被明显吹损变薄，是由第1根爆管所致。

（2）检查结论。

屏式过热器左数第12屏靠近出口集箱侧，前数第1根由爆口形状看，破口较大，呈喇叭状，破口边缘锋利，减薄较多，破口附近管子胀粗较大（39.1mm），属典型短期过热导致。

## 四、整改措施

（1）为了防止超温爆管，左数第25屏、前数第24圈屏式过热器，整圈由原来的T91更换为TP347H，相邻的第23圈出口处打弯的管段由原来的T91更换为TP347H。

（2）将左数第24屏前数1～4末级过热器入口吹损部位弯头更换为TP347H。

（3）将左数第145～151根顶棚过热器损伤管段更换为ϕ63.5×9mm的T12管。

（4）加强运行巡回检查和技术培训，提高运行人员异常分析、判断能力，使有问题能够做到早发现、早处理。

（5）利用锅炉停炉时间，加强锅炉四管防磨防爆检查，及时发现设备隐患并及早处理。

## 案例10 末级过热器短期超温爆管导致停机异常事件

### 一、设备简介

某电厂锅炉为HG-1900/25.4-YM4型超临界变压运行直流锅炉，锅炉设计煤种为山西大同塔山矿洗精煤，以东胜纳林庙烟煤作为校核煤种。末级过热器管材为SA213-TP347H。

### 二、事件经过

8月3日13时52分，运行人员监盘发现2号锅炉炉膛负压由－105kPa突增至81kPa，引风机电流增大约50A，检查炉膛四管泄漏监察装置，发现22号测点能量柱较高；立即通知设备工程部锅炉专业。锅炉专业人员现场检查，发现锅炉本体8层（标高62m）炉内过热器区域有明显的泄漏声，初步确认末级过热器发生爆管，随即停炉检查。

8月4日，进入炉内检查发现末级过热器第27屏（左向右）第7圈（向内数）在U形弯前弯背弧面爆裂，爆裂后弯头甩到炉后，绕过末级过热器炉后间隔管，砸到末级过热器炉前间隔管，造成炉前、炉后末级过热器间隔管变形。检查附近区域发现，末级过热器第27屏第3～6圈，第28屏第3圈在U形弯前弯垂直管段被蒸汽吹损，其中第27屏第4～6圈爆裂。检查爆口未发现明显减薄现象，爆口特征为瞬间撕裂，初步确认为短期过热爆管。

更换末级过热器弯头7个，直管段16m，末级过热器炉后间隔管1.6m，末级过热器炉前间隔管4m。

在对末级过热器节流孔进行拍片检查时，发现有5个存在少量异物。经过5天的抢修，上述缺陷全部消除，机组于8月8日14时43分并网发电。

### 三、原因分析

后屏、末级过热器管段产生的氧化皮随汽流进入末级过热器入口节流孔，堵塞节流孔，是造成本次末级过热器短期过热爆管的主要原因。

### 四、整改措施

（1）针对由于SA213-TP347H材质抗氧化性能低，造成高温受热面产生大量氧化皮脱落问题，电厂已结合实际进行降参数运行（主、再热汽温保持590℃）；同时还考虑结合机组检修逐步提升锅炉高温受热面材质等级，将SA213-TP347H材质提高为细晶或者A-213S30432材质，A-213S30432材质采用喷丸处理，以提高内壁晶粒度，提高高温受热面材质的抗氧化性能。

（2）设备工程部利用机组检修机会，进一步增加高温受热面壁温测点，以便能真实监视受热面管的运行壁温情况，达到合理控制汽温、防止管壁超温爆管事故的发生。

（3）根据设备厂家哈尔滨锅炉厂对过热器容易发生爆管部位管圈节流孔的核算，查找节流孔设计是否存在不合理的情况，并根据具体情况提出有针对性的改进措施。

（4）设备部按照锅炉“逢停必查”的原则，做好机组检修、停备期间节流孔和管屏弯头部位的检查清理工作。在检查清理过程中，要严把质量关，防止异物进入管道。

## 第三节　焊接质量差导致爆管异常事件

### 案例11　焊接质量差导致省煤器泄漏停机异常事件

#### 一、设备简介

某电厂5号机组为600MW亚临界空冷汽轮发电机组，锅炉为亚临界压力、自然循环、前后墙对冲燃烧、一次中间再热、单炉膛、平衡通风、固态排渣、尾部双烟道、紧身封闭、全钢构架的Ⅱ型汽包炉，型号为DG2070/17.5-Ⅱ4。

省煤器蛇形管（$\phi$51×6mm，SA-210C）位于后竖井烟道内、低温再热器及低温过热器的下方，沿烟道宽度方向顺列布置。再热器侧省煤器蛇形管为两管圈绕，横向排数178，过热器侧省煤器蛇形管也为两管圈绕，横向排数140。

低温过热器位于后竖井的后烟道内，分为水平段和垂直段。水平段顺列逆流布置，共分成三个管组，水平段第一管组管子为$\phi$57×7mm，SA-210C，178屏；水平段第二、三管组管子为$\phi$57×7mm，15CrMoG，178屏。

2007年，为降低过热器及再热器减温水量，提高锅炉效率，对该锅炉受热面进行改造，将原低温过热器第一管组改为省煤器高温段，低温过热器第二管组去掉1/3，低温过热器入口集箱提高2m。

#### 二、事件经过

（1）2008年6月26日15时，该锅炉21～28四管监测点越界，经就地监听无法区分判断是否泄漏。2008年6月28日16时，锅炉尾部低温过热器及省煤器泄漏，21时12分停机消缺。

（2）2008年6月30日，检查发现以下情况：

1）第一漏点。

高温省煤器右数第85～87排的上数第1、2根，靠中隔墙1m处泄漏点相互冲刷磨损，有漏点5处，冲刷减薄严重超标3处；高温省煤器第84排上数第1根冲刷泄漏，见图1-26。低温过热器入口集箱右数第85排下数第1个直角弯头背弧冲刷泄漏，第1漏点为第86排省煤器上数第1根管焊口砂眼泄漏（见图1-27），冲损第85排上数第1根省煤器管，此漏点又冲损相邻的上方低温过热器第85排下数第一根直角弯头，3个漏点又相互冲刷磨损其他5根省煤器管。

2）第二漏点。

低温过热器第二管组下部，左数第25排下数第2根管距中隔墙1m处焊口砂眼泄漏，冲刷第3根管泄漏，冲刷第24排下数第3根管减薄。

## 三、原因分析

通过对2处泄漏点部位检查，判断为第一漏点为高温省煤器第86排第一根管焊口砂眼泄漏，第二漏点为低温过热器左数第25排下数第2根距中隔墙1m处焊口砂眼泄漏，都是焊口缺陷引起泄漏，此焊口均为受热面改造检修焊口，两处漏点说明在受热面改造时焊口质量存在问题。

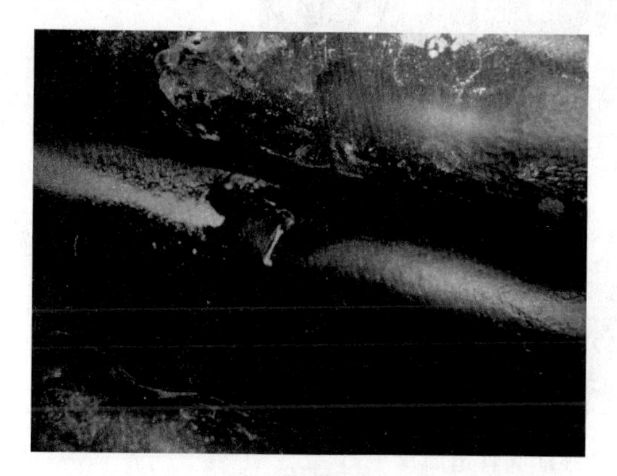

图1-26 第一漏点处省煤器管冲刷减薄爆破处

图1-27 第一漏点处右数第86排省煤器焊口缺陷

## 四、整改措施

（1）更换泄漏的直管及弯头。

（2）对低温过热器及省煤器改造检修焊口进行100%无损检查，对不合格的焊口进行返修。

（3）利用机组停运机会，对机组的受热面改造焊口进行全面检查。

# 案例12 水冷壁管焊口砂眼泄漏导致停机异常事件

## 一、设备简介

某电厂锅炉为亚临界压力、一次中间再热、固态排渣、单炉膛、Ⅱ型布置、全钢构架悬吊结构、半露天布置、控制循环汽包炉，型号为HG-2023/17.6-YM4。锅炉水冷壁管材质为SA210A1，规格为$\phi$50.8×6.2mm～$\phi$63.5×6.2mm螺纹管。

## 二、事件经过

2006年8月6日02时，运行人员检查发现3号角燃烧器偶尔往下滴水，顺着3号角检查未发现明显漏点。检查四管泄漏无报警，无明显异常。运行人员再次就地检查，发现3号角39m燃烧器保温层处往外冒汽。点检人员到现场确认为水冷壁外部泄漏。8月6日20时30分机组停运。

### 三、原因分析

（1）燃烧器角部北侧水冷壁管（由外向里第4根弯管与直管焊口、靠第3根侧）焊口砂眼（约2mm）泄漏，见图1-28。

图1-28 锅炉水冷壁砂眼泄漏管道照片

（2）从泄漏的部位判断为该水冷壁管出厂时焊口焊接存在气孔或夹渣的缺陷，经过长时间的运行，缺陷部位受应力的变化而扩展，强度降低，最终导致泄漏发生。

### 四、整改措施

（1）加强设备点检、巡检，以及相关参数的监督，及时发现四管泄漏的发生。

（2）利用机组停运临修的机会，对受热面进行全面的防磨防爆检查，及时发现异常、及时处理，防患于未然。

## 案例13 水冷壁鳍片咬边泄漏导致停机异常事件

### 一、设备简介

某电厂锅炉型式为亚临界、一次中间再热、固体排渣、单炉膛、Ⅱ型半露天布置、全钢构架、悬吊结构、控制循环汽包锅炉，型号为HG-2030/17.5-YM9。水冷壁管在高负荷区为$\phi$51×5.6mm内螺纹管，材料为SA-210A1，水冷壁管在低负荷区为$\phi$51×6.5mm光管，材料为20G。

### 二、事件经过

2006年2月7日04时30分，运行人员在17.5m炉运转层上前墙右侧看火孔附近监听到有泄漏声，怀疑锅炉水冷壁泄漏。检查四管泄漏监视装置，没有发报警信号，给水流量与主蒸汽流量差及锅炉负压、引风机电流等参数变化也不明显。至2月10日泄漏声逐渐增大，四管泄漏监视装置2点（说明：2点的位置在锅炉右侧水冷壁下部）开始报警，机组补水量增大约100t/h。2月10日16时机组停运。锅炉温度和压力下降后，从对面看火孔检查发现，前墙右数第四根管标高约17m处向右侧墙方向漏汽。2月11日进入炉内检查，确认前墙右数第3根管标高17m处首爆，将第4根管吹损，泄漏长度为450mm。

## 三、原因分析

根据爆管现场情况观察，泄漏点为右侧前墙水冷壁斜爬坡处距上弯21m，标高17m，右数第3、4根。其中右数第3根鳍片焊缝处有两个约0.5mm小孔相距40mm，见图1-29。与其对应的第4根管有一横向爆口，宽约1mm，长8mm左右，见图1-30。分析认为此次水冷壁管泄漏是右数第3根水冷壁管焊接鳍片时咬边将水冷壁管损坏所致，经过高温高压运行发生泄漏，并将右数第4根吹损爆管。

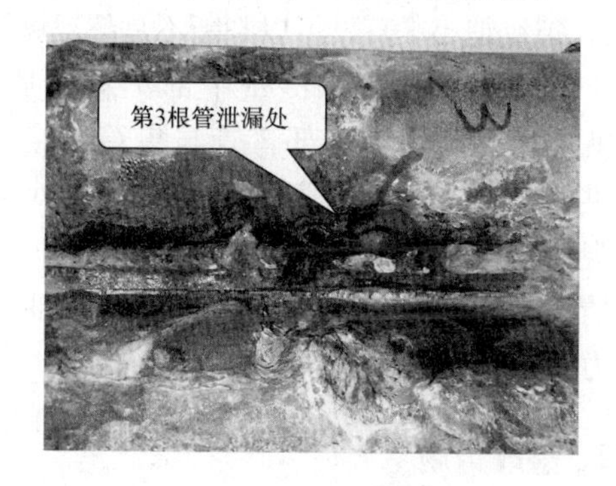


图1-29 第3根管泄漏处

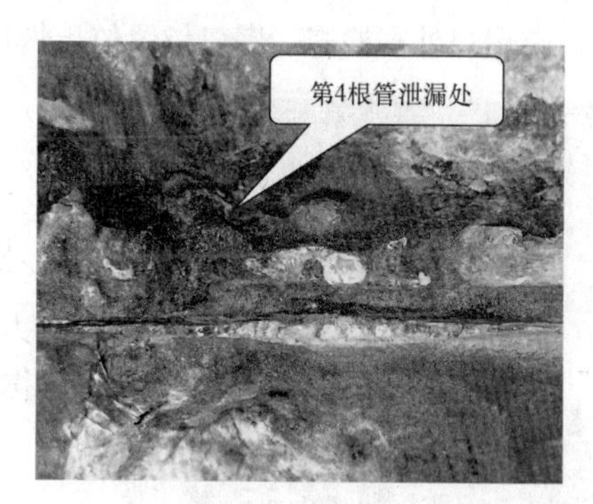


图1-30 第4根管泄漏处

## 四、整改措施

(1) 对爆管的两根水冷壁管进行更换。对附近的水冷壁管进行检查，对检查出的6处咬边较严重的部位进行补焊处理。

(2) 对炉膛其他3个角的该位置进行了检查，补焊6处。

(3) 吸取本次泄漏的教训。在机组大、小修中，加大对受热面焊口及鳍片部位焊道的检查工作。加大防磨防爆检查力度，引进先进的防磨防爆检查技术，对所有水冷壁手工焊口进行全面检查。

(4) 加强对“四管泄漏”监控系统的维护检查和监视。

# 案例14 水冷壁管对接焊口泄漏导致停机异常事件

## 一、设备简介

某电厂3号锅炉型式为亚临界、一次中间再热、固体排渣、单炉膛、Π型半露天布置、全钢构架、悬吊结构、控制循环汽包锅炉，型号为HG-2030/17.5-YM9。锅炉水冷壁为膜式水冷壁，管径：$\phi$28.5×5.8mm，材质：15CrMoG，由内螺纹管及光管组成。

## 二、事件经过

2011年10月11日上午，四管泄漏装置能量值最高升至60，经现场打开看火孔检查有泄漏声音，初步确定为炉前墙靠右水冷壁管泄漏。与中调申请，2011年10月26日21时33分3号机组解列。

## 三、原因分析

（1）漏点位置说明：停炉冷却后于28日，进入炉膛检查发现漏点位于D27吹灰器向左数第42根水冷壁，吹灰器中心向上3.5m位置（此位置为水冷壁中间集箱入口管对接焊口，标高约为49m）焊口裂纹。然后将左数第43根吹漏，第41根吹损，见图1-31。

（2）首爆口外观检查：爆口位置位于焊口中部，裂纹细小平直，可以判断不是超温爆管。由于爆管位置位于水冷壁中部集箱入口管段，焊口为就地组装，焊口上部弯管与集箱焊接口为厂家整体供货，现场弯管与下部水冷壁管屏对接，从爆口外观的情况，初步分析为：基建安装时存在强力对口情况，运行中相邻水冷壁管存在膨胀不均，爆口应力集中产生裂纹。

图1-31　漏点位置

## 四、整改措施

（1）利用机组大修机会，对水冷壁下集箱出口节流孔圈进行100%射线检查，发现异常及时处理。

（2）利用机组大修机会，对锅炉水冷壁焊口作全面检查，发现问题及时处理。

（3）密切监视运行中水冷壁的温度，对于超温点进行跟踪分析，并在最近的一次停炉过程中进行有针对的检查、处理。

（4）加强设备入厂验收。

（5）加强基建安装和检修质量管理。

# 案例15　循环流化床锅炉后水冷壁焊口咬边泄漏导致停机异常事件

## 一、设备简介

某电厂锅炉型号为HG-1025/17.5-L.HM37循环流化床锅炉。主要参数：最大连续蒸发量1025t/h、过热出口压力17.5MPa、过热出口温度540℃、再热蒸汽进/出口压力为3.99/3.8MPa、再热蒸汽流量为846t/h、总风量918 000$m^3$/h、给水温度282℃。

## 二、事件经过

2007年8月8日16时30分，机组负荷300MW，给水流量不正常升高约20t/h，凝结水流量增大，凝汽器补水量也比正常时增大约20t/h。对炉侧、机侧进行检查，但未发现异常。在进一步检查过程中，炉膛负压突然波动，最大达＋3700Pa，锅炉左侧上部床温急剧下降，给水流量突然增大100t/h，汽包水位迅速下降，锅炉现场26.6m处炉膛内有轰轰的声音，判断为水冷壁爆管，快速降负荷。8月8日19时32分机组打闸，发电机解列。

8月9日20时00分，打开炉膛两个人孔门，发现右侧炉膛内积水严重，左侧床料大量拥出，人孔门口处床料冒火星。进一步检查发现左边炉膛内床料温度很高，处于燃烧状态，人员不能进入。从右炉膛人孔门观察，初步判定炉后水冷壁20m标高处爆管。8月10日晚进入炉膛后检查发现：水冷壁延伸墙爆管3根，水冷壁爆管3根，吹损减薄44根。

## 三、原因分析

锅炉停运后对泄漏水冷壁管（见图1-32～图1-34）进行检查，发现后水冷壁第六组延伸墙从后往前数第一根管，外观及爆口特征无过热超温现象。进一步检查发现水冷壁鳍片焊口有咬边缺陷，锅炉长时间运行发生泄漏。首爆管泄漏后吹损相邻的延伸墙及水冷壁管。因此，基建鳍片焊口咬边缺陷，长时间运行发生泄漏，是本次事故的直接原因。

图1-32　爆管处全貌

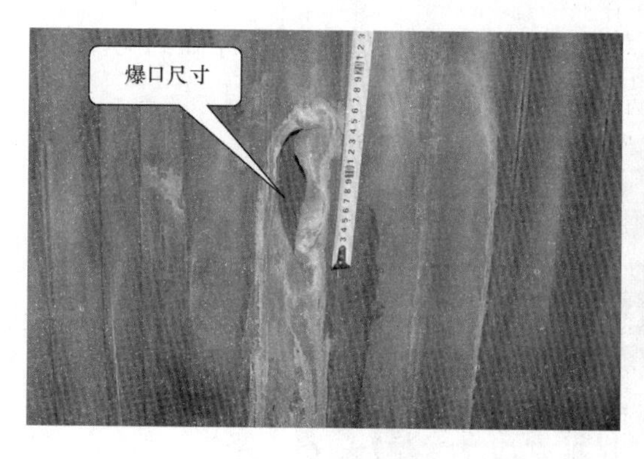


图1-33　水冷壁延伸墙爆口

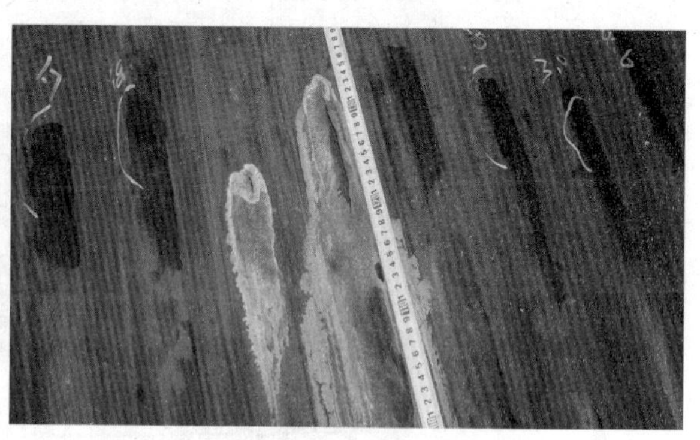

图1-34　水冷壁上爆口

### 四、整改措施

（1）机组停运时进行全面的防磨防爆检查，重点对密相区上部水冷壁区域，包括鳍片密封焊口、管道焊口重点进行检查，凡是密相区受热面表面不光滑的，全部进行处理。

（2）由于循环流化床锅炉缓冲平台上方 1～1.5m 范围内容易磨损，需采取防磨措施。

## 第四节　磨损减薄引起泄漏异常事件

## 案例16　吹灰器吹损水冷壁泄漏导致停机异常事件

### 一、设备简介

某电厂锅炉为东方锅炉厂生产的 DG1025/18.2-Ⅱ4 型中间再热、自然循环、单炉膛、燃煤汽包锅炉。主要参数：最大连续蒸发量 1025t/h；过热出口压力 17.4MPa；过热出口温度 540℃；给水温度 276℃。锅炉汽包下部装置 $\phi$508×55mm 集中下降管 4 根，由集中下降管分配集箱引出 74 根 $\phi$159×18mm 的分散连接管将水输送到水冷壁下集箱，由下集箱上引出 $\phi$63.5×7.5mm 管子 662 根。为确保锅炉水循环的安全可靠，在标高 25 200mm 以上直到折焰角共 23.2m 高度范围四周全部采用内螺纹管。

### 二、事件经过

2003 年 7 月 19 日 21 时 30 分，机组负荷 300MW，四管泄漏仪第 3、4、7 点报警，模拟量最大在 60%左右，检查发现炉膛有异音。后报警点消失，炉膛声音消失，观察机组运行。

7 月 20 日，报警点时有时无，检修处理吹灰总门及 1 号吹灰器内漏缺陷（从下数右前角第 1 个吹灰器），四管报警情况及炉内声音没有明显好转。

7 月 21 日 12 时 56 分，炉膛压力变正压＋700Pa，四管泄漏大部分报警，伴有较大的声响，锅炉水位难以维持，锅炉水位低 MFT 灭火。

设备损伤情况：爆管位置为炉前墙水冷壁从左向右数第 130 根管，爆口标高约为 25m，爆口形貌及尺寸见图 1-35。

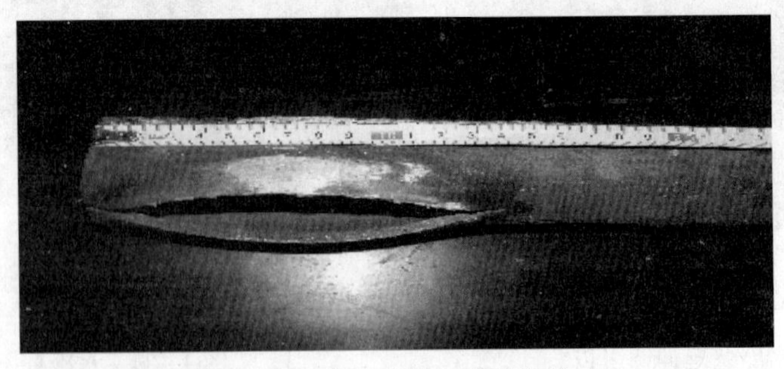

图 1-35　水冷壁爆口形貌及尺寸

检查发现标高 18m 处的前墙吹灰器处从左向右数第 129～134 共 16 根管被吹灰器吹伤，其中第 129、130 根管已经泄漏，见图 1-36。

图 1-36 吹灰器吹伤水冷壁形貌

## 三、原因分析

（一）造成水冷壁爆管的原因

（1）标高 18m 处水冷壁管道被吹灰器吹伤，管道泄漏，这是造成爆管的主要原因。

（2）标高为 25m，水冷壁管第 130 根管爆口向炉内，水冷壁母材在炉内全部撕开，爆口长约 150mm，最宽处约为 40mm，爆口边缘减薄不明显，爆口呈撕裂张开状；在爆口边缘有许多纵向小裂纹，致密坚硬，内壁没有明显氧化腐蚀、结垢现象。金相显示爆口附近组织为索氏体+少量铁素体。管道爆破后，大量水汽从泄漏点向炉内泄漏，破坏了汽水循环，导致水汽向上的流量减少，标高 25m 处管道热负荷较高且管道得不到很好冷却，管道局部过热爆破，由于此爆口较大，锅炉水位保持不住，造成机组停运。

（3）检查标高 28m 至水冷壁上集箱之间的管路，未发现任何异物，管道畅通。排除了水冷壁管道内有异物造成流量下降、管道冷却不足，以致过热爆管的可能。

（4）检查 28m 以上水冷壁管道，未见组织异常。

（二）吹灰器吹损水冷壁的原因分析

（1）吹灰时冷凝水未疏尽：吹灰系统吹扫前，要求开疏水门 5min 进行疏水，疏水排放时间没有达到程序控制，疏水时间由手动控制，存在疏水排放不尽而投用吹灰器现象；1 号吹灰器位于前墙右端，处于底部疏水母管的最远端，疏水排放路径长，客观上也存在疏水不尽的现象。在锅炉吹灰时，吹灰介质中带有大量的冷凝水，冷凝水夹杂炉内飞灰喷射到水冷壁管材上，造成水冷壁管道损伤。现在发生的水冷壁管道吹损现象是一个长期冲刷积累。冷凝水未疏尽是吹灰器吹损水冷壁的主要原因。

（2）吹灰器启吹点没有定期调整，炉膛吹灰器启吹点和结束点重合，启吹点方向的水冷壁管道在一个吹灰流程中被吹扫 2 遍。启吹点过吹是造成吹灰器吹损水冷壁管的次要原因。

## 四、整改措施

（1）摸索吹灰器吹扫周期与锅炉结焦、积灰情况的关系和规律，调整吹灰周期，适当减少吹灰次数。

（2）延长吹灰前疏水排放时间，保证吹灰前产生的冷凝水排放干净。

（3）定期调整吹灰器喷嘴，避免吹灰器启吹点长期保持在一个位置。

（4）强化吹灰过程管理，严格执行《吹灰管理办法》，完善现有的吹灰器运行台账管理。

（5）加大吹灰器维护队伍的管理，派专业技术人员参与吹灰管理工作，杜绝以包代管现象。

(6) 锅炉点检和吹灰器维护人员立即对所有吹灰器本体、管道来汽总门、疏水门运行状况进行检查，发现问题应及时处理完毕。

## 案例17 省煤器磨损泄漏导致停机异常事件

### 一、设备简介

某电厂锅炉为东方锅炉厂生产的 DG1025/18.2-Ⅱ4 型中间再热、自然循环、单炉膛、燃煤汽包锅炉。省煤器由 3×102 根 $\phi$51×6mm (SA-210C) 蛇形管圈并绕而成，顺列布置，蛇形管上排和弯头等易磨损处设置了防磨盖板。

### 二、事件经过

2005 年 7 月 27 日 18 时 01 分，机组负荷 300MW，AGC 投入，1、2、3、5、6 号制粉系统运行，4 号磨煤机检修，总煤量 148t。双套引风机、送风机、一次风机运行，1、2 号汽动给水泵运行，电动给水泵备用。蒸汽流量 980t/h，给水流量 898t/h，汽包压力 17.8MPa，1 号汽动给水泵流量 622t/h，2 号汽动给水泵流量 623t/h，汽包水位－30mm。

7 月 27 日 18 时 01 分，1、2 号汽动给水泵调门全开，给水自动解除，汽包水位持续下降。立即将电动给水泵勺管位置降到 76%，手动启动电动给水泵调整水位，电动给水泵启动后汽包水位仍持续快速下降，立即将电动给水泵勺管手动全开，此时给水流量显示为 1320t/h (已经超出显示正常范围)，蒸汽流量 940t/h，汽包水位下降至－270mm。机组负荷下降为 276MW，炉膛负压为＋500Pa，1、2 号引风机电流分别为 161A、180A，1、2 号引风机动调开度分别为 96%、98%。怀疑锅炉爆管，检查四管泄漏仪 22 点、24 点报警，就地检查炉后泄漏声音较大，判断为省煤器爆管。

7 月 27 日 19 时 53 分，机组解列。

### 三、原因分析

省煤器右数第 3 排上数第二根距离省煤器中间集箱 0.5m 处有一长度 59mm 爆口，爆口边缘明显减薄，未胀粗，但爆破管表面吹损减薄明显，经过测量爆口附近壁厚为 2.8mm，与之相邻的两根管相同位置壁厚分别为 4.7mm、3.67mm，见图 1－37。

爆口位置位于尾部烟气走廊迎火面，距离弯头 1.5m 左右，第一管排上部焊接 300mm×400mm 防磨板。由于烟气经过此处时，流速加快并且变向，加剧对防磨板后下方管段的冲刷。此次爆口正好位于防磨板后下方 200mm 处，被烟气冲刷成凹坑减薄，导致该管段强度降低而爆破。

### 四、整改措施

(1) 加强对护铁、防磨板、吹灰器附近等烟气转向处的防磨防爆检查。

(2) 提高上述部位的防磨等级，加装护铁，避免烟气对上述部位直接冲刷，尽可能使烟

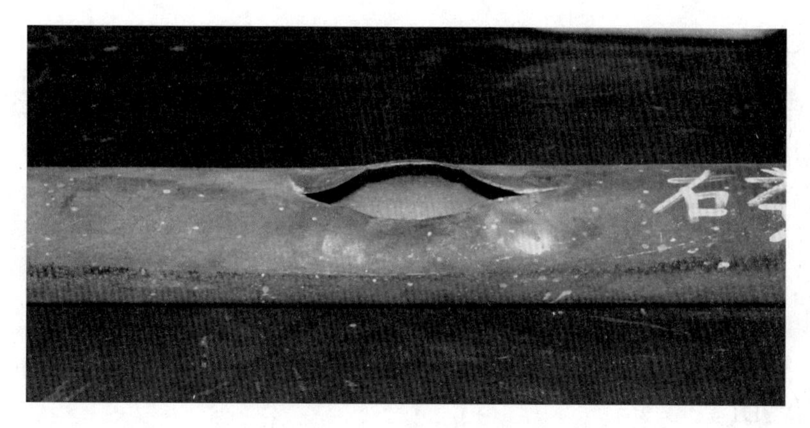


图 1-37 省煤器爆口

气经护铁平缓过渡，均匀平缓流经后部管排。

（3）加强磨煤机调整，尽可能避免烟尘颗粒过于粗糙而加剧对管排的磨损。

## 案例18 吹灰介质吹损低温再热器导致停机异常事件

### 一、设备简介

某电厂锅炉为捷制塔式布置低循环倍率锅炉，循环倍率 1.2～1.4，水冷壁形成炉膛下部四堵膜式壁墙体，主要接受高温烟气辐射传热。给水经省煤器加热后与汽水分离器排水混合，进入下降管后由强制循环泵经水冷壁环形集箱、分配集箱打入水冷壁。设计介质入口温度温度约 283℃，出口温度约 370℃，压力 18MPa 左右。管材 15Mo3，规格 $\phi$31.8×5mm。

### 二、事件经过

2006 年 11 月 15 日 19 时 30 分，巡检发现炉本体 89m 右后有泄漏声。申请调度同意后，于 17 日 01 时 10 分将机组停运。入炉检查发现 89m 低温再热器管 5 根有爆口，39 根吹薄，共计损坏 44 根。后右第一个声波吹灰发生器（安装于 2005 年 6 月）共振腔吹损掉，其他吹损严重的声波发生器有 109 个（93m 省煤器处 37 个，89m 低温再热器处 45 个，82m 二级过热器处 27 个）。

### 三、原因分析

（1）后右第一个声波吹灰发生器（安装于 2005 年 6 月）共振腔吹损掉后，吹灰介质直接吹损其上部防磨角铁，吹爆低温再热器管，是造成低温再热器泄漏的直接原因。

（2）该机组长周期连续运行 129 天，加之长期燃烧劣质煤，吹扫次数增加，是造成声波发生器磨损严重的主要原因。

（3）本次故障前的几次机组停运，对磨损严重的声波吹灰发生器进行焊补修复再利用，其耐磨性相对较差。

### 四、整改措施

（1）根据煤质情况，合理调整声波吹灰方式，确保不过吹，以避免造成受热面磨损。

（2）定做耐磨性较高的防磨套，在每个声波发生器上部足量加补。

（3）进一步研究，采取提高声波发生器耐磨性的措施。

## 案例19 因管排错乱导致省煤器磨损泄漏停机异常事件

### 一、设备简介

某电厂3号锅炉型号为HG-670/140-9，为超高压参数并有一次中间再热的自然循环蒸汽锅炉，1988年投产。高温段省煤器型式为鳍片式，外径32mm、壁厚4mm，材质为20G。

### 二、事件经过

2007年11月25日05时50分，运行人员发现3号锅炉给水流量由650t/h增加到713t/h，锅炉四管泄漏仪19点报警。05时55分，低水位保护动作，锅炉灭火。

就地检查发现高温段省煤器处有异音，人孔门处有汽水流出，初步判断高温段省煤器泄漏，遂申请停炉消缺。25日16时，检修人员进入炉内，检查发现高温段省煤器出口后数第三排，表面第一根管爆管，爆口长度大约50mm，见图1-38。

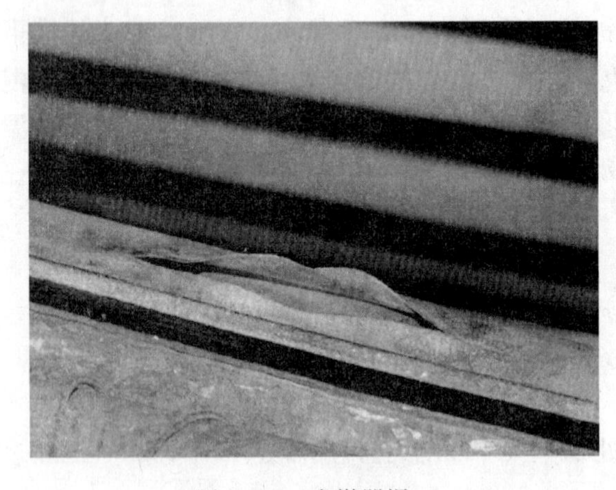

图1-38 省煤器爆口

### 三、原因分析

（1）锅炉受热面在多年运行中管排出现乱排，烟气流速的变化冲刷使受热面磨损加剧，且后包墙过热器集箱保温的脱落，也影响到烟气设计走向，使烟气集中冲刷爆管处管段，当管壁厚度减薄到一定程度，超过管子强度极限发生了爆裂。

（2）机组检修中没有对尾部受热面进行水清洗，省煤器管排表面积灰较多，使锅炉受热面检查存在一定难度。

（3）在锅炉检修中，落实防磨防爆责任制不到位，对锅炉受热面没有做到逐根逐个的检查；防磨防爆检查不认真，存在漏查现象。

### 四、整改措施

（1）利用机组检修对锅炉进行水冲洗，以便于对锅炉受热面的检查。

（2）在机组检修中，落实防磨防爆责任制，扩大检查范围，建立隐蔽区域泄漏记录处理档案。同时对常规部位做好割管、换管、检查记录及受热面管运行时间的统计。对锅炉受热面防磨护铁缺损或脱落的，要及时加装或恢复。

（3）对防磨防爆人员进行专业知识的培训，不断提高工作人员的综合素质。

（4）对锅炉受热面易磨损的部位加装防磨护铁，或进行耐磨喷涂。

## 案例20 因省煤器管偏出管排磨损泄漏导致停机异常事件

### 一、设备简介

某电厂锅炉型式为亚临界、一次中间再热、固体排渣、单炉膛、Ⅱ型半露天布置、全钢构架、悬吊结构、控制循环汽包锅炉，型号为 HG-2030/17.5-YM9。

### 二、事件经过

2011 年 9 月 20 日 16 时 06 分，1 号机组负荷 500MW。运行人员发现给水流量不正常地大于主蒸汽流量（较平时大 60t/h），并逐渐增大。16 时 12 分，瞬时达到最大 400t/h，之后基本稳定在 300t/h 左右。检查四管泄漏装置，在尾部烟道内多点报警。同时，右侧锅炉排烟温度、引风机电流等也相应变化，初步判断为省煤器泄漏，点检人员和项目部维护人员立即到现场进行检查，确认 1 号炉 54m 锅炉右侧有较大泄漏声，判断为省煤器泄漏，报请有关领导进行停炉处理，并通知项目部做好抢修准备工作。

1 号机组于 2011 年 9 月 20 日 17 时 26 分解列，2011 年 9 月 21 日 09 时 30 分停止引风机运行，发省煤器泄漏抢修工作票。经检查发现 1 号锅炉尾部受热面改造后上层省煤器右数第 1 排上数第 12 根管弯头内弧侧泄漏，经检查现场只有此一处漏点，见图 1 - 39、图 1 - 40。由于此漏点在炉内无法处理，需要将后包墙管割开后在炉外进行处理。随即安排项目部人员搭架子拆除保温，将后包墙管右数第 1～3 根管割开进行处理，包墙管割开后对该泄漏部位周围管子进行检查，发现改造后上层省煤器右数第 2 排上数第 12 根管在管弯头内弧吹损较重，此部位进行测厚为 3.8mm，故本次将改造后上层省煤器右数第 1、2 排上数第 12 根管内弧弯头进行了更换，同时对尾部受热面及水冷壁下斜坡进行了防磨防爆检查。

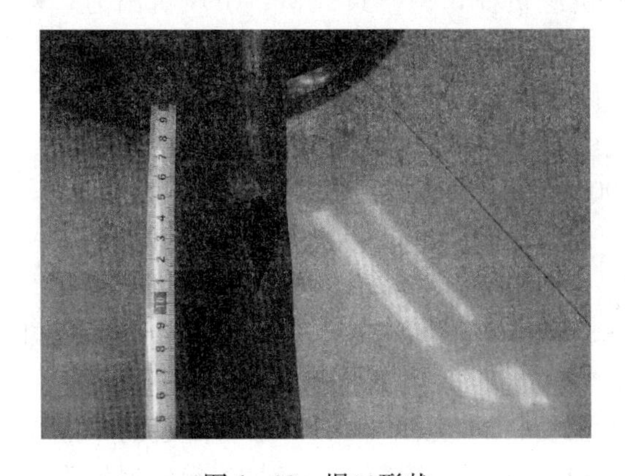

图 1 - 39 爆口形状

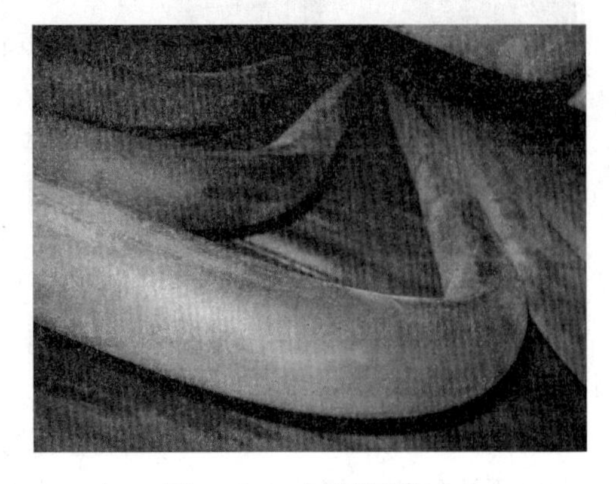

图 1 - 40 省煤器泄漏点

全部检修工作于 2011 年 9 月 22 日 11 时 30 分处理完毕，1 号机组于 2011 年 9 月 22 日

17 时 16 分并网投入运行。

### 三、原因分析

从省煤器泄漏点的外观分析，右数第 1 排上数第 12 根管弯头内弧侧泄漏的主要原因为此根省煤器管在运行中偏出管排，受烟气磨损减薄造成泄漏。

### 四、整改措施

（1）将泄漏管和吹损的省煤器管进行更换并加装护铁。

（2）利用此次停炉机会，对尾部受热面和水冷壁下斜坡进行了防磨防爆检查。

（3）在机组大、小修期间，下大力气认真做好受热面的普查工作，对于检查盲区并易发生泄漏的部位，采取措施进行防磨防爆检查。

（4）加大日常停备和检修时防磨防爆工作的管理和奖惩力度，一旦发现有漏检情况，将严肃考核。

（5）利用检修机会对错乱管排进行整理。

## 案例21 烟气旋流吹损省煤器泄漏导致停机异常事件

### 一、设备简介

某电厂锅炉型号 DG735/13.7-22，省煤器设计压力为 16.05MPa，采用顺列排列方式，材质为 20G。

图 1-41 省煤器爆口

### 二、事件经过

事件发生前，机组负荷 180MW，供热抽汽量 150t/h，过热蒸汽压力 12.0MPa，汽温 538℃。2009 年 2 月 23 日 22 点 50 分，炉膛压力高一值信号发出，炉膛正压 900Pa，运行人员立即降低机组负荷，调整送风机、引风机出力，检查发现汽包水位下降较快，启动电动给水泵维持汽包水位。空气预热器前左侧排烟温度较右侧低 200℃左右，立即进行现场检查，发现上层省煤器泄漏，切除供热系统，申请停炉。2 月 24 日 00 点 10 分，停炉处理。

### 三、原因分析

经现场检查，泄漏位置为省煤器 2 号上集箱炉左侧第 1 根（$\phi$42×5mm，20G）距离集箱约 1m 处，爆口朝炉后偏左呈天窗式，尺寸约 $\phi$18，见图 1-41。爆管附近的中隔墙过热器下集箱、左侧墙水冷壁下集箱、省煤器 2 号上集箱保温脱落，当此处集箱保温发生局部破损后，烟气遇到横向阻力，烟气流向发生反射，其折射角度为斜向上方，正对爆口位置，因此判断此处保温在运行中因安装质量不良导致部分脱落，烟气在此处形成旋流，造成磨损，见图1-42。

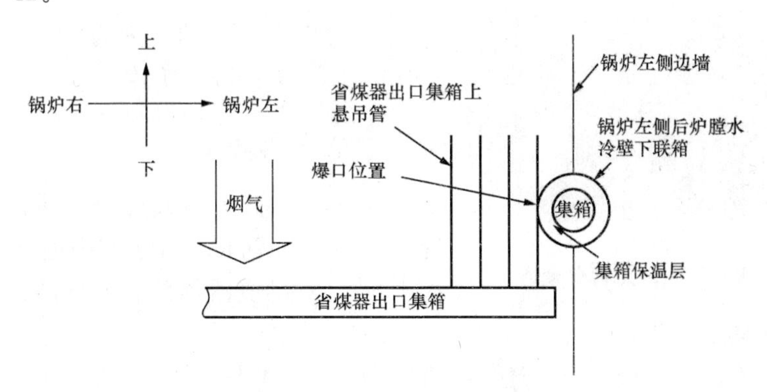


图1-42 省煤器集箱示意图

## 四、整改措施

（1）对中隔墙下集箱、侧墙水冷壁下集箱、2号省煤器上集箱保温进行了恢复，并采取了可靠加固，防止再次形成烟气通道。省煤器吊挂管更换970mm，加装一块1.5m长的护铁，防止管道被磨损而造成泄漏。新焊口均通过射线检验合格。

（2）对其余所有类似的悬吊管进行了磨损检查，未发现明显磨损的问题，对容易发生类似情况的另一侧悬吊管的相同位置，增加一块1.5m长的护板。

（3）工作中严格执行防止四管泄漏的要求，保证逢停必查。在今后防磨防爆检查中，加强集箱保温检查，发现破损及裂纹时及时修复。

# 案例22 喷燃器二次风冲刷磨损减薄导致水冷壁泄漏停机异常事件

## 一、设备简介

某电厂锅炉为上海锅炉厂制造，型号SG1025/17.6-M859，为亚临界参数、自然循环、一次中间再热、单炉膛、平衡通风、摆动式燃烧器四角切圆燃烧、固态排渣、露天布置、全钢构架、燃煤汽包锅炉。水冷壁管为$\phi$60×6.3mm内螺纹管，材质为SA-210C。

## 二、事件经过

2006年7月24日04时20分，2号锅炉AB层4号角有泄漏声，同时炉管泄漏报警，经判断为水冷壁泄漏。11时11分停炉，经检查发现4号角喷燃器下部二次风出口处水冷壁前墙锅炉右侧数第7根管有磨损，第8根管磨损减薄后泄漏3点，第9根管减薄后泄漏1点。同时扩大检查：发现4号角喷燃器上部，锅炉前墙右侧数第8～11根管发现磨损减薄，最大减薄处约3mm，见图1-43。

图 1-43　水冷壁泄漏点管壁减薄

## 三、原因分析

水冷壁管泄漏的原因为：该处水冷壁管受二次风冲刷、磨损减薄所致。

## 四、整改措施

（1）对上述泄漏及磨损管进行补焊处理，并打可塑料进行防护，在小修中进行了换管处理。

（2）对燃烧器顶部和底部防结焦二次风口进行封堵，并加装防磨护板。

（3）加强防磨防爆检查，坚持逢停必查原则，对易磨损部位进行重点检查，发现问题及时处理。

# 案例23　循环流化床锅炉右水冷壁磨损泄漏导致停机异常事件

## 一、设备简介

某电厂锅炉型号为 HG-1025/17.5-L.HM37 循环流化床锅炉。主要参数：最大连续蒸发量 1025t/h，过热蒸汽出口压力 17.5MPa，过热蒸汽出口温度 540℃，再热蒸汽进/出口压力 3.99/3.8MPa，再热蒸汽流量 846t/h，总风量 918 000$m^3$/h，给水温度 282℃，总给煤量 226.5t/h。

## 二、事件经过

2007 年 2 月 1 日 20 时 27 分，炉膛负压突升至＋3300Pa，引风机入口静叶开度增大，两侧床压失稳，给水流量不正常大于蒸汽流量，立即降负荷。22 时 39 分，水位维持不住，锅炉灭火。22 时 42 分，发现锅炉 2 号外置床人孔门、一次风机出口、二次风机出口、空气预热器、给煤机、尾部竖井吹灰器等处有大量蒸汽冒出，判断为水冷壁泄漏。22 时 56 分打闸停机。

2 月 2 日 23 时 00 分，进入炉膛进行检查，初步判断为锅炉右侧浇筑料上方水冷壁泄漏。2 月 3 日 14 时 00 分，搭设脚手架检查确认炉右前侧 16.9m 第三个延伸墙处（从前往后数）水冷壁管爆破，见图 1-44。2 月 6 日进行扩大检查，发现炉膛浇筑料平台上方所有基建时期的临时焊铁均未清除，个别延伸墙鳍片不完整，使水冷壁管有不同程度的磨损，经测厚检查发现有 18 根管子磨损减薄。该处水冷壁设计壁厚为 6.6mm，实际测

图 1-44　水冷壁泄漏部位

量壁厚为 6.1mm，最薄为 3mm。

### 三、原因分析

由于循环流化床锅炉特殊的炉膛结构和燃烧方式，运行中炉内床料直接与水冷壁壁面接触，造成冲刷磨损水冷壁，尤其是在浇筑料至上方 1.5m 处。水冷壁 16m 以下有浇筑料保护，不易磨损，16m 向上 1.5m 以内有浇筑料平台，为床料涡流区，是易磨损区域。设计要求水冷壁管上的临时焊铁必须打磨干净。根据本次检查情况看，施工单位未能将临时焊铁清除干净，部分鳍片漏焊。本次爆管为磨损造成，鳍片漏焊与临时焊件加剧磨损。机组投产后，未对锅炉全面进行防磨防爆检查。

### 四、整改措施

（1）坚持“逢停必查”原则，利用一切机会扩大受热面的防爆检查，进一步完善四管泄漏管理实施细则，完善责任制，保证人员固定，奖罚分明。

（2）加强对“四管泄漏监控系统”报警及运行参数的监视分析，发生异常后要及时采取果断措施，避免事故扩大。

## 案例24 循环流化床锅炉左水冷壁磨损泄漏导致停机异常事件

### 一、设备简介

某电厂锅炉为 HG-1025/17.5-L.HM37 循环流化床锅炉，型式为单炉膛、裤衩形双布风板、带外置床式结构，燃烧室蒸发受热面采用膜式水冷壁并加延伸墙式水冷壁全密封结构，水冷壁管规格为 $\phi57\times5.6$mm，材质为 20G，水冷壁延伸墙规格为 $\phi63.5\times6.6$mm，材质为 20G。设计主要参数：最大连续蒸发量 1025t/h，过热蒸汽出口压力 17.5MPa，过热蒸汽出口温度 540℃，再热蒸汽进/出口压力 3.99/3.8MPa，再热蒸汽流量 846t/h，总风量 918 000$m^3$/h，给水温度 282℃，总给煤量 226.5t/h。

### 二、事件经过

2009 年 4 月 29 日 10 时 36 分，机组负荷 214MW，机跟炉方式，总煤量 157t/h，主蒸汽压力 13.9MPa，主蒸汽温度 537.9℃，锅炉左右侧平均床压 13.9kPa，汽包水位 −1.48mm，锅炉双套引、送、一次风机运行，3 台高压流化风机运行，4 套给煤系统运行。炉膛负压突升至 +1728Pa，汽包水位由 −1.48mm 突降至 −129mm，给水流量由 590t/h 突增至 890t/h，给水流量比蒸汽流量大 300t/h，左侧上部床温有明显下降趋势，2 号引风机静叶挡板自动开大。机组降负荷，降主蒸汽压力至 8.2MPa。11 时 06 分，确认锅炉水冷壁管泄漏。13 时 33 分，机组打闸。4 月 30 日 08 时，进入炉膛内部进行检查，确认炉膛左侧水冷壁管泄漏，见图 1-45，进一步检查发现顶棚有 1 根水冷壁管同时泄漏，见图 1-46。

### 三、原因分析

循环流化床锅炉最大的问题就是磨损，尤其是在浇筑料至上方 1.5m 处。水冷壁 16m 以下有浇筑料保护不易磨损，16m 向上 1.5m 之间因有浇筑料平台，为床料涡流区，是易磨损区域。尤其是延伸墙与水冷壁夹角部位极易磨损，这是造成水冷壁泄漏的主要原因。

图 1-45　浇筑料下方水冷壁爆口

图 1-46　水冷壁顶棚管爆口

(1) 直接原因：水冷壁浇筑料上方 150mm 是床料易磨损区域，尤其是各个 90°夹角部位更易磨损加剧，检查其他夹角部位都有不同程度的磨损，此次泄漏部位符合这种情况，因此判断为此次泄漏的直接原因。

(2) 主要原因：顶棚泄漏管为超温爆管，水冷壁原外径为 $\phi57\times5.6$mm 爆口部位以胀粗成 $\phi67$，经检查胀粗长度约 1800mm，其周围管壁未发现有胀粗现象，判断为在降负荷期间由于给水量减小，下部水冷壁管有泄漏，造成顶棚处管内水量不足。而顶棚处又是锅炉高温区域，缺水超温使其金属组织发生改变造成爆管，因此水冷壁管超温是造成顶棚管泄漏的主要原因。

## 四、整改措施

(1) 坚持“逢停必查”的原则，利用一切机会扩大受热面防爆检查，进一步完善四管泄漏管理实施细则，完善责任制，保证人员固定，奖罚分明。

(2) 加强对“四管泄漏监控系统”报警及运行参数的监视分析，发生异常要及时采取果断措施，避免事故扩大。

# 第二章 运行操作不当导致灭火停机异常事件

## 第一节 煤质变差调整不当导致灭火停机异常事件

### 案例25 煤质差调整不当锅炉灭火导致停机异常事件

#### 一、设备简介

某电厂锅炉为上海锅炉厂制造，型号为SG1025/17.6-M859，锅炉型式为亚临界参数、自然循环、一次中间再热、单炉膛、平衡通风、摆动式燃烧器四角切圆燃烧、固态排渣、露天布置、全钢构架、燃煤汽包锅炉。每台锅炉配有5台由北京电力设备总厂制造的ZGM95中速辊式磨煤机。设计燃用煤种为开滦范各庄煤，采用正压直吹式冷一次风机制粉系统。燃烧器为上下浓淡分离宽调节比（WR）摆动式直流燃烧器，分A、B、C、D、E五层布置；油燃烧器三层布置，位于AB、BC、DE三层二次风风室内，一、二次风呈间隔排列，煤燃烧器采用等间隔布置。每个煤燃烧器喷口布置有周界二次风（燃料二次风），油燃烧器喷口布置了油配风，辅助二次风有6层，在燃烧器最上方配有燃烬二次风喷口。

#### 二、事件经过

2005年1月11日00时，2号机组A、B、C、D四台磨煤机运行，E磨煤机检修消缺。机组电负荷220MW带供热运行，总给煤量144t/h，煤质较差。至03时30分，由于煤质差，A、B、C、D四台磨煤机电流均有上升。当时所燃用煤的煤质硬，可磨性差。

同日04时30分，逐渐降低机组电负荷及热负荷，以缓解制粉系统工况。05时左右，电负荷降至193MW，实际总给煤量为146.8t/h，总风量808t/h，各磨煤机电流仍较大，A磨煤机的电机电流由51A突增至63.4A，紧急停止A磨煤机运行，B磨煤机煤量36.1t/h，C磨煤机煤量41.8t/h，D磨煤机煤量40.6t/h，总风量646t/h。投AB层及BC层油枪，只有AB层3号角投入成功，电负荷降至165MW时开始停止供热系统运行。05时20分，D磨煤机电机电流猛增至60A并且振动加大，此时总煤量118.6t/h，总风量646t/h，将D磨煤机停止运行，总风量下降。05时20分，送风异常光字报警，手动加送风量。05时21分，总风量降至MFT动作值，锅炉灭火，总风量最低降至101.5t/h。处理过程中，由于过热蒸汽一级减温水阀门内漏，主蒸汽温度无法维持，06时06分，机组被迫打闸、解列。

#### 三、原因分析

（1）由于煤质较差，机组处于供热工况，负荷较高，造成磨煤机堵煤。A磨煤机被迫停运后，增加了B、C、D磨煤机的负荷，使磨煤机的运行工况进一步恶化，又被迫停止D磨煤机，负荷进一步下降至120MW，送风机动叶开度过小，引起送风机失速，造成总风量降至MFT动作值，导致锅炉灭火。

（2）在煤质较差、磨煤机运行工况恶化时，运行人员未及时降低机组的电负荷及切除热负荷，致使磨煤机不能维持正常运行，迫使A、D磨煤机急停后造成燃烧不稳，发生灭火。

（3）没能及时地投油稳燃是造成锅炉灭火的原因之一，经检查，因油枪雾化片积碳，使油枪不能正常点燃，致使汽温无法维持，以致机组打闸、解列。

## 四、整改措施

（1）认真落实防止锅炉灭火的措施及事故通报。

（2）加强燃煤管理，合理配煤。运行人员应及时掌握煤质变化情况，并在异常时采取相应措施。

（3）煤质差时，提前试验油枪，保证油枪随时可以投入运行。

（4）加强油枪维护管理，严格执行定期试油枪制度，发现油枪缺陷应及时记录并处理，保证油枪正常备运。

（5）加强运行人员岗位培训，特别是对异常情况的分析、判断和处理能力，掌握异常处理的基本原则。

（6）加强事故处理演练，针对运行工况变化，提前做出事故预想和预案。

# 案例26 煤质差锅炉燃烧不稳导致停机异常事件

## 一、设备简介

某电厂4号机组为600MW亚临界湿冷汽轮发电机组，锅炉型式为亚临界、一次再热、单炉膛平衡通风、自然循环汽包锅炉，型号为B&BW-2028/17.5-M。锅炉整体Ⅱ型布置，全钢构架悬吊紧身全封闭结构。

燃烧系统采用中速磨煤机正压直吹制粉系统，前后墙对冲燃烧方式，配置低$NO_x$双调风旋流燃烧器。配有6台MPS-ZGM123G型磨煤机，锅炉的前后墙各对称布置3层煤燃烧器。油燃烧器与煤粉燃烧器匹配布置，每支燃烧器配有1套高能自动点火装置。

## 二、事件经过

2007年12月14日23时01分，机组负荷570MW，AGC投入，煤量316t/h，主蒸汽压力16.51MPa，主蒸汽温度537℃，再热汽温538℃，A、B汽动给水泵，B、C、D、E、F磨煤机运行，电动给水泵备用，A磨煤机检修。

12月14日23时18分，机组负荷570MW，AGC指令400MW，机组开始降负荷。23时27分，负荷520MW，多个火检不稳，投油稳燃。23时30分，负荷低限设定460MW，稳定负荷。

12月14日23时40分，负荷470MW，D磨煤机振动大，电流摆动大，紧急停运D磨煤机。

12 月 15 日 00 时 03 分，负荷 400MW，已投入 14 支油枪，C 磨煤机失去火检跳闸（C 磨煤机 6 支油枪均已投入），汽包水位由 −22mm 降至 −80mm，之后迅速升至 174mm，停运 A 汽动给水泵，电动给水泵联起，手动降负荷。

12 月 15 日 00 时 06 分，负荷 197MW，汽包水位 −237mm，低水位保护动作，锅炉 MFT。00 时 13 分，锅炉点火，投油枪。00 时 35 分，负荷 45MW，相继启动 B、E、C 磨煤机，均因失火检跳闸，主蒸汽温度下降较快，手动打闸停机。

### 三、原因分析

（1）在降负荷过程中燃烧不稳，C 磨煤机失去火检跳闸，引起汽包水位扰动，运行人员水位调整不及时，水位下降至保护动作值，锅炉灭火。

（2）恢复过程中，多次启磨煤机时均因煤质差、火检不稳而跳闸，未能采取有效措施及时稳定工况，主蒸汽温度持续下降，被迫手动打闸停机。

### 四、整改措施

（1）充分利用仿真机资源，加强技术培训和事故演练，提高运行人员动手解决问题的能力。

（2）加强缺陷管理，针对油枪、火检等存在的缺陷，要查清原因，予以解决。

（3）加强燃煤管理，合理配煤。运行人员应及时掌握煤质变化情况并在运行异常时采取相应措施。

## 案例27 燃烧不稳锅炉灭火导致停机异常事件

### 一、设备简介

某电厂 600MW 机组锅炉型号为 DG2070/17.5-Ⅱ型，采用亚临界参数、自然循环、前后墙对冲燃烧运行方式。

### 二、事件经过

（一）停机前工况

2 月 11 日机组抢修完启动。事故前机组负荷 502MW，主蒸汽压力 13.83MPa，主/再热汽温 540/541℃，总煤量 401t/h。锅炉双侧引风机、送风机、一次风机运行，机组 1、2 号汽动给水泵运行，电动给水泵备用。A、B、C、D、E、F 磨煤机运行，A 煤仓是高发热量煤，煤量 72t/h，其余各煤仓均为低发热量煤。炉膛负压调节投自动，总风量手动调节，汽包差压式水位计不准（显示值为：左侧 630mm、345mm，右侧 −90mm、−70mm），就地工业水位计显示左侧 −70mm、右侧 −80mm，电接点水位计显示 −100mm。冬季机组停机后，为了防止低温造成差压变送器平衡容器和引压管的冻结，机组停机后必须对平衡容器和引压管进行放水，机组启动后汽侧平衡容器要经过凝结蓄水后才能准确地测量压力信号，平衡容器缺水和无水无法真实测量水位信号，所以启动初期给水自动不能投，因而采取手动调整。

（二）事件处理过程

2月11日01时34分，A原煤仓蓬煤，磨煤机断煤，立即派人就地敲打处理。01时35分，A磨煤机仍不来煤，B、C、D、E、F磨煤机总煤量320t/h运行，各磨煤机维持原煤量运行，锅炉燃烧恶化，投入C层油枪助燃，因检测不到火检信号油枪退出（因炉膛内烟气浓度大，检测不到火检），E、F层油枪不处于紧急备用状态（油枪进油手动门关闭中）。01时38分，锅炉MFT动作灭火（首出炉膛压力低），机组随即跳闸。

## 三、原因分析

（1）由于大量掺烧劣质煤，劣质煤与优质煤掺配比达到5∶1，造成燃烧工况差。

（2）连续几日下雪，造成火车来煤较湿，使得A原煤仓蓬煤，A原煤仓蓬煤后除了敲打外没有其他的手段，不能快速疏通。

（3）C层油枪投入后无火检信号，导致投油失败；B、D层油枪经过改造为小油枪，油枪投入后雾化不好、不燃烧；E、F层油枪是大油枪（1.35t/h），基本不使用，为防止运行中漏油，油枪进油阀处于关闭状态，致使E、F层油枪不能及时投入；因油循环造成油温升高，锅炉燃油系统不能处于连续备用状态，事故状态下启动燃油泵，建立油压还需要一定时间。综合以上因素，导致油枪投入困难，不能起到投油稳燃效果。

（4）运行人员过分依赖A磨煤机等离子点火设备，当发生A磨煤机断煤后，其他运行磨煤机是劣质煤工况时，稳燃措施不够。

（5）A原煤仓蓬煤后给煤机断煤，A磨煤机断煤后剩余磨煤机均为劣质煤，锅炉燃烧急剧恶化，炉膛负压急剧增大，导致锅炉MFT动作。

（6）锅炉MFT动作后，汽包双色水位显示−175mm、−180mm，而此时由于热控测量水位左侧两个点指示不准，两个高四值信号保持中，锅炉发生MFT后同时汽包水位高四值（机炉大连锁），导致机组跳闸。

## 四、整改措施

（1）加大大矿煤的采购，增加大矿煤的存量，建立燃煤系统预警机制，在存量严重不足时，机组应降负荷运行。根据煤场存煤、来煤情况，保证锅炉掺烧一定的高热值煤。

（2）加强运行人员的培训，做好煤质变差时的事故预想和防止锅炉灭火的措施。

（3）进一步加强火检信号的检查，在事故情况下确保油枪能够正常投入。对煤火检信号进一步检查，确保真实性。

（4）加强燃油系统的维护检查，确保燃油系统、油枪处于可靠备用状态。在燃油不超温的情况下，保持燃油循环，确保随时可靠备用。

（5）尽量调整磨煤机出口温度在80～85℃，合理调整磨煤机一次风量，在保证不堵磨煤机的情况下，尽量降低一次风量，使煤粉燃烧提前。

（6）煤仓加装疏松器，以便在蓬煤时连锁启动，快速处理事故。

（7）在冬季机组启动前，运行人员尽量将汽包水位上调至高水位，以满足热工人员对汽包水位计压差变送器平衡容器的灌水工作。在有条件的情况下，对汽包水位计压差变送器平衡容器进行改造。

## 案例28 煤质差燃烧恶化锅炉灭火停机异常事件

### 一、设备简介

某电厂锅炉型式为亚临界、一次中间再热、固体排渣、单炉膛、Π型半露天布置、全钢构架、悬吊结构、控制循环汽包锅炉，型号为 HG-2030/17.5-YM9。

### 二、事件经过

10 月 28 日 11 时 34 分 00 秒，炉膛压力－27Pa。11 时 34 分 02 秒，炉膛压力－200Pa 报警。

同日 11 时 34 分 02 秒—38 秒，炉膛压力在－27～－380Pa 之间波动，磨煤机火检信号忽有忽无。

同日 11 时 34 分 38 秒，炉膛压力达－400Pa。

同日 11 时 35 分 03 秒，炉膛压力－400Pa，延时 25s 保护动作。

### 三、原因分析

（1）由于煤源紧缺，煤质难以保证，低位发热量严重偏离设计值 18 910kJ/kg，因而锅炉内燃烧工况较差，抗扰动能力变弱。这是本次事件的主要原因。

（2）锅炉长时间燃用劣质煤且低负荷运行，低负荷下锅炉内风速偏低，带灰能力差，积灰量大，锅炉内吹灰时易造成负压波动。这也是造成本次事件的原因之一。

（3）运行人员在炉膛负压波动初期未及时投油助燃，待波动频繁时，为防止发生锅炉内爆燃，不能贸然投油稳燃。这是造成本次事件的次要原因。

### 四、整改措施

（1）首先从源头抓起，燃料处严把煤质关，保证入炉煤的低位发热量大于 15 000kJ/kg。

（2）输煤部组织好人力、物力，对斗轮机、碎煤机等易堵煤设备及时处理，保证安全上煤；若确实有困难时，要首先保证下排原煤仓不能断煤。

（3）组织各班组人员进一步学习“燃用劣质煤技术措施”，把其后果的严重性和有效处理办法深入到每个值班员的头脑中。

（4）继续强化吹灰质量。

1）运行人员按规定跟踪吹灰质量，记录吹灰器存在的缺陷，发现问题及时联系检修处理。

2）保证蒸汽吹灰压力在 1.5MPa 以上。

3）使吹灰压力始终保持在 1.2～1.8MPa，温度为 50～80℃。

（5）进一步加强运行调整。

1）监视引风机入口调整挡板运行正常，发现异常及时通知检修处理。

2）煤质变差、炉内总燃料量超过190t/h时，及时增加吹灰次数，以保证水冷壁及各受热面清洁，防止掉焦塌灰引起负压大幅波动。

3）发现塌灰、负压自动跟踪不好时，及时解列自动，手动调整炉膛负压。

4）用适当开大两侧二次风及关小中间喷燃器二次风的方法防止受热面结焦。

（6）运行人员掌握好投油助燃时机，在煤质变化或吹灰时密切监视炉膛负压变化情况，发现燃烧工况变差时及时投油稳燃。

## 案例29 燃烧不稳导致汽温高停机异常事件

### 一、设备简介

某电厂4号机组为600MW亚临界湿冷汽轮发电机组，锅炉为北京B&W公司生产的亚临界、一次再热、单炉膛平衡通风、自然循环汽包锅炉。型号B&BW-2028/17.5-M，锅炉整体Ⅱ型布置，全钢构架悬吊紧身全封闭结构。

燃烧系统采用中速磨煤机正压直吹制粉系统，前后墙对冲燃烧方式，配置低$NO_x$双调风旋流燃烧器。配有6台MPS-ZGM123G型磨煤机，锅炉的前后墙各对称布置3层煤燃烧器。油燃烧器与煤粉燃烧器匹配布置，每支燃烧器配有一套高能自动点火装置。

### 二、事件经过

2005年4月5日23时52分，机组负荷496MW，煤量289t/h，总煤量偏大，机组运行稳定。4月6日01时10分，负荷降至380MW，总煤量256t/h，E磨煤机火检E6/E3闪烁，接着A磨煤机A5/A6火检闪烁，投入A5/A6油枪之后火检恢复正常。01时24分，A、B、E磨煤机相继跳闸，燃料主控解除并迅速投油助燃，此时燃煤量约110t/h且汽温、汽压下降，协调切至汽轮机跟随（TFI）方式。

4月6日01时37分，F磨煤机跳闸，负荷190MW时给水差压小，部分减温水失去，迅速派人就地手摇关小主给水电动门以恢复减温水。01时47分和01时51分，分别启动E磨煤机和A磨煤机，加煤恢复至110t/h，负荷保持在120MW。启动磨煤机后，减温水没有恢复，主蒸汽温度迅速上升。在手动加负荷控制汽温无效后（主蒸汽温度达566℃），02时02分手动打闸停机。

### 三、原因分析

（1）燃煤煤质变差造成磨煤机火检不稳定，这是此次停机的直接原因。

（2）运行人员对磨煤机火检不稳定未能及时发现并采取投油稳燃等措施，造成A、B、E磨煤机跳闸，为此次“非停”埋下隐患。

（3）A、B、E磨煤机跳闸后风量调整不当，使F磨煤机跳闸（密封风与一次风风压低），致使事故扩大。

（4）汽包水位调整过程中电动给水泵耦合器开度过小，使减温水部分失去（给水压力低），且事故处理时缺乏准确判断，造成热量、负荷不匹配，使主蒸汽温度迅速升高达到停机值。

### 四、整改措施

（1）通过仿真机事故演练和事故考问等多种形式，使运行人员熟悉事故处理程序及原则。

（2）在总结经验教训、深入查找业务水平差距的基础上，不断积累运行生产经验，提高集控运行人员实际操作技能和综合处理事故的能力。

（3）控制好燃煤质量关，避免因煤质给机组带来安全隐患。

## 案例30 锅炉燃烧不稳给水流量低导致停机异常事件

### 一、设备简介

某电厂锅炉为哈尔滨锅炉有限责任公司引进三井巴布科克能源技术生产的超临界参数变压运行直流锅炉，为单炉膛、一次再热、平衡通风、露天布置、固态排渣、全钢构架、全悬挂结构Ⅱ型锅炉。锅炉燃烧方式为前后墙对冲燃烧，前后墙各布置三层三井巴布科克公司生产的低 $NO_x$ 旋流燃烧器，每层各 5 支，共 30 支。前墙上、中、下三层燃烧器煤粉分别由 D、C、A 三套制粉系统供给，后墙分别由 F、B、E 三套制粉系统供给。

### 二、事件经过

2009 年 8 月 22 日 04 时 03 分，机组 AGC 负荷指令由 400MW 调为 300MW。运行人员解除 D 磨煤机自动，将煤量减至 20t/h 准备停磨煤机。04 时 04 分，E 磨煤机煤量自动降为 24t/h，运行人员解除 E 磨煤机煤量自动，手动逐渐加煤量至 33t/h。

同日 04 时 07 分，机组负荷指令 352MW，实际负荷 353MW，总煤量 121t/h，B 磨煤机 33.6t/h、C 磨煤机 35.3t/h、D 磨煤机 20t/h、E 磨煤机 33t/h，E 磨煤机火检五取三动作跳磨煤机；04 时 08 分，运行人员紧急手动加 D 磨煤机煤量，至 04 时 10 分，D 磨煤机煤量加到 44t/h。

同日 04 时 08 分，层操投 B 层油枪，在 B1、B2 已经投入，B3 正在投入进程中，B 磨煤机火检五取三动作跳磨煤机，燃料自动跳手动，锅炉主控跳手动，AGC 退出，协调切至基本方式，给水主控在自动位。

同日 04 时 09 分，检查给水流量 957t/h，指令 895t/h，层操投 E、C、D、F 层油枪。

同日 04 时 10 分，给水流量指令 600t/h 不变，实际给水流量降至 472t/h。之后两台汽动给水泵综合阀位达到最小，分别为 39.4%、34.46%，实际给水流量最低降至 248.97t/h。

同日 04 时 11 分，给水流量低保护动作，锅炉灭火，机组跳闸，跳闸时总煤量至 84t/h。

### 三、原因分析

（1）运行人员没有根据煤种的变化对磨煤机运行组合方式进行调整，由于燃烧不稳定，E、B 磨煤机火检保护动作相继跳闸，这是事故的起因。

（2）运行人员在燃烧自动解除后，没有监视和控制给水流量，自动调节过程中导致给水流量低保护动作，这是事故的直接原因。

### 四、整改措施

（1）针对集控运行人员存在的运行经验相对不足、实际操作技能不强及在机组事故处理中暴露的其他各种问题，加强集控运行人员在事故情况下的处理能力的培训。

（2）根据机组实际运行状况，认真做好事故预想和处理预案，通过仿真机实际事故演练和事故考问活动等多种形式，使集控运行人员熟悉事故处理程序。在总结经验教训、深入查找业务水平差距的基础上，不断积累运行生产经验，提高集控运行人员实际操作技能和综合处理事故的能力。

（3）加强技术管理，对所下发的方案、技术措施要做彻底的技术交底，让运行人员理解、领会并熟练掌握，并规范运行人员的操作。

（4）在机组出现异常情况时，应安排专人监视调整汽包水位。

（5）完善给水自动调节性能，并在逻辑上将燃油纳入锅炉给水控制逻辑。

（6）对燃煤进行合理掺配，以保证锅炉入炉煤种有较高的着火性能。

（7）在保证锅炉不发生大面积结焦的前提下，适当提高锅炉燃烧器旋流强度。

## 案例31 磨煤机断煤燃烧不稳失去火检锅炉灭火异常事件

### 一、设备简介

某电厂锅炉为上海锅炉厂制造，配有 5 台由北京电力设备总厂制造的 ZGM95 中速辊式磨煤机，其中 1 台备用。设计燃用煤种为开滦范各庄煤，采用冷一次风机正压直吹式制粉系统。燃烧器为上下浓淡分离宽调节比（WR）摆动式直流燃烧器，分 A、B、C、D、E 五层布置；油燃烧器三层布置，位于 AB、BC、DE 三层二次风风室内，一、二次风呈间隔排列，煤燃烧器采用等间隔布置。每个煤燃烧器喷口布置有周界二次风（燃料二次风），油燃烧器喷口布置了油配风，辅助二次风有六层，在燃烧器最上方配有燃烬二次风（过量二次风 OFA）喷口。

### 二、事件经过

7 月 25 日 04 时 14 分，机组电负荷 150MW，B、C、D 三台磨煤机运行，总煤量 80t/h，主蒸汽、给水参数正常，A、B 两台汽动给水泵运行，D 磨煤机 3 号角火检弱，燃烧工况正常。

同日 04 时 15 分 B 磨煤机断煤，立即程控投 AB 层 1 号角油枪，无火检，点火失败，第二次点火成功。接着点 AB 层 2 号角油枪不成功，04 时 15 分 BC 层 3 号角油枪点火失败。04 时 16 分 BC 层切为手动点 4 号角油枪，同时去现场敲打给煤机，但下煤筒无煤，联系输煤上煤，同时发现 B 煤仓上部有煤粉喷出。04 时 16 分，继续点 AB 层 3 号角油枪时 D 磨煤机跳闸，首出为四取三灭火。

同日 04 时 16 分，MFT 动作，首出为全炉膛无火。

## 三、原因分析

（1）B 制粉系统断煤后，大量冷风进入炉膛，炉膛负压增大至－760Pa，造成燃烧不稳定。

（2）点 AB 层、BC 层几个角油枪未能一次点火成功，在此期间只有 AB 层 1 号角油枪有火。

（3）在燃烧不稳定工况时，运行人员未采取措施及时控制好 C、D 磨煤机系统运行工况，又导致 D 磨煤机受负压和冷风的影响，四取三灭火保护动作，D 磨煤机跳闸。

## 四、整改措施

（1）输煤及有关单位加强对煤仓煤位的检查、校对，及时掌握煤仓的煤位。

（2）低负荷 150MW 三台磨煤机运行时，要提前试验油枪，煤质较次时也应提前试投油枪，做好故障的应急准备工作。

（3）值班人员每天接班时应对机组运行工况全面了解，根据当班的运行工况做出具体事故预想和预案。

（4）检修单位对影响机组稳定的设备要定期进行试验和检查，及时消除设备缺陷，减少和杜绝带病运行的工况。

# 案例32 磨煤机堵煤导致汽包水位高停机异常事件

## 一、设备简介

某电厂锅炉型式为亚临界、一次中间再热、固体排渣、单炉膛、Ⅱ型半露天布置、全钢构架、悬吊结构、控制循环汽包锅炉，型号为 HG-2030/17.5-YM9。制粉系统有 6 台中速辊式磨煤机，每台磨煤机的额定出力为 77.15t/h。

## 二、事件经过

2006 年 2 月 25 日 09 时 19 分，B、D 磨煤机堵煤情况严重，汽压开始下滑。为稳定燃烧，09 时 20 分，运行人员投入 A 层四支油枪。09 时 52 分，投入 B 层 3 支油枪，之后由于 B、D 磨煤机堵煤情况继续恶化，汽压由 14.2MPa 开始下降。10 时 06 分，主蒸汽压力降至 8.5MPa，机组降负荷至 250MW。10 时 05 分，由于 2 号汽动给水泵转速超出自动调节范围（3100～5900r/min），汽动给水泵控制自动跳至手动，但此时运行人员忙于调整燃烧，没有及时发现该情况。当时 2 号汽动给水泵流量为 492t/h，由于汽包压力的降低，造成 2 号汽动给水泵流量持续升高（2 号汽动给水泵切除自动后转速在 3089r/min 没有变化）。10 时 08 分，2 号汽动给水泵流量 651t/h。汽包水位高二值保护动作，MFT 跳闸。MFT 动作后，运行人员紧急停止 2 号汽动给水泵，电动给水泵联启，此时值班人员仍没有发现 2 号汽动给水泵的运行状况，随着汽压的快速降低，2 号汽动给水泵流量继续上升到 805t/h。10 时 10

分，汽包水位高三值保护动作（+300mm），机组跳闸。

### 三、原因分析

(1) 在磨煤机堵煤造成汽压迅速下降时，运行人员虽然采取了投油的措施，但机组负荷降低较慢，造成了主蒸汽压力大幅度降低，引起2号汽动给水泵自动切除。因为汽压低，该汽动给水泵自动切除后仍打水，运行人员没有及时发现，造成给水流量和汽包水位的同步持续升高。

(2) 化验B、C、D三台磨煤机中煤样的可磨性系数为44，与设计可磨性系数71偏离较大。煤质差及掺配煤不合理是造成磨煤机堵煤的主要原因。

### 四、整改措施

(1) 加强运行人员培训，提高运行人员处理突发事件的能力。明确机组人员在事故处理时的分工，统一指挥。

(2) 加强对汽动给水泵调整特性的练习，熟悉低负荷时汽动给水泵的调节特性，尤其是自动切除后的手动调整，当自动退出后，要手动调整汽包水位。

(3) 加强燃料采购管理，进煤时尽量满足机组的设计煤种要求。加强煤场管理，不同煤种分别存放。对较次的燃煤，在上煤前对燃煤进行掺配，应避免集中上到同一个炉、同一个煤仓。

(4) 运行人员应加强对制粉系统相关参数的监视，及时发现参数的异常变化，避免磨煤机堵煤情况发生。

## 第二节　辅机故障及设备异常操作不当灭火停机异常事件

## 案例33　给水调节特性差调整不当锅炉灭火导致停机异常事件

### 一、设备简介

某电厂3号机组为600MW亚临界湿冷汽轮发电机组，锅炉型式为亚临界压力、一次再热、单炉膛平衡通风、自然循环汽包锅炉。型号为B&BW-2028/17.5-M。锅炉为整体Ⅱ型布置，全钢构架悬吊紧身全封闭结构。

汽包水位采取串级三冲量调节。三冲量为汽包水位、给水流量、蒸汽流量，此系统包括内、外两个回路和一个前馈信号。由给水流量反馈形成内回路，其任务是及时反映调节效果和迅速消除给水流量的自发扰动。主蒸汽流量也作用于内回路副调节器上。当主蒸汽流量扰动时，内回路迅速改变给水流量，以补偿主蒸汽流量对汽包水位的影响。由汽包水位反馈形成外回路，当水位偏离其给定值时，主调节器通过内回路调节给水流量，使稳态时汽包水位回到给定值。在串级三冲量给水自动调节系统中，副调节器的任务是当主蒸汽流量扰动时迅速改变给水流量，使汽包水位较少变化；当给水流量自发扰动时，及时予以消除。主调节器的任务是校正水位，使稳态时汽包水位等于给定值。主、副两个调节器的工作相对独立，相互影响小。水位的无稳态偏差是靠主调节器来实现的，并不要求加在副调节器上的给水流量信号和主蒸汽流量信号保持稳态配合关系。不仅如此，还可根据调节对象在蒸汽负荷扰动下虚假水位的严重程度来适当加强主蒸汽流量的调节作用，使在负荷变化时主蒸汽流量的调节作用能更好地抑制虚假水位的变化。

## 二、事件经过

2006 年 8 月 29 日 10 时 19 分，3 号机组负荷 510MW，启动 E 磨煤机，煤量由 16t/h 加至 23t/h，汽包水位－31mm，给水憋压阀前后差压 4.35MPa。为使机组不限负荷，将机组压力控制切为定压运行方式，设定值为 16.50MPa。

同日 10 时 23 分机组负荷 490MW，给水憋压阀前后差压 3.39MPa，此时机组正常运行。

同日 10 时 27 分机组升负荷至 510MW，汽包水位－142mm，给水憋压阀前后差压 3.3MPa。此时已将 E 磨煤机煤量加至 45t/h 并投入自动。

同日 10 时 28 分机组负荷升至 520MW，汽包水位－172mm，A、B 汽动给水泵转速 4870r/min，给水憋压阀前后差压 3.8MPa，主蒸汽压力迅速上升到 17.36MPa，致使协调切为汽轮机跟随方式。此时为防止锅炉超压，将压力设定值改为 16.40MPa。

同日 10 时 29 分汽包水位继续下降到－185mm，此时 A、B 汽动给水泵转速已达 5027r/min，给水憋压阀前后差压 4.8MPa。由于压力升高快且机组在汽轮机跟随方式，自动将汽轮机调门从 82% 开至 96%，负荷快速升至 565MW。为防止锅炉超压，再次将压力设定值改为 16.10MPa。

同日 10 时 30 分汽包水位回升到－155mm，此时给水憋压阀前后差压已达 5.27MPa。为减小锅炉扰动，将机组控制方式切为锅炉跟随方式，此时机组负荷保持当前负荷 565MW。

同日 10 时 33 分汽包水位继续上升到 81mm，给水憋压阀前后差压 5.46MPa。为防止锅炉汽包水位高，将水位自动设定值由－61mm 改为－110mm，此时汽包水位短时下降后又迅速升高。

同日 10 时 34 分汽包水位继续上升到 145mm，将 A 汽动给水泵打闸，解水位自动，此时水位已到高水位保护值，锅炉灭火，汽轮机跳闸。

## 三、原因分析

（1）给水调节门远方无法调节其压差，致使机组升降负荷过程中给水自动调节系统调节特性差，造成此次汽包水位高保护动作。

（2）运行人员在启动磨煤机时，由于煤质差、火检不稳定，为防止磨煤机失去火检跳闸，煤量增加过快致使锅炉汽包压力快速升高，在给水自动调节品质不好的情况下，造成汽包水位高保护动作。

（3）运行人员对汽包水位变化预见性不强，没有充分考虑工况变化对汽包水位调节的影响，造成汽包水位自动调节扰动大，水位自动调节性能差。运行人员在自动调节性能差的情况下未提前采取解除自动方式、手动调节以避免机组停运的措施。

## 四、整改措施

（1）负荷在 500～600MW 区间运行时，将负荷升降速率控制在 8～10MW/min。

（2）启动磨煤机保持最小煤量运行 2min，再按照每分钟 3t/h 速度增加煤量，防止磨煤机启动时对锅炉压力扰动过大，造成汽包水位波动。

（3）在升降负荷及异常工况下，应安排专人监视调整汽包水位，避免水位事故的发生。

# 案例34 给水自动调节品质差操作不当导致汽包水位高停机异常事件

## 一、设备简介

某电厂锅炉为武汉锅炉厂生产的 WGZ1100/17.5-1 型亚临界自然循环锅炉，采用五台 ZGM95QG 型 MPS 中速磨煤机，为正压直吹式制粉系统、直流摆动燃烧器、四角布置、双切圆燃烧、一次再热、平衡通风、三分仓容克式空气预热器、固态除渣、全钢构架、悬吊结构。

## 二、事件经过

2001 年 11 月 6 日 19 时，机组负荷 299MW，主蒸汽流量 989t/h，给水流量 925t/h，主蒸汽温度 539℃，炉膛负压－86Pa，机组主要辅机运行正常。19 时 25 分左右，集控主值监盘发现 CRT 画面下方汽包水位颜色变白，立即切换到主给水画面，1 号、2 号汽动给水泵已不在“遥控”位，锅炉 MFT 动作，首出“汽包水位高”信号，立即投入 1 号汽动给水泵遥控手减转速。运行人员在减小 2 号汽动给水泵转速时，未能正确操作。19 时 28 分 57 秒将 1 号汽动给水泵手动打闸，手启 3 号电动给水泵，因未切除电动给水泵“备用”按钮，给水画面无法发指令。19 时 30 分将电动给水泵“备用”解除后，开始调整电动给水泵勺管。期间，运行人员进行了汽动给水泵的手动/自动切换。19 时 27 分 15 秒将连排调节阀全开，19 时 30 分 27 秒手动将 2 号汽动给水泵跳闸。19 时 30 分 37 秒，运行人员开始关闭电动给水门。19 时 34 分 00 秒，运行人员打开汽包事故放水门操作端，但未进行任何操作。19 时 33 分 18 秒，8 号机组解列，ETS 首出为“汽包水位高”信号。

## 三、原因分析

经分析，参照 SOE 记录、运行人员操作记录和 PI 系统趋势图得出：汽包水位高是造成锅炉灭火和机组跳闸的直接原因，汽包水位变送器指示偏差大和给水自动调节品质差是导致 8 号锅炉汽包水位高及锅炉 MFT 灭火的原因。发电部运行人员监盘质量差和处理锅炉灭火后续操作措施不当是导致 8 号机组跳闸的主要原因。

## 四、整改措施

（1）发电部应加强运行人员责任心教育，提高监盘质量，并加强运行人员技术培训工作，不断提高新上岗人员专业技术水平和处理问题的能力。

（2）热控专业要加强年轻队伍人才的培训工作，加大专业技术培训力度。

（3）加强专业基础管理工作，完善并配备系统逻辑图和有关检修技术规程，组织人员对照逻辑图检查核实，确保自动、保护、连锁的正确性和可靠性。

（4）工程设备部继电保护、热控专业人员和发电部运行人员要开展交叉讲课培训工作，通过交叉培训，在提高人员专业技术和操作技能的同时，拓展其知识面，并充分吸取运行人员操作经验，不断提高机组自动调节品质，优化设备保护。

## 案例35 空气预热器跳闸操作不当导致灭火停机异常事件

### 一、设备简介

某电厂锅炉为DG1025/177-Ⅱ型、中间再热、自然循环、燃煤汽包锅炉。空气预热器为东方锅炉厂生产的LAP10320/3883型三分仓容克式空气预热器。

### 二、事件经过

2005年1月21日，机组负荷290MW，双套引风机、送风机、一次风机运行，1～5号制粉系统运行，1、2号汽动给水泵运行，电动给水泵备用。

同日08时55分，2号空气预热器主电机跳闸，联跳2号引风机、送风机、一次风机。监盘人员投入一、二层油枪，逐台停5、4、3号制粉系统。汽包水位低至－100mm，手启电动给水泵。汽包水位高，解除给水自动，手动减电动给水泵及汽动给水泵转速，汽包水位迅速升高，将电动给水泵停掉，因给水流量过大，汽包水位高三值保护动作，机组跳闸。

### 三、原因分析

（1）检查2号空气预热器开关，发现U相动静触头烧损严重，V、W相静触头烧损严重，判定开关因U相动静触头接触不良，引起缺相运行，造成2号空气预热器主电机绕组烧损。

（2）2号空气预热器跳闸，锅炉单侧运行，经处理，锅炉燃烧已趋于稳定。当锅炉水位变化到－100mm，由于运行人员心理紧张，担心水位继续向下变化，于是紧急启动了电动给水泵（当时电动给水泵勺管位置在72%），由于当时两台汽动给水泵全部在自动位置。从打印曲线看，实际汽包水位已在向正方向发展，加上紧急启动的电动给水泵，给水流量已达到1250t/h。由于超大流量向锅炉上水，导致汽包水位急剧上升，此时手动减小电动给水泵及汽动给水泵转速，和打掉电动给水泵，已不能控制水位的急剧上升趋势，汽包水位高三值MFT保护动作，机组跳闸。

### 四、整改措施

（1）发生事故情况下，机组人员进行合理分工、各把一关。加强事故预想和实际操作的培训，不断提高机组人员技术水平和事故处理的应变能力。

（2）在今后的工作中加强学习，正确理解各种事故发生的机理，认真从中吸取教训，认真总结单侧事故处理和汽包水位如何控制的原则，事故处理时分清主次。

（3）加强运行培训工作，要有的放矢，从实战出发做好事故预想。

## 案例36 空气预热器跳闸调整不当低汽温保护动作停机异常事件

### 一、设备简介

某电厂4号机组为600MW亚临界湿冷汽轮发电机组，锅炉型式为亚临界压力、一次再热、单炉膛平衡通风、自然循环汽包锅炉，型号为B&BW-2028/17.5-M。锅炉整体Ⅱ型布置，全钢构架悬吊紧身全封闭结构。空气预热器型式为上轴端驱动三分仓回转式空气预热器，型号为32VNT1830，转速0.75r/min，电机功率11kW。

### 二、事件经过

2004年9月22日22时08分，机组有功负荷330MW，炉膛负压－100Pa，煤量156t/h，A引风机静叶开度39%，电流221A，B引风机静叶开度37%，电流228A。22时28分，B空气预热器主电机运行中跳闸，辅电机未联启，运行人员手动强启未成功。B空气预热器联跳B侧送、引风机，炉膛负压最高至＋1009Pa，此后A引风机静叶开度由68%持续增加至95%，电流增加到553A。22时32分，A引风机因过电流跳闸（定值560A），"两台引风机全部失去"，锅炉MFT动作。

锅炉灭火后，值班员手动减负荷，负荷最低时减至9MW，而后增至120MW后再次减低。同时开始恢复烟风系统，准备吹扫点火。同日22时52分，机侧主蒸汽温度降至460℃，汽轮机低汽温保护动作跳汽轮机，发电机解列。

### 三、原因分析

（1）B空气预热器主电机跳闸的原因：

1）B空气预热器主电机控制回路中接触器辅助触点吸合不正常，导致主变频器控制回路工作不稳定，出现瞬间断路现象，造成空气预热器主电机跳闸。

2）变频器控制柜距引风机烟道只有230mm，烟道保温层的表面温度为63℃，变频器控制箱内温度高（实测为41℃），影响变频器及其控制回路的正常工作。

（2）辅助电机不能启动的原因：辅助电机变频器接触器辅助触点卡涩，回路无法正常闭合，致使在B空气预热器主电机跳闸后辅助电机不能正常联启。

（3）A引风机跳闸的原因：运行人员危险点分析不深入，没有将B侧烟风系统负荷倒换至A侧运行。B侧送、引风机跳闸后，炉膛负压升至1009Pa，总风量减到1067t/h。烟风系统单侧运行后，送风量增加至1351t/h，炉膛负压降至391Pa。在送风量增加的过程中，运行人员没有快速停一台磨煤机来确保烟风系统调节正常，导致A引风机在调节过程中过流保护（定值为560A）动作跳闸。

（4）锅炉灭火后机组跳闸的原因：由于运行人员手动减负荷没有经验，对负荷和阀位匹配不清楚，造成减负荷过快、过低，减负荷中发现负荷已降至 9MW 后担心逆功率保护动作，又突增负荷至 120MW，而后又逐步减负荷，造成汽温快速下降，最终导致汽轮机低汽温保护动作跳机。

## 四、整改措施

（1）更换 B 空气预热器主辅电机电源回路的接触器，重新检查紧固控制回路的接线端子，锅炉空气预热器电机电源回路的所有接触器更换为同型进口接触器。

（2）采取措施加强 B 空气预热器控制箱散热，或将其移至环境温度较低的地方，使变频器及其控制回路正常工作。

（3）借鉴同型机组的实际生产运行经验，汽轮机厂家将低汽温保护动作值由 460℃修改为 422℃。

（4）加强运行人员培训，通过仿真机及其他方式的培训，不断提高运行人员技术水平。

# 案例37 一次风机故障停止过程中汽包水位高导致停机异常事件

## 一、设备简介

某电厂锅炉为哈尔滨锅炉有限公司制造，锅炉型式为亚临界参数、自然循环、一次中间再热、单炉膛、平衡通风、摆动式燃烧器四角切圆燃烧、固态排渣、半露天布置、全钢构架的Ⅱ型燃煤汽包锅炉，型号为 HG-1025/17.5-YM37。一次风机为单吸双支撑离心式带耦合器，满出力 50%容量设计。

## 二、事件经过

事件发生前，机组负荷 200MW，4 台磨煤机运行，1 台磨煤机检修，2 台引风机运行，2 台送风机运行，2 台一次风机运行，主、再热蒸汽温度 540℃，主蒸汽压力 14.2MPa，汽动给水泵运行。

12 月 4 日 12 时 20 分，2 号炉 B 一次风机异常报警，CRT 画面检查发现 B 一次风机驱动端轴承振动大并摆动，最大到 8.1mm/s，最小为 1.0mm/s。立即安排人员去现场检查并测量振动情况，并通知设备部锅炉点检及热工人员。在此期间，将 B 一次风机液力耦合器勺管开度由 53.2%减至 52.6%，振动恢复至 1.2mm/s，就地测量也正常，检查未发现问题。

同日 12 时 40 分，发现 2 号炉 B 一次风机驱动端轴承温度由 38℃开始上升，迅速将 B 一次风机液力耦合器勺管开度减至 45.6%。12 时 56 分，现场人员通知，B 一次风机轴承温度 95℃，CRT 显示 120℃，立即降负荷，投油助燃，紧急停止 E 磨煤机运行，减小 B 一次风机液力耦合器勺管开度。13 时 02 分，B 一次风机液力耦合器勺管开度降至 8%，并开大 A 一次风机勺管开度至 65%，停 B 一次风机。此时一次风压由 11.0kPa 降至 6.33kPa，此时未调整 A 一次风机液力耦合器勺管开度。在负荷降至 160MW 左右时，由于一次风压低，造成 C、D 磨煤机堵煤火检失去跳闸，炉膛负压最大至－1290Pa，随之 A 磨煤机堵煤火检失去跳闸，AB层1、2号角油枪着火正常，其余两个油枪灭火，紧急投入CD层四个角油枪，未着火。此时汽压迅速下降，机组长立即将汽轮机控制方式切至阀位，降负荷至50MW。在降负荷过程中，汽包水位迅速下降，最低至－261mm后，水位逐渐恢复至－103mm时，为了防止汽动给水泵供汽压力不够而造成水位下降，13时05分，在汽动给水泵给水流量为330t/h的状态下，启动电动给水泵，并关闭给水主路电动门，开启最小流量调整门，控制盘急停汽动给水泵。由于电动给水泵备用时勺管开度54%，给水量迅速上涨，瞬间达到830t/h，水位上升，开紧急放水未见效果，水位迅速上涨至高三值。13时06分，锅炉MFT动作灭火，汽包水位高四值保护动作，汽轮机跳闸。

## 三、原因分析

（1）运行人员在B一次风机故障停止运行时，盲目操作，未及时调整A一次风机出力至最大，致使一次风压低，造成运行磨煤机堵磨，磨煤机出口无火检，C、D、A磨煤机相继跳闸。

（2）运行人员在负荷降至50MW时，没有根据水位变化趋势，盲目启电动给水泵，造成水位失控，水位高四值，引起机组跳闸。

（3）运行人员操作、监盘能力差，在紧急停止E磨煤机后，未监视一次风压是否满足三台磨煤机运行的需要，造成磨煤机堵煤跳闸。

## 四、整改措施

（1）加大现场巡回检查力度，设备隐患早发现、早处理，对安全运行影响大的操作制定事故预案，相关专业的人员及领导到现场监护，防止机组发生异常现象。

（2）制订《风机倒换和给水泵使用技术措施》，并组织全体运行人员学习落实。在汽压迅速下降，汽动给水泵运行中，启动备用电动给水泵时要先退出备用，关勺管到最小后再启动，保证水位正常或先关闭给水主路电动门，倒换为旁路后再启电动给水泵。

（3）在机组出现状况时，严格按照规程规定执行。加强运行人员培训，组织运行人员深刻学习运行规程，提高运行人员的技术素质和技能。

（4）加强事故演练，提高运行人员事故情况下的操作能力。在处理事故时，能够准确判断、果断处理，防止同类事件重复发生。

# 案例38 一次风机调节机构故障操作不当导致汽包水位高停机异常事件

## 一、设备简介

某电厂锅炉为亚临界、一次中间再热、固体排渣、单炉膛、Ⅱ型半露天布置、全钢构架、悬吊结构、控制循环汽包锅炉，型号为HG-2030/17.5-YM9。一次风机为二级动叶可调轴流风机，自身有控制油站。

## 二、事件经过

2007年10月25日17时56分—18时00分，机组负荷557MW，1号一次风机电流由

170～205A进行类似正弦波形变化3次。18时00分—18时02分，一次风机电流在75～269A大幅度波动6次。同时，一次风母管压力随之在4.8～13.5kPa间剧烈波动。1、2号一次风机动叶反馈分别在75%～96%和72%～95%范围内摆动，1号一次风机风量在0～520t/h之间剧烈变化，一次风机自动系统因偏差大切除至手动控制，但自动切除后系统扰动仍旧没有停止。在此阶段，制粉系统风量最低0t/h，炉膛负压由－870～990Pa剧烈摆动，汽包水位在－130～＋130mm范围内变化。

同日18时02分，监盘人员发现汽包水位迅速升高至190mm，紧急停止A汽动给水泵，机组RB动作，F制粉系统连锁跳闸，电动给水泵联启。18时03分，由于一次风压剧烈波动，锅炉断粉灭火，保护首出为"全炉膛灭火保护动作"，MFT动作。当时机组负荷484MW，锅炉MFT动作后，迅速降低机组负荷，汽包水位由－78mm快速降低至－269mm，然后迅速回升。监盘人员用电动给水泵调整汽包水位。18时04分，电动给水泵液力耦合器开度由26.84%增加至37.83%，给水流量由787t/h增至1086t/h（最大值），汽包水位由150mm迅速升高至309mm。汽包水位高三值保护（定值300mm）动作，机组跳闸。

## 三、原因分析

（1）机组跳闸后，现场检查发现1号一次风机动叶开度在84%和93%两点部位液压油压力明显降低，怀疑动调头伺服阀主轴部分磨损，更换动调头。1号一次风机调节机构出现故障，造成一次风系统压力剧烈扰动，当一次风母管压力低于7.0kPa时，一次风已经不能满足输送煤粉的需要，造成MFT动作。

（2）锅炉灭火后，运行人员对汽包水位控制不当。当汽包水位急剧上升时，没有及时停止第二台汽动给水泵，并且在锅炉汽包水位较高时（220mm）增加电动给水泵液力耦合器开度，加大给水，使汽包水位迅速升高，机组跳闸。

## 四、整改措施

（1）加强培训，不断提高运行人员事故处理水平。事故处理时要分工明确，统一指挥，整体协调。

（2）加强对锅炉灭火后处理的培训，尤其是对汽包水位调整的培训，积累汽包水位调整的经验，掌握事故时用电动给水泵和汽动给水泵调整汽包水位的特性。

（3）增加锅炉灭火后机组自动降负荷逻辑，增加水位高自动停一台汽动给水泵的逻辑，扩大汽动给水泵的转速自动调节范围，将汽动给水泵的自动调节转速下限由3100r/min改为2800r/min。避免汽动给水泵在自动调节的最低转速时，给水流量减不下来。避免锅炉灭火后运行人员处理不及时而扩大事故。

（4）点检人员加强检查，保证设备可靠性，及时发现缺陷，消除缺陷，避免设备缺陷扩大而引发事故。

# 案例39 一次风机动叶调节机构故障造成锅炉灭火导致停机异常事件

## 一、设备简介

某电厂机组额定容量为600MW，锅炉为亚临界、一次中间再热、固体排渣、单炉膛、Ⅱ型半露天布置、全钢构架、悬吊结构，锅炉型号为HG-2080/17.5-YM9。

## 二、事件经过

2009年11月10日09时40分，机组负荷420MW，AGC控制方式，A、B、C、D四套制粉系统运行，两台汽动给水泵运行。两台一次风机在自动方式，A一次风机动叶开度31%，电流108A；B一次风机动叶开度33%，电流104A；一次风母管压力8.58kPa，一次风总量390t/h，其他参数稳定。

同日09时42分，机组开始增加负荷，A一次风机动叶开度逐渐增加到35%后，电流突增到328A，超出额定电流14A，同时B一次风机动叶开到37%后电流突降至80A；一次风母管压力升高至10.56kPa。两台一次风机动叶自动回调到22%后，运行人员将动叶调节控制由自动切为手动。动叶自动回调过程中两台一次风机电流无变化，手动减小A一次风机动叶开度至17%后电流没有相应减小，运行人员判断为A一次风机动叶调节机构故障。

设备专责人员对A一次风机液压油系统、动叶控制和反馈机构进行就地检查，将A一次风机动叶开到26%时，风机出力没有变化。为防止A一次风机长时间过负荷运行，运行人员就地适当关小A一次风机出口挡板，A一次风机电流减小至317A；运行人员投入油枪助燃，降低负荷至350MW。同日10时21分，检修人员就地关小动调时，A一次风机电流突降至46A，一次风母管压力突降至3.5kPa，炉膛负压保护动作，锅炉MFT。

此时，汽包水位低至−210mm，由于降负荷速度较快，水位呈明显下降趋势，主值提高A汽动给水泵转速至4700r/min，锅炉上水旁路调门60%。同日10时24分，汽包水位升高至340mm，汽包水位高三值跳机保护动作，汽轮机跳闸，发电机解列。

## 三、原因分析

（1）A一次风机动调机构故障，是本次事件的导火索。

（2）在没有预控措施的前提下，就地手动盲目摇动调机构，致使一次风压快速由10.56kPa降至3.5kPa，这是引起锅炉灭火的直接原因。

（3）锅炉灭火后，运行人员快速降负荷，汽包压力快速上升，汽包水位快速下降，主值加大给水流量，给水流量过大是导致汽轮机跳闸的直接原因。

（4）汽轮机跳闸后，锅炉迅速恢复。锅炉点火时，多只油枪无法正常点燃，等离子点火装置无法正常投入，影响了机组的恢复。

## 四、整改措施

（1）在A一次风机动调机构失控，故障原因不清的情况下，禁止在故障设备上进行试验和调整，避免不可控事件的发生。

（2）加强一次风母管压力低事故演练，加强对运行人员的技术培训和锻炼，使其能够冷静果断地处理设备异常事件。

（3）汽包水位调整还需进一步锻炼，加强仿真机的培训练习，同时在机组启停中对水位调整人员进行现场指导和实际训练，提高运行人员技能。

（4）进一步加强设备维护，提高设备使用的可靠性。

## 案例40 总风量低调整不当汽包水位高导致停机异常事件

### 一、设备简介

某电厂锅炉为哈尔滨锅炉厂制造，锅炉型式为亚临界参数、自然循环、一次中间再热、单炉膛、平衡通风、摆动式燃烧器四角切圆燃烧、固态排渣、半露天布置、全钢构架的Ⅱ型燃煤汽包锅炉，型号为HG-1025/17.5-YM37。

### 二、事件经过

2009年11月19日，机组负荷200MW，A、B、C、D四台磨煤机运行，总燃料量126t，AGC、RB投入，主蒸汽压力14.7MPa，主蒸汽温度539℃，再热蒸汽温度532℃，当时值班员无其他操作。

同日07时06分，炉膛负压开始波动至－151Pa，判断为掉焦。就地检查灰量正常，期间负压多次波动。07时09分，炉膛负压至－1309Pa，07时09分锅炉MFT动作，首出为总风量低低，延时5s。火焰监视消失，运行的磨煤机、一次风机跳闸，磨煤机出入口门全关。立即进行炉膛吹扫，迅速用阀位降负荷至10MW。07时11分水位低至－482mm，手启电动给水泵。07时12分手动紧急停止汽动给水泵，切换厂用电成功。07时12分水位高至＋117mm，开汽包紧急放水，紧急停止电动给水泵。07时12分开下分配器疏水。07时15分水位高至＋280mm，机组跳闸。

### 三、原因分析

（1）送风机调节特性差、调节发散。

（2）炉膛负压发散波动是造成灭火的主要原因，运行人员监盘时只发现了炉膛负压的摆动，未从根本上查找原因，凭以往经验初步分析判断为掉焦引起，分析判断错误，延误了处理时机。

（3）运行人员对异常处理不果断，过分依赖自动调整，缺乏对异常现象的分析判断能力。

（4）运行人员没有认真学习灭火不停机的措施。在锅炉灭火恢复过程中，由于值班员经验欠缺，未充分做好事故预想，对电动给水泵流量调整不及时，灭火后水位调节熟练程度不够，导致水位高四值，机组跳闸。

### 四、整改措施

（1）制订送风发散调节的应急预案，要求集控人员认真学习，并有记录。

（2）增加风量低硬光子报警。

（3）发生此类现象时，应综合分析判断以查找事故原因，从而正确及时采取措施。

（4）加强值班人员技术培训，不断总结经验，避免此类事故再次发生。

## 案例41 制粉系统掉闸调整不当导致停机异常事件

### 一、设备简介

某电厂1号机组锅炉为一次中间再热、配内置式再循环泵启动系统、固态排渣、单炉膛、平衡通风、Ⅱ型布置、全钢构架悬吊结构、露天布置，型号为HG-1890/25.4。制粉系统为中速磨煤机正压直吹系统，配置6台HP1003型中速磨煤机。燃烧设计煤种时，BMCR工况下5台运行，1台备用。燃烧方式为前后墙对冲燃烧，采用30只低$NO_x$轴向旋流燃烧器（LNASB），前后墙各15只，分3层对称布置。每台燃烧器（B层燃烧器配等离子点火装置）配有1支油枪。

### 二、事件经过

2006年4月29日，1号机组负荷500MW，总煤量193t/h，A、B、C、E四套制粉系统运行，各磨煤机冷风调整自动投入，一次风量手动控制。A、B汽动给水泵运行，电动给水泵备用。16时10分B给煤机掉闸，手动全关磨煤机热风调整门，全开冷风调整门。

同日16时13分，B磨煤机出口温度高跳闸。一次风机抢风，A一次风机电流下降，一次风压下降至6.3kPa（正常8.5kPa），立即将A、B一次风机电流适当减小进行调整。燃料主控自动切除（由于给煤机信号故障）。机组控制方式由“锅炉跟随协调”跳至“基础方式”，机组负荷最低降至385MW。16时22分，一次风机抢风处理完毕，一次风压调整正常。投入机组“锅炉跟随协调”，机组负荷设定至420MW。汽轮机调门开启，汽压开始下降。

同日16时28分，启动D磨煤机。机组负荷指令由420MW设定至460MW。煤量增加，汽压开始回升，并超过设定值，煤量开始下降。16时30分，机组负荷指令由460MW设定至420MW，燃煤量最终下降到118t/h。解除燃煤自动控制为手动，机组控制方式由“锅炉跟随协调”切至“基础方式”。

同日16时41分，A磨煤机跳闸（首出时失去2/5火检），投A1、A5油抢，C层油枪无法投入，大约25s后E、C、D磨煤机相继跳闸（首出为失去2/5火检），锅炉MFT，汽轮机跳闸，发电机解列。

### 三、原因分析

（1）B给煤机跳闸后，B磨煤机出口温度高跳闸，这是引起一次风机抢风的主要原因。

（2）启动D磨煤机后，其他自动状态下的磨煤机减少给煤量，因磨煤机一次风量自动不能投入，各磨煤机一次风量没有立即相应减少的情况下，磨煤机出口风粉混合物浓度就会降低，着火滞后，对稳定燃烧不利。

(3) 机组负荷指令由420MW设定为460MW，此时汽压超过16.07MPa，燃煤量开始自动下降。减煤过程中对应二次风门关小，E层燃烧器二次风门自动关闭过大，B侧关到5%。A、D层燃烧器二次风量降低过多，影响A、D制粉系统稳定燃烧，着火点后移，火检信号下降。

(4) A、E层燃烧器火检不同程度频繁闪动，A、E磨煤机相继因2/5火检失去保护动作而跳闸，对炉内燃烧造成较大扰动，导致C、D制粉系统也因2/5火检失去保护动作跳闸；最后造成锅炉因火检全部失去，MFT保护动作，锅炉灭火。

(5) 为解决和缓解锅炉结焦，A煤仓上大同石炭煤进行配煤掺烧，由于此煤种灰分大，燃烧效果差，这也是导致A磨煤机燃烧不稳定的一个因素。

(6) 综上分析，一次风不能投自动，二次风超调，加上运行人员对该类事故处理经验不足，对运行控制方式掌握不清，处理措施不当，这是造成本次停机的主要原因。

## 四、整改措施

(1) 发生一次风机抢风时，应尽快手动干预进行消除，防止一次风压力波动过大和磨煤机堵塞。

(2) 五台磨煤机运行，当一台磨煤机跳闸时，应根据当时机组负荷和煤量情况，适当降低机组负荷，系统参数调整稳定后，再投入备用磨煤机。当主蒸汽压力波动较大时，应将“滑压方式”切至“定压方式”，防止汽压波动引起燃料量发生较大幅度的波动。

(3) 四台磨煤机运行，当一台磨煤机掉闸时，应将机组协调切至“汽机跟随方式”，适当降低机组出力或启动备用磨煤机。发生燃烧不稳，应立即投油助燃，防止锅炉灭火事故发生。当主蒸汽压力波动较大时，应将“定压方式”切至“滑压方式”，防止汽压波动引起燃料量发生较大幅度波动。

(4) 磨煤机运行中，加强二次风量的调整，防止自动调节过低而影响燃烧。因一次风量测量不准，不能投入自动，运行中应及时手动调整磨煤机一次风量，防止一次风量过大，并注意防止风量过低导致磨煤机堵煤。

(5) 机组协调跳至基础方式后，投入时应首先投入机跟炉方式，待稳定后再投入炉跟机。手动解除协调至基础方式时，需谨慎操作，观察自动工作状态，不到紧急情况时不能手动解除协调。

(6) 为稳定A磨煤机燃烧火检信号，A煤仓上煤改变掺烧配煤方式，停止上挥发分低的大同煤。

(7) 定期全面检查热控火检，防止因设备损坏、赃污而造成的火检信号失灵。

# 第三节 误操作及调整失误导致停机异常事件

## 案例42 误停火检风机引发锅炉灭火导致停机异常事件

## 一、设备简介

某电厂锅炉为武汉锅炉厂生产的WGZ670/13.7-11型自然循环、倒U形布置、单锅筒、单炉膛、一次中间再热、直流燃烧器、四角切圆燃烧锅炉。该锅炉配备一用一备的两台火检冷却风机。

## 二、事件经过

2002年7月8日，机组有功负荷200MW，机组协调系统投入。炉侧1、2号送风机、引风机、一次风机，2～5号磨煤机运行。1号火检冷却风机运行，2号火检冷却风机备用。1号电动给水泵运行，2号电动给水泵备用。1、2号凝结水泵运行，3号凝结水泵备用。3号真空泵运行，1、2号真空泵备用。

白班接班时锅炉油枪“启动允许”信号消失，热控人员正在处理。同日09时10分，热控人员将火检冷却风压力开关采取临时措施后，油枪“启动允许”条件满足，但真正原因未消除。为进一步查找原因，11时远方试启2号火检冷却风机不成功，就地试验2号火检冷却风机，就地各种方式启动均未成功。

同日13时20分，锅炉检修办理工作票，对2号火检冷却风机滤网进行清理。14时00分，结束工作票，将2号火检冷却风机“备用”投入。14时20分，就地试启2号火检冷却风机，14时25分监盘人员按照主值要求解除2号火检冷却风机“备用”连锁后，主值就地切换火检冷却风机远方/就地切换开关。14时25分57秒，集控监盘人员发现运行的1号火检冷却风机跳闸，2号未联投，MFT动作，锅炉灭火，MFT首出原因为“火检冷却风机全停”。1号火检冷却风机跳闸后，值长抢合1号火检冷却风机不成功，稍后再次合1号火检冷却风机成功。锅炉灭火后运行人员准备吹扫时，发现“1～5号磨煤机出口挡板未关”及“2号磨煤机3号角有火”两信号存在，无法进行吹扫，联系热控人员恢复吹扫条件。灭火后运行人员立即开始减负荷，将减负荷速率设定为30MW/min，目标值设为10MW。由于炉侧汽温下降很快，并将减负荷速率改为50MW/min。14时31分49秒，机侧汽温降至467℃，运行人员手动打闸停机，发电机逆功率保护动作。

## 三、原因分析

通过分析及现场试验，可以认定运行人员进行操作时走错间隔，工业电视录像也显示确认其走错间隔，错误地切换运行的1号火检冷却风机远方就地开关，造成火检风机跳闸，锅炉MFT动作。

## 四、整改措施

（1）运行人员须进一步增强工作责任心，严格执行防止误操作的有关规定，操作前认真核对设备名称，确认无误后方可进行，杜绝误操作的发生。

（2）运行人员加强培训，尤其是对异常事件的处理，防止事件扩大。

（3）加强工作票的管理，设备消缺必须严格执行工作票制度，工作终结后运行人员必须就地进行全面检查验收。运行人员在进行设备、系统操作前后，必须派人就地检查设备、系统状态是否正常，及时发现异常状况。

（4）发电部加强专业技术及综合管理，专业管理人员要为运行人员制定出完善的技术措施、提供强有力的技术支持，为运行人员确定合理的运行方式。

（5）修改保护逻辑，将火检冷却风机全停跳MFT逻辑改为火检冷却风机压力低“三取二”后延时 120s 锅炉 MFT 动作。

## 案例43 误停引风机锅炉正压保护动作锅炉灭火导致停机异常事件

### 一、设备简介

某电厂锅炉型号为 1650-17.46-540/540，为亚临界低倍率强制循环固态排渣塔式锅炉，由斯洛伐克托尔马其锅炉制造厂制造。

### 二、事件经过

2001 年 11 月 30 日后夜班，机组有功负荷 320MW，11、12、14、16 号磨煤机运行，双套引风机、送风机、一次风机运行，12 号引风机 2 号油泵运行。

2001 年 11 月 30 日 05 时 19 分，司炉人员发现 12 号引风机 1 号油泵联启，两台油泵运行，通知锅炉零米值班员就地检查，并调出 12 号引风机单操画面，准备停 12 号引风机 1 号油泵；05 时 20 分立盘发“6kV 电动机跳闸”信号，检查发现 12 号引风机跳闸，锅炉正压保护灭火，汽轮机跳闸，发电机“逆功率”保护动作。06 时锅炉点火，06 时 57 分机组并网。

### 三、原因分析

司炉人员停 12 号引风机 1 号油泵时，误将 12 号引风机停运，造成炉正压保护灭火，汽轮机跳闸，发电机“逆功率”保护动作，发电机解列。

### 四、整改措施

（1）建议热控将重要设备的单操菜单与其他一般设备区分开。

（2）运行人员对设备进行操作时，在弹出的小菜单上对设备的 KWU 编码确认后方可进行操作，严格执行五步操作法的有关规定。

（3）加强培训，运行操作人员熟悉 DCS 画面，牢记各设备单操的具体位置。

（4）加强班组人员事故预想，如汽动给水泵跳闸、一台风机跳闸、一台磨煤机跳闸后的处理方法，并以讨论的形式加以完善。

## 案例44 因排渣门操作不当造成锅炉灭火导致停机异常事件

### 一、设备简介

某电厂锅炉型号为 DG735/13.7-22，锅炉容量 735t/h，配 5 台中速磨煤机。

### 二、事件经过

2008 年 1 月 31 日，机组负荷 140MW，A、B、D、E 磨煤机运行，C 磨煤机定检，总煤量127t/h，供热疏水流量166t/h，汽温、汽压、水位正常。

同日09时30分，A给煤机断煤，机组负荷由140MW降至110MW，现场处理A给煤机缺陷。09时36分，捅渣值班工打开除渣门开始除渣。09时37分，集控值班人员投入AB层4号角油枪时，锅炉MFT动作。09时55分，锅炉经吹扫后投油枪不着。10时00分，等离子点火装置拉弧成功。10时11分，启A磨煤机点火成功。10时18分，A磨煤机再次断煤。10时46分，汽轮机打闸停机。

## 三、原因分析

（1）锅炉灭火前因C磨煤机检修，造成A、B磨煤机与C、D磨煤机隔层燃烧，燃煤煤质较差；同时正在处理碎渣机堵焦，大量冷风由干渣机人孔门进入炉膛，当A磨煤机断煤后燃烧工况发生变化，造成锅炉灭火。

（2）运行人员在操作时经验不足，当A磨煤机断煤时未能及时监视火检情况并及时投入油枪，造成炉膛局部灭火，引发全炉膛灭火。

（3）在煤质次且偏离设计煤种较多时，没有及时对锅炉风量进行调整，因风量大、燃烧工况恶化，造成锅炉灭火。

（4）运行人员对炉内整体燃烧情况考虑不周，没有考虑到炉膛上部的稳燃问题，在燃烧工况恶化时应考虑同时投入上、下两层油枪进行稳燃。

（5）对捅渣操作给锅炉造成的危害认识不足。锅炉捅渣时，会造成大量冷风进入炉膛，引起锅炉燃烧工况发生很大的波动。

## 四、整改措施

（1）加强对运行人员的培训工作，提高运行人员的操作水平和技术素质。

（2）加强燃料管理，采购燃煤时尽量满足机组的设计煤种要求，力争接近设计煤种。

（3）运行人员在投入油枪时，应全面考虑炉膛的燃烧工况。

（4）当制粉系统隔层运行时，应特别注意对锅炉燃烧工况的监视，加强对锅炉燃烧的调整。当发现锅炉火检较差时，应及时投油稳燃。

（5）加强集控室与锅炉捅渣人员的联系，捅渣人员应在得到机组长的许可后，方可打开捅渣门，捅渣时采用半侧工作，并尽量缩短捅渣时间。

# 案例45 制粉系统调整不当导致停机异常事件

## 一、设备简介

某电厂6号机组为600MW亚临界空冷汽轮发电机组，锅炉为哈尔滨锅炉厂制造，型式为亚临界参数、自然循环、一次中间再热、单炉膛、平衡通风、摆动式燃烧器四角切圆燃烧、固态排渣、封闭布置、全钢构架、燃煤汽包锅炉，型号为HG-2030/17.5-YM26。设计燃用煤种为准格尔矿煤，采用正压直吹式制粉系统。燃烧器为浓淡分离摆动式直流燃烧器，分A、B、C、D、E五层布置；油燃烧器分三层布置，位于AB、CD、DE三层二次风风室内，一、二次风呈间隔排列，煤燃烧器采用间隔布置。每个煤燃烧器喷口布置有周界二次风（燃料二次风）和防焦风，油燃烧器喷口布置了油配风。辅助二次风有 11 层，在燃烧器最上方配有燃烬二次风（过量二次风 OFA）喷口。

## 二、事件经过

2008 年 3 月 14 日，6 号机组运行，做除尘效率试验。22 时 40 分，负荷 300MW，汽轮机调门阀位指令 84%，主蒸汽压力 16.2MPa，煤量 153t/h，A、B、C、D 磨煤机运行；此时运行人员开始降负荷，负荷变动 150MW，速率 6MW/min。23 时 04 分，负荷降至 151MW，调门阀位指令 55%，主蒸汽压力 14.24MPa，煤量 73t/h，运行人员手动停 A 磨煤机。

同日 23 时 13 分 06 秒，运行人员再次降 10MW 负荷。23 时 14 分 09 秒，B 磨煤机 4 号火检信号消失，炉膛负压低至－404Pa，炉膛负压随之开始摆动。

同日 23 时 14 分 12 秒，负荷降至 140MW，煤量 67t/h。23 时 15 分 06 秒，炉膛负压在 2s 之内由－475Pa 突升至＋977Pa，然后又降至－2243Pa。23 时 15 分 08 秒，B 磨煤机 3 号火检消失瞬间又恢复，而此时磨煤机 4 号火检信号刚好恢复，没有发 B 磨煤机跳闸信号。23 时 15 分 18 秒，两个火检信号同时消失，2s 后 B 磨煤机跳闸。

同日 23 时 15 分 22 秒，炉膛负压保护动作，锅炉发 MFT。23 时 16 分，手动停汽动给水泵，手动解汽轮机 DEH 控制为手动方式，将调门关至 50%开度。

同日 23 时 20 分锅炉 MFT 复位，23 时 21 分锅炉点火，23 时 22 分启动 B 一次风机。23 时 24 分，锅炉汽包水位高（＋280mm）动作，锅炉灭火，汽轮机跳闸，发电机解列。

## 三、原因分析

（1）运行人员在操作 A 磨煤机冷风调门时操作太快，在 3s 内由 100%开度降到 0%，造成炉膛负压摆动，由正常的－80Pa 下降到－380Pa。此时未对送风机动叶进行操作，但二次风量下降，由 440t/h 下降到 350t/h，之后炉膛负压由负变正，到＋101Pa，紧跟着二次风量上涨至 530t/h，期间炉膛负压由负到正共摆动 4 次。炉膛负压摆动，送风机在动叶开度不变的情况下，二次风量不应摆动；由于二次风量测量采用差压信号，炉膛负压摆动引起了送风机出入口差压的变化，造成二次风量的摆动。

（2）当时炉膛负压投入自动，送风量手动，送风机给炉膛负压调节一个前馈信号。在二次风量减小的情况下（实际未减小），引风机静叶自动关小，当炉膛压力变正时，二次风量增加（实际未增加），同样引风机静叶开度增加。由于炉膛负压波动在前，二次风量波动在后（实际未动），波动几次后由于调节速度的原因，造成负压摆动增大。在最后一次摆动中炉膛负压由＋565～－2200Pa 时，二次风量由 610t/h 减少至 120t/h，引风机静叶开度由 25%反而自动加大到 38%，继续加剧炉膛负压向负的方向发展，最后达到 MFT 动作值，锅炉灭火。

（3）机组跳闸原因：运行人员没有监视水位，点火投入油枪太快（共 6 支），瞬间（共 30s）形成的虚假高水位，达到高值＋280mm，机组跳闸。

## 四、整改措施

（1）在负压扰动剧烈的情况下，及时将引风机自动解手动调整。

（2）对燃用发热量低的煤种，调整风量时注意观察炉膛的变化情况。

（3）手动操作磨煤机冷风门时一定要缓慢，防止对炉膛负压的扰动。

（4）在异常情况下应安排专人监视调整汽包水位，给水流量调整必须参照蒸汽流量进行增减。

（5）增加燃料必须考虑到汽包高水位的出现，减少燃料必须考虑汽包低水位的出现。

## 案例46 启动磨煤机导致汽包水位高停机异常事件

### 一、设备简介

某电厂4号机组为600MW亚临界湿冷汽轮发电机组，锅炉型式为亚临界、一次再热、单炉膛平衡通风、自然循环汽包锅炉，型号为B&BW-2028/17.5-M。锅炉整体Ⅱ型布置、全钢构架悬吊紧身全封闭结构。

燃烧系统采用中速磨煤机正压直吹制粉系统，前后墙对冲燃烧方式，配置低$NO_x$双调风旋流燃烧器。配有6台MPS-ZGM123G型磨煤机，锅炉的前后墙各对称布置3层煤燃烧器。油燃烧器与煤粉燃烧器匹配布置，每支燃烧器配有1套高能自动点火装置。

### 二、事件经过

2007年8月11日，4号机组负荷450MW，AGC投入，炉跟机协调方式运行，主蒸汽压力15.7MPa，煤量240t/h，汽轮机阀位75%，A、B、D、F磨煤机运行。

同日08时20分，D磨煤机煤量63t/h，一次风量降至62t/h，D磨煤机有堵磨现象，机组长减D磨煤机煤量。08时25分，煤量减至43t/h，风量未增加。A、B、F磨煤机已加至最大出力，机组长启C磨煤机。C磨煤机煤量22t/h（启磨煤机后煤量先自动加到18t/h），继续减D磨煤机煤量。启磨煤机后主蒸汽压力上升，协调系统自动将总煤量由240t/h减到228t/h，但压力仍持续上升。

同日08时27分，AGC负荷指令由450MW上升到470MW，此时主蒸汽压力设定值15.6MPa，实际主蒸汽压力16.5MPa，煤量由228t/h逐渐上升到240t/h，主蒸汽压力继续上升。D磨煤机煤量减至34t/h，一次风量开始增加。

同日08时29分，D磨煤机风量升至67t/h且继续上升，主蒸汽轮压力实际值上升到16.9MPa，实际负荷升至500MW。考虑汽轮机控制压力更快速，手动将控制方式由炉跟机协调方式切到机跟炉协调方式，并切到定压方式，试图维持当前压力；但主蒸汽压力继续快速上升，控制系统由协调方式自动切至手动方式，汽包水位开始扰动。

同日08时30分，机组长手动打跳C磨煤机。D磨煤机风量已升至72t/h；主蒸汽压力最高到18.5MPa，锅炉紧急排放阀（EBV阀）动作，汽包水位随即扰动加大，手动改变水位设定值（此时水位调节仍投自动），调整汽包水位。

同日08时34分，汽包水位升高至284mm，汽轮机跳闸，发电机解列，锅炉MFT。

### 三、原因分析

（1）运行人员在D磨煤机堵煤时启动C磨煤机后，主蒸汽压力调整措施不得力。在主蒸汽压力上升时，没有果断解除协调控制及停磨煤机处理，而是采用了调整效果不明显的减煤量或切定压方式处理，造成汽包压力持续上升，EBV阀动作，汽包水位高保护动作停机。

（2）在主蒸汽压力上升过程中，运行人员经验不足，只单一地考虑到刚启动的C磨煤机对主蒸汽压力的影响，而未考虑已吹通的D磨煤机，此时煤粉量也快速增加，没有及时调整，造成主蒸汽压力快速升高。

（3）在主蒸汽压力上升期间，手动干预调节汽包水位调整能力不强，造成汽包水位扰动加剧，汽包水位高保护动作。

## 四、整改措施

（1）强化运行人员的技术培训，针对汽包水位、炉膛负压、风机喘振、锅炉超压等易造成锅炉灭火的异常情况，运用仿真机进行专题演练，不断提高运行人员的应变能力，使运行人员能够真正熟练掌握运行操作技术。

（2）加强班组培训管理，使运行人员熟记常规事故处理原则和方法。

（3）在升降负荷或异常情况下，安排专人监视调整汽包水位，避免水位事故的发生。

# 第三章 锅炉结焦、掉焦引起灭火停机异常事件

## 案例47 锅炉严重结焦被迫停机异常事件（一）

### 一、设备简介

某电厂锅炉型号为HG-1025/17.5-HM，为亚临界、中间再热、自然循环、全悬吊、平衡通风、固态排渣、直流摆动燃烧器、四角切圆燃烧方式、燃煤汽包锅炉。采用冷干式排渣方式，干式排渣机型号为DRYCON18，出力为10～26kg/h。

### 二、事件经过

2009年11月10日23时，1号机组带供热运行，机组电负荷240MW，总燃料量236t/h，煤质差，锅炉渣量大，炉渣由事故排渣口排放。

从11月10日23时开始，1号干渣机事故排渣口开始频繁堵渣，运行人员进行疏通，并关闭干渣机液压关断门，疏通完后再打开关断门，如此反复，干渣机电流由12.4A缓慢上升。12日00时30分，检查发现渣井中块状大渣很多，干渣机东、西两侧关断门上部已开始积渣，捅焦人员进行除焦工作。随后的两个小时内事故排渣口先后堵渣五次。03时23分，排渣口又堵，停止干渣机，关闭干渣机液压关断门。疏通事故排渣口，启动干渣机后因电流过大，1min后过载跳闸。采用正转、反转干渣机的办法并进行尾部卸渣，干渣机仍无法正常运转。07时30分，打开干渣机侧面人孔门后，发现底部积渣严重，组织进行干渣机底部清渣。经过艰苦抢修，于15时30分启动干渣机正常，逐个开启液压关断门进行放渣，渣斗下部渣放完后，发现渣斗5m以上结渣蓬住无法疏通，组织人力进行打焦。打开锅炉8m处左右侧人孔门，发现结焦已将人孔门堵住，焦块坚硬，打焦工作艰难，进展十分缓慢。21时申请负荷降至180MW。11月12日11时，申请逐渐降负荷至125MW，采取打焦措施无效。20时43分，机组被迫停机。

### 三、原因分析

（1）2009年11月8日以来因煤炭储存地区降雪，汽运煤无法运输，为保证煤场存煤，燃料部采购了1000t阜新煤。阜新煤是强结焦煤种，在卸煤时，未将阜新煤单独堆放，而是按照卸煤掺烧的思路将其分摊到煤场。在此情况下，阜新煤于11月10日全部被上到1号炉，并且未进行掺配。因此煤质差、煤易结焦是造成1号炉大面积结焦的直接原因。

（2）阜新煤被上到1号炉后，发电部和运行人员未对此引起重视，未及时调节锅炉配风，加剧了锅炉结焦。

（3）干渣机被卡死后，运行人员并未立即通知检修处理，而是采用以往正转、反转干渣机的方法试图启动干渣机。干渣机故障后运行处理不当、未及时通知检修处理，是导致1号炉大面积结焦的重要原因。

（4）干渣机抢修时间过长，人员组织不力。07时30分，检修打开干渣机侧面人孔门后，发现底部积渣严重，设备部组织人员清渣，到15时30分干渣机才运转正常。

### 四、整改措施

（1）发电部针对强结焦煤种，安排燃烧调整试验，完善燃烧调整措施，制订完善的防止结焦预案。对事故排渣口堵、干渣机故障检修、锅炉大量结焦情况，制订切实可行的检查、处理措施。提高运行人员对于煤种变化的敏感性，发现结焦应立即调整配风方式，尽量减轻结焦。

（2）干渣机落料口增加工业电视监控，以便随时能监视干渣机排渣口落渣情况。

（3）设备部、发电部加强干渣机的运行巡检和维护。发现堵渣立即关闭液压关断门、停运干渣机，再进行疏通，不得在干渣机运行中疏通排渣口，防止渣被带回干渣机底部造成积渣。疏通正常后启动干渣机，并将尾部积渣清理干净后，逐个打开液压关断门进行排渣。如发现结焦严重时，要加大排渣口巡检力度，发现异常及时处理，防止回链带渣现象发生。

（4）加强燃料采购管理，确保燃煤保质、保量供应，禁止采购阜新煤。加强卸煤管理，各类煤种分堆存放。发电部必须掌握来煤情况，做好事故预想。

（5）制订干渣机故障处理预案，设备部备齐干渣机易损备件。在干渣机出现故障时，应尽快处理。在干渣机故障后，应保持机组负荷不超过80%，超过2h仍无法恢复时，应降低机组负荷到50%，在锅炉结焦严重且超过4h干渣机仍无法恢复时，应降低机组负荷到最低，保留A磨煤机和小油枪运行，最大限度减少渣量。

（6）加强打焦人员及项目部的管理，发现结焦立即处理，结焦严重时及时加派人力，避免蓬焦现象；加强夜间打焦人员的工作管理，保证除焦及时。

## 案例48　锅炉严重结焦被迫停机异常事件（二）

### 一、设备简介

某电厂锅炉为哈尔滨锅炉厂制造，型号HG-670/140-9，为超高压、中间再热、自然循环、全悬吊、平衡通风、燃煤汽包锅炉。铭牌出力为蒸汽流量670t/h、过热器出口压力13.72MPa、过热器/再热器出口温度540/540℃，设计效率89.74%，燃烧器采用四角喷燃切圆燃烧直流式，共4层。设计煤种灰熔点：DT/ST/FT＞1500℃。

### 二、事件经过

2005年9月4日，从22时开始，锅炉减温水总量由25t/h逐渐上升，各段烟温较正常均有所升高，前屏及对流过热器冷段壁温偏高，就地观察炉膛内火焰刺眼，灰斗内有小块焦出现。运行人员发现这种情况，判断炉膛有结焦现象。22时30分与输煤联系调换煤种，并向炉膛内加入除焦剂。23时减温水总量达到70t/h，但并无掉大焦迹象。由于网上负荷紧张，无法安排降负荷掉焦工作。

9月5日01时30分，炉膛正压至+300Pa一次，捞渣机、碎渣机电流增大，就地检查发现乙、丙、丁冷灰斗满，组织人力清除。在除焦期间，炉膛小幅正压数次，伴有少量焦块掉落。

同日02时20分，机组负荷200MW，主蒸汽压力13.6MPa，主蒸汽温度542℃/540℃，再热蒸汽温度543℃/540℃/536℃/539℃；一级减温水调整门甲、乙全开，二级减温水调整门甲、乙开度为70%，减温水总量达80t/h，16台给粉机运行，锅炉主指令28.8%；甲、乙送风机挡板自动调节，开度指令分别为55%、58%，甲、乙引风机转速自动调节，耦合器指令分别为55%、57%。炉膛负压－102Pa，负压定值－100Pa；乙给水泵运行，汽包水位0mm左右。

同日02时21分，炉膛正压至+400Pa，现场人员检查发现有大块焦块卡在5m水冷壁喉部位置，从锅炉5m检查孔已看不到火，且结焦逐渐发展。由于焦块很硬，难以清除，当值值长向中调申请停机除焦。02时50分锅炉熄火，02时56分发电机解列，02时58分汽轮机手动停机。

## 三、原因分析

锅炉停炉后，对锅炉冷灰斗等部位进行详细检查，发现4个灰斗已满，且结焦已发展到7m左右位置。

从整个过程及事后煤质化验分析结果看，此次结焦至被迫停炉的原因为：

（1）由于煤质原因，造成锅炉结焦，尽管采取了调换煤种的措施，但炉膛结焦状况并未得到实质性的缓解；同时由于网上负荷紧张，没有及时进行降负荷掉焦处理，致使炉膛结焦逐渐发展严重。

（2）随着大量除焦剂加入，黏附在水冷壁上的大焦块松动，逐渐掉落，较大的硬焦块卡在5m喉部位置，难以清除，造成被迫停机处理。

## 四、整改措施

（1）燃料部在进行汽车煤采购前，进行现场就地取样，对于灰熔点低于锅炉设计温度的煤种或煤质不均的煤种，不予采购。

（2）输煤车间加强对汽车煤的掺配，在有条件的情况下，尽量进行掺配，防止汽车煤煤质不均造成炉膛结焦、燃烧不稳现象的发生。

（3）运行人员提高技术水平，加强对锅炉结焦提前判断的能力，发现结焦预兆时，及时与输煤车间联系，调换煤种，采取果断措施，提前掉焦。

# 案例49 炉膛掉焦失去火检引发灭火导致停机异常事件（一）

## 一、设备简介

某电厂锅炉是哈尔滨锅炉厂引进三井巴布科克能源技术生产的超临界参数变压运行直流

锅炉，为单炉膛、一次再热、平衡通风、露天布置、固态排渣、全钢构架、全悬挂结构型锅炉。锅炉燃烧方式为前后墙对冲燃烧，前后墙各布置三层三井巴布科克公司生产的低 $NO_x$ 旋流燃烧器，每层各 5 支，共 30 支。

## 二、事件经过

2009 年 10 月 25 日，2 号机组正常运行，负荷 301.89MW，主蒸汽压力 13.59MPa，主蒸汽温度 569.01℃，B、C、E 三套制粉系统运行，总燃料量 122.27t/h，机组运行方式为 AGC 炉跟机协调滑压运行，RB 投入。12 时 34 分，锅炉掉焦，炉膛负压最低－85.13Pa，最高 417.29Pa，多层燃烧器多个火检报“无火”。34 分 06 秒，“全部火焰失去”MFT 保护动作，机组跳闸。

## 三、原因分析

机组跳闸前，炉膛负压在－89～417.29Pa 波动，机组跳闸后检查捞渣机，发现地面有大量积灰。在炉膛负压波动的同时，锅炉所有火检消失。可以确定，此次机组跳闸的原因为锅炉积灰坍塌掉入捞渣机水槽，形成大量水蒸气，火检检测不到火焰，导致“全部火焰失去”，MFT 保护动作。

炉膛积灰坍塌的原因如下：

（1）掺烧非设计煤种，同时目前所烧煤种灰分较大，灰分 $A_{ad}$（%）基本在 20%以上，为炉膛积灰埋下了隐患。

（2）为配合 3 号机组大负荷调试，10 月 23 日 05 时 45 分—24 日 14 时 45 分，共计 33h，2 号机组负荷长期低于 300MW，吹灰系统不能正常投入运行，导致炉膛积灰严重。

（3）由于该炉在下层前墙 A 磨煤机运行时锅炉燃烧偏斜较为严重，被迫停止 A 磨煤机运行，加大了炉膛积灰坍塌的可能。

## 四、整改措施

（1）进行合理的掺配煤，尽量保证锅炉入炉煤质灰分与设计煤种接近，防止锅炉受热面超温、结焦或积灰。

（2）加强锅炉吹灰管理，保证吹灰质量。

（3）对 A 磨煤机燃烧偏斜问题进行彻底解决，保证机组在低负荷运行中能够维持足够的稳燃能力。

（4）进一步细化锅炉低负荷稳燃措施，避免锅炉因为燃烧不稳导致灭火事件的发生。

# 案例50 炉膛掉焦失去火检引发灭火导致停机异常事件（二）

## 一、设备简介

某电厂 6 号锅炉为武汉锅炉厂生产的 WGZ670/13.7-11 型自然循环、倒 U 形布置、单炉膛、一次中间再热、直流燃烧器四角切圆燃烧汽包锅炉。

机组配备 2 台 100%容量的电动给水泵，采用液力耦合器作为给水泵转速控制。

## 二、事件经过

2003 年 8 月 8 日，6 号机组负荷 180MW，供热抽汽 90t/h，总煤量 86t/h。1、2 号引风机，1、2 号送风机，1、2 号一次风机，1 号密封风机，1～5 号磨煤机运行，1 号电动给水泵运行。

同日 22 时 00 分，炉膛进行手动吹灰。23 时 45 分，下层 C3 吹灰器吹灰时，炉膛掉大焦。23 时 45 分 10 秒—16 秒之间，1～5 号磨煤机均因 3/4 无火检掉闸，锅炉 MFT 动作。首出原因“丧失燃料”。03 时 53 分，锅炉吹扫点火，投 A 层 1、2、4 号油枪，B 层 3 号油枪。23 时 56 分 38 秒，因汽包水位低（达到－286mm）MFT 动作。8 月 9 日 00 时 03 分锅炉再次点火，00 时 05 分 33 秒，因汽包水位高（达到＋284mm）保护动作，6 号机组跳闸。

## 三、原因分析

6 号机组长期高负荷运行，5 台磨煤机连续运行，炉膛上部结焦比较严重。加上 4 个多小时没有吹灰（19 时 20 分，发现 6 号炉吹灰器泄漏，通知维护处理，停止对 6 号炉吹灰）。23 时 45 分，当炉膛吹灰至 C3 吹灰器时，炉膛大面积掉焦，在 6s 之内，1～5 号磨煤机均因 3/4 无火检相继掉闸，导致锅炉灭火。23 时 53 分，锅炉开始点火，点火过程中因运行人员经验不足，水位调整不当，造成锅炉水位低 MFT 动作，再次灭火。接着锅炉开始第二次点火，这时值班人员急于恢复机组运行，心情急躁，未按规定操作，短时间内投入 5 只油枪，使汽包水位急剧上升，出现严重的虚假水位。在事故放水两道电动门未联开时，导致汽包高水位保护动作，机组跳闸。

## 四、整改措施

（1）加强对炉膛吹灰，发电部专业人员加强对运行人员进行炉膛吹灰效果的抽查考核，保证吹灰起到真正的作用。

（2）加强运行人员对锅炉运行调整的培训，加强各值之间对故障处理的经验交流。

（3）积极开展事故预想，一旦发生故障应如何操作处理做到心中有数。

# 第四章 其他原因引起停机异常事件

## 案例51 锅炉控制电缆积粉自燃导致停机异常事件

### 一、设备简介

某电厂8号锅炉型号为HG-410/100-1，为高压参数自然循环蒸汽锅炉，1974年10月22日投产。

### 二、事件经过

2000年3月21日，6号机组在深调中，带50MW负荷。02时40分，运行值班工刘某监盘发现8号锅炉排大气一、二次门指示灯灭，联系电气人员检查处理，更换熔断器后再次熔断，经查为电缆短路。此时发现8号锅炉1、2号主蒸汽温度表指示到最大，汽轮机侧汽温表指示正常。单元班长立即带人查找，发现8号锅炉左侧8m处地板往上返烟，经检查发现8m板下电缆排架有火，立即汇报值长，组织人员灭火。因起火点位置（在8m板下方）较高，扑救困难，02时51分向消防队报警。03时00分消防队到达现场后，架梯用干粉灭火。10min后控制火情，03时20分将火扑灭。为彻底清理残火，申请中调批准停机处理。

### 三、原因分析

生产现场积粉自燃，烧毁仪表、控制电缆，造成运行人员无法监盘和调整。

### 四、整改措施

（1）定期对电缆排架检查，发现有积粉及时清扫。

（2）做好设备管理工作，彻底消除设备的“跑、冒、滴、漏”缺陷。

（3）做好生产现场的文明生产工作，消除火灾隐患。

## 案例52 空气预热器一次风出口膨胀节断裂导致停机异常事件

### 一、设备简介

某电厂锅炉为哈尔滨锅炉厂制造，锅炉型式为亚临界参数、自然循环、一次中间再热、单炉膛、平衡通风、摆动式燃烧器四角切圆燃烧、固态排渣、半露天布置、全钢构架的Ⅱ型燃煤汽包锅炉，型号为HG-1025/17.5-YM33。

空气预热器型号为 29.5-VI（T）-2100-SMR，型式为三分仓回转式，其转子转速为 0.9r/min；空气预热器转子直径为 10.826m。

## 二、事件经过

2009 年 7 月 14 日 16 时 41 分，机组负荷由 235MW 升至 280MW 时，1 号一次风机出口压力由 11.8kPa 突降至 7.4kPa；另 1 台一次风机出口压力由 11.9kPa 突降至 6.8kPa；一次风量由 426t/h 突降至 308t/h，一次风机自动解除。

检查发现 2 号空气预热器两侧有大量烟气喷出，2 号空气预热器一次风出口膨胀节断裂 3m。一次热风出口膨胀节瞬间断开后，将保温板吹出 1.5m，由于风温高达 337℃，直吹至减速机油位计，油位计熔化出现漏油现象，机组被迫停运。

## 三、原因分析

经过膨胀节生产厂家、锅炉厂空气预热器设计人员共同现场查看、分析，认为空气预热器一次风出口膨胀节断裂是因以下原因造成：

（1）一次风机运行时，空气预热器一次风出口压力为 10.9kPa，而空气预热器一次风出口风道在 2m 处就是一个 90°弯头，风道面积为 10.8m$^2$，风道向上的作用力为 117.72kN，相当于弯头处有 12t 的向上的作用力。而现场没有定位装置，风道向上拉伸，除去风道自重，其他力作用于膨胀节上。

（2）空气预热器一次风热风道是水平布置，设计时在空气预热器一次风出口靠烟风侧有定位装置，由于漏装，风道膨胀支承点改变，使风道膨胀量加大，而且作用力相反。

（3）由于以上两个应力，以致风道膨胀节在升负荷过程中，因膨胀拉伸力太大而造成断裂。

（4）施工与设计不符，基建施工单位没有按照设计图纸要求安装一次风风道定位装置，使风道膨胀方向相反、拉伸力过大而造成风道断裂。

## 四、整改措施

（1）按设计要求补装风道的定位装置。

（2）由于现场的一次风道中原来采用的是非金属膨胀节，在变负荷中非金属膨胀节由于应力作用，会逐渐变形，应将一次风出口膨胀节更改为金属膨胀节。

（3）有关专业点检员要加强对现有设备原理、结构的学习，熟知各部位的材质和使用工况，并对照图纸和现场安装情况排查隐患，制订防范措施，杜绝此类事件再次发生。

# 案例53 因空气预热器严重堵灰导致停机异常事件（一）

## 一、设备简介

某电厂锅炉型号为 SG1025/17.6-M859，锅炉型式为亚临界参数、自然循环、一次中间再热、单炉膛、平衡通风、摆动式燃烧器四角切圆燃烧、固态排渣、露天布置、全钢构架、燃煤汽包锅炉。采用豪顿华公司提供的2台容克式三分仓回转式空气预热器。

## 二、事件经过

某日，1号机组负荷290MW，B空气预热器出口风压−3.01kPa，A空气预热器出口风压−2.97kPa，5台磨运行。一段时间内，1号锅炉空气预热器出口风压呈下降趋势，导致空气预热器出入口差压增大，分析为空气预热器堵灰严重，见图4-1。

为了保证大负荷期间机组安全运行，避免机组发生非计划停运，向中调申请并经中调批准，利用周末低谷停机机会，对1号锅炉空气预热器进行冲洗。

图4-1 1号锅炉空气预热器堵灰

## 三、原因分析

由于煤质变化大，偏离设计煤种，并且煤含硫量偏高，导致空气预热器结灰，空气预热器压差大，于是吹灰过程中导致炉膛负压摆动超标。

## 四、整改措施

（1）运行中加强对空气预热器吹灰，严格控制空气预热器压差。

（2）检修中坚持高压水冲洗，保持换热面清洁。

（3）密切监视煤中含硫量变化，搞好掺配煤工作。

# 案例54 因空气预热器严重堵灰导致停机异常事件（二）

## 一、设备简介

某电厂8号机组为600MW亚临界空冷汽轮发电机组，锅炉为亚临界压力、自然循环、前后墙对冲燃烧、一次中间再热、单炉膛平衡通风、固态排渣、尾部双烟道、紧身封闭、全钢构架的Ⅱ型汽包锅炉，型号为DG2070/17.5-Ⅱ4。

## 二、事件经过

2011年1月25日—2月16日，8号机组进行了C级检修，对空气预热器蓄热元件进行了高压水冲洗。冲洗后在600MW负荷下，空气预热器烟气侧压差为1.04kPa，达到了合格标准要求（低于1.3kPa）。

至2011年12月，运行超过10个月，未对空气预热器蓄热元件进行过高压水冲洗。8号锅炉空气预热器在600MW负荷工况下，烟气侧压差达到2.0kPa以上，不具备长期运行条件，申请停机检修。

2011年12月31日23时15分，8号机组停运。

2012年1月2日20时，对A、B空气预热器进行高压水冲洗。

2012年1月7日12时，空气预热器高压水冲洗结束，投运暖风器，烘干蓄热元件。

2012年1月9日08时22分，8号机组并网发电。

2012年1月12日17时38分，8号机组负荷600MW，A、B空气预热器烟气侧压差分别为1.25kPa和1.20kPa，达到了合格标准。

### 三、原因分析

（1）机组低负荷运行时，空气预热器冷端综合温度普遍低于设计值138℃要求，这是引起空气预热器堵灰的主要原因。

（2）锅炉现有吹灰疏水方式为时间加温度控制（二取一），有可能造成吹灰蒸汽过热度不够，达不到应有的吹灰效果。

（3）锅炉燃煤的灰分、硫分偏高。2011年，8号机组入炉煤灰分平均为27.82%，硫分为0.85%，均超过设计煤种的灰分26%、硫分0.47%。

### 四、整改措施

（1）加强机组运行调整，保证空气预热器冷端综合温度在138℃以上，特别是冬天，要保证暖风器的正常投运。

（2）将吹灰疏水方式改为温度控制，定期测量吹灰压力及温度，保证吹灰蒸汽的过热度。

（3）在机组长时间低负荷运行时，要增加吹灰的频次，防止空气预热器堵灰加剧。

（4）合理进行配煤，保证煤中的灰分及硫分不要过高。

## 案例55 一次风机喘振导致汽包水位高锅炉灭火异常事件

### 一、设备简介

某电厂4号机组为600MW亚临界湿冷汽轮发电机组，锅炉为北京B&W公司生产制造的亚临界、一次再热、单炉膛平衡通风、自然循环汽包锅炉。型号为B&BW-2028/17.5-M。锅炉为整体Ⅱ型布置、全钢构架悬吊紧身全封闭结构。

一次风机为豪顿华工程有限公司生产的动叶调节轴流式风机，型号ANT-1938/1250N，风压15.5kPa，风量137.5m$^3$/s。

### 二、事件经过

2006年8月23日16时00分，机组负荷574MW，协调控制方式，AGC投入，AGC指令600MW，负荷正在上升；主蒸汽压力16.42MPa，再热蒸汽压力3.47MPa，主蒸汽温度530℃，再热蒸汽温度536℃；锅炉总煤量355t/h，6台磨煤机运行，因负荷上涨，煤量仍在上涨；B、C、E磨煤机热风门开度均为100%，A、D、F磨煤机热风门开度分别为70%、88%、87%；锅炉总风量2280t/h，炉膛负压－230Pa，一次风量580t/h，一次风母管压力

10.7kPa，二次风量1700t/h，二次风压1.4kPa；两台引风机、送风机及一次风机均在自动位，A一次风机动叶开度83%，电流218.2A，B一次风机动叶开度77%，电流206.8A。

因4号锅炉B空气预热器堵灰，炉膛负压及B侧一、二次风压和风量均呈周期性的波动。两台汽动给水泵运行，电动给水泵备用，给水系统自动控制方式，给水控制指令82.2%，总给水流量1913t/h，蒸汽流量1917t/h，汽包水位正常－20mm，水位设定－19mm。

同日16时07分04秒升负荷过程中，因B空气预热器堵灰，B一次风机出口风压由13.49kPa摆动到14kPa，B一次风机喘振，一次风量突降至386t/h，一次风压突降至6.3kPa，炉膛负压最低降至－985Pa，二次风量最高升至1917t/h。

同日16时07分25秒汽包水位降至－128mm，16时07分31秒炉膛负压自动调整至－265Pa，16时07分42秒立即解燃料主控为手动，切至汽轮机跟随方式，16时07分46秒手停C磨煤机。

同日16时07分53秒手停D磨煤机，将总煤量减至220t/h，调整一次风机出力。16时08分06秒汽包水位升至123mm，16时08分13秒炉膛负压摆动至－800Pa，16时08分40秒汽包水位降至－76mm。

同日16时09分38秒负荷降至367MW，调整A、B一次风机出力，将一次风母管压力升至7.7kPa，一次风量升至420t/h。此时汽包水位快速上升至190mm，且没有回头趋势，立即解除给水自动，手动将给水控制指令自46%降至34%，但水位继续上涨至200mm以上，最高达225mm。16时09分45秒，汽包水位高一值保护动作（＋200mm延时5s），锅炉MFT。

## 三、原因分析

（1）由于煤质差，机组负荷在600MW时，煤量达到360t/h，运行6台磨煤机，使一次风机出力增加，导致一次风机进入不稳定工作区运行而发生喘振。

（2）由于B空气预热器堵灰严重，导致B一次风机出口压力波动，当出口风压升至13.5kPa时，使一次风机进入不稳定工作区运行，引起一次风机喘振。

（3）由于给水系统自动调整跟不上实际水位变化，出现过调现象，导致锅炉MFT。

## 四、整改措施

（1）机组正常运行中调整两台一次风机出口风压不超过13.0kPa，一次风母管风压不超过10.6kPa，防止一次风机由于风压摆动而进入不稳定工作区，避免一次风机发生喘振；如超过以上数值，应限制机组负荷，并增加煤量。

（2）将机组最大煤量限制由360t/h下调至336t/h，加强煤质检测，保证入炉煤煤质，防止由于煤量增加使一次风压升高，避免造成一次风机喘振。

（3）利用机组停机机会，对空气预热器进行彻底冲洗；在锅炉运行期间加强对空气预热器吹灰。

# 第二篇

# 汽轮机部分

# 第五章　汽轮机本体故障停机异常事件

## 案例56　冲转过程中轴瓦断油紧急停机异常事件

### 一、设备简介

某电厂1号汽轮机为哈尔滨汽轮机厂生产的N200-130/535/535型、超高压、一次中间再热、三缸两排汽凝汽式汽轮机。

### 二、事件经过

2007年9月2日02时20分，1号机组准备开机。在达到冲转参数前，副机组长对汽轮机本体进行了一次全面检查，03时45分冲转前，副机组长对机组10m层再次进行了全面检查，均正常。

同日03时52分，蒸汽参数达到冲转要求，汽轮机冷油器出口油温40℃、汽轮机润滑油压0.12MPa，汽轮机开始冲转。

同日03时56分，汽轮机转速升至500r/min低速暖机，就地检查无异常。

同日04时06分，低速暖机结束，开始升速；04时09分，转速升至1000r/min，停止顶轴油泵运行；04时11分，转速升至1400r/min，进行中速暖机。04时13分，检查至2号轴瓦处时闻到10m平台有焦味，立即进行查找，发现9号轴瓦处副励磁机冒烟，立即用对讲机向集控室汇报，汽轮机运行主管立即就地查看，并要求监盘人员注意加强监视。04时14分，9号轴瓦瓦振突现一尖波约0.071mm，瞬间又下降至正常。04时15分，9号轴瓦瓦振再次突升至0.199mm，机组长立即按停机按钮打闸，破坏真空紧急停机，04时25分，转子静止。停机后检查，9号轴瓦烧瓦，副励磁机扫膛受损。

### 三、原因分析

（1）9号轴瓦缺油是造成烧瓦、副励磁机扫膛受损的直接原因。

停机后检查9号轴瓦进油节流阀时，发现该处有两片树叶，堵住了9号轴瓦进油管节流阀部分油口，使润滑油进油量少，造成烧瓦。分析认为树叶可能是从真空滤油机油管进入主油箱的孔中掉入的。

机组冲转后，在低速阶段，由于顶轴油泵保持运行，轴颈对轴瓦的碾压相对较轻，因此轴瓦损伤较轻，轴承振动也未出现明显增大的情况。当低速暖机结束、转速升至1000r/min时，顶轴油泵停止运行，造成轴颈对轴瓦的干磨、碾压加重，致使轴瓦乌金温度迅速升高，继而发生熔化，轴承中心下沉，从而引起振动突增，并造成副励磁机动静部分发生碰摩，导致副励磁机定子线圈受损。

(2) 运行人员监视不到位，检查不仔细、不认真，事故处理不果断，这是造成此次事件的间接原因。

1) 运行人员在开机前的全面检查、冲转前检查、低速暖机检查中，都未发现9号轴瓦回油量明显减少，未能及时发现9号轴瓦断油这一重大安全隐患。

2) 对重要参数的监视不全。经查询曲线，9号轴瓦回油温度一直在24℃左右，与8号轴瓦回油温度相比低了较多，且比润滑油温低16℃左右，值班人员对这一明显异常未及时发现。

3) 运行人员检查发现9号轴瓦处副励磁机冒烟时，应该立即紧急打闸停机，事故处理不果断。

## 四、整改措施

(1) 鉴于此次进油管内检查到有树叶的情况，要求做好防止油系统进入异物的措施。

(2) 加强技术培训，提高运行人员技术水平及操作技能，增强对异常情况的分析判断及处理能力。

(3) 加强机组启动及运行中的检查，进一步细化检查内容和检查标准。做好启机过程中的监视工作，特别是重要参数的监视，如轴瓦回油温度、瓦温、振动等，避免发生设备损坏。

# 案例57 轴瓦乌金碎裂导致停机异常事件

## 一、设备简介

某电厂2号汽轮机为东方汽轮机厂生产的N300-16.7/537/537-3型（合缸）、亚临界、中间再热、二缸两排汽凝汽式汽轮机。

## 二、事件经过

2007年7月5日12时30分，2号汽轮机正常运行中2号轴瓦温度由88℃快速升高并反复变化（最高到94.9℃），热控检查测点无问题，启动交流润滑油泵，轴瓦温度逐渐下降，13时55分降至87.6℃。22时23分，负荷230MW，3号轴瓦瓦振由50μm缓慢升至74μm，期间瞬时摆动至100μm，快速降负荷，3号轴瓦瓦振下降并稳定在50μm左右，期间2号轴瓦瓦温由92℃升至95℃，降负荷后稳定在82℃左右。

7月6日05时21分，负荷210MW，1号轴瓦轴振 $X$ 向升至306μm，$Y$ 向升至265μm。2号轴瓦 $X$ 向升至104μm，$Y$ 向升至326μm。3号轴瓦瓦振由68μm上升至100μm，快速降负荷调整无效，机组打闸停机。07时20分汽轮机转速到零，投盘车，电流27A，挠度7丝。

机组停运后对汽轮机轴瓦进行了解体检查，发现2号轴瓦下瓦乌金有严重的龟裂，面积约70%以上，且乌金大面积脱落。另外，3、4号轴瓦油档有磨损。

## 三、原因分析

轴瓦乌金碎裂的主要原因有以下几方面：

（1）轴瓦乌金浇注存在质量问题。从碎裂的轴瓦乌金表面看，乌金与瓦胎黏合不太好，未发现瓦胎表面有镀锡迹象。

（2）轴瓦运行中球面自调心能力较差。当机组变工况时随着热态变化，转子的自位性较差，自调心能力不足，造成轴颈在轴瓦中发生倾斜，使轴瓦靠近中压缸一侧载荷过重，油膜厚度减薄，油膜刚度加大，轴瓦支撑和润滑状况恶化，局部乌金过热导致疲劳碎裂。

（3）该机组第二轴承箱设计为绝对死点，高、中压缸由此向机头方向膨胀。5月28日和6月5日两次处理缺陷降负荷过程中，由于汽缸膨胀不畅，导致总的膨胀量减小3mm，汽缸膨胀受阻产生的反作用力导致第二轴承箱承受较大的翻倒力矩，致使其发生弹性变形，2号轴瓦运行状态发生改变，载荷增大，引起了瓦温、振动变化。

（4）高、中压转子的振动偏大，尤其是机组负荷突升突降时，汽轮机1号轴振、2号轴振变化较大，说明汽轮机进汽流量瞬时发生较大变化时，产生较强烈的汽流激振力，从而诱发了机组高压转子半频汽流激振现象。转子振动偏大，引起较大的交变油膜压力，传至轴瓦乌金上，使轴瓦乌金产生交变的压应力，导致轴瓦乌金表面形成细微的疲劳裂纹，最终形成碎块。

（5）运行人员事故处理不果断，造成设备损坏加重。7月5日22时23分，3号轴瓦瓦振由50$\mu$m瞬时摆动至100$\mu$m时，应按照规程规定紧急打闸停机。

## 四、整改措施

（1）解决2号轴瓦温度高、乌金碎裂措施：

1）提高轴瓦乌金浇铸质量，严格按照瓦体去氢→挂锡→离心浇铸工艺进行乌金浇铸，确保瓦胎与乌金结合试验拉力大于7MPa。

2）轴瓦球面间隙调整至0.07～0.08mm，提高轴瓦自动调心能力。

3）瓦套紧力调整至标准下限0.02mm左右，消除轴瓦球面卡涩。

4）确保轴瓦侧隙大于顶隙，严禁出现立椭圆。

（2）解决汽缸膨胀不畅措施：

1）前箱台板滑块改为自润滑滑块。

2）检查调整与汽缸连接的所有管系支吊架。

3）检查调整前箱推拉装置推拉杆及推拉套筒间隙。

4）前箱、二箱角销更换高强度螺栓。

5）前箱套装油管由刚性支撑改为柔性支撑。

（3）减小1、2号轴瓦低频振动措施：

1）大修时合理调整通流间隙。

2）1、2号轴瓦更换抗振性较好的可倾式轴瓦。

3）大修时认真检查高压调门阀座固定情况。

4）调整机组负荷，尽量避免高压调门突开、突关现象。

（4）加强技术培训，提高运行人员技术水平及操作技能，增强对异常情况的分析判断及处理能力。

## 案例58 推力瓦损坏导致停机异常事件

### 一、设备简介

某电厂1号汽轮机为东方汽轮机厂生产的N300-16.7（170）-537/537型（分缸）、亚临界、中间再热、三缸两排汽凝汽式汽轮机。

### 二、事件经过

2001年10月11日，机组小修后启动运行，负荷198MW，高压加热器、低压加热器均投入，真空－87kPa，汽轮机轴位移0.02mm，润滑油温38.5℃。

同日02时48分，1号瓦、2号瓦水平轴振增大，立即减煤降负荷。

同日02时50分，1号瓦、2号瓦水平轴振增至0.15mm，各瓦振无明显变化。推力瓦工作面3号、6号瓦块温度由74℃升至80℃。

同日02时52分，轴向位移由0.03mm突增至保护动作值，机组跳闸。

同日03时30分，机组转速到零投盘车，挠度6丝，盘车电流18A，惰走过程中1号瓦、2号瓦轴振最大增至300μm以上。

### 三、原因分析

事故后经解体检查，发现推力瓦工作面10块瓦块乌金全部磨损掉，已暴露出瓦胎；非工作瓦块未磨损。检查发现推力瓦整个工作面和非工作面瓦块相互对调装反。

推力瓦整个工作面和非工作面瓦块相互对调装反，使瓦块正常运行时的润滑楔形倾角大大减小，未能形成楔形油膜，带入瓦块的冷却油量也随着大大减少。随着机组负荷的增加，转子轴向推力的不断增大，推力瓦块热量的积聚使瓦块的金属温度不断升高，瓦块逐渐产生半干摩擦现象。当轴向推力达到推力瓦块乌金承受能力的极限时，瓦块乌金温度接近于其软化温度，推力瓦承载能力显著降低，因而在极短的时间内造成了推力瓦块油膜失去，乌金磨损，轴向位移保护动作，机组跳闸停机。

### 四、整改措施

（1）对推力瓦工作瓦块和非工作瓦块及对应的垫板与轴瓦的具体安装位置上的永久性字头逐步做到统一编号，即字头位置、字号、旋转方向统一（包括热工引线在盘面显示），并及时、明确地记录在检修技术记录本和作业文件（作业指导书或作业文件包）、点检员设备台账中。

（2）重要部件安装验收时，要认真检查设备的方向标记，不仅要比较解体时的安装记录，而且要对原始安装情况进行实际分析，对照实际工作原理进行确认。点检人员要重点对作业过程把关，重要项目全程监控。

（3）开展有针对性的培训学习，提高检修人员的技术水平，确保检修质量。

## 案例59 紧急停机过程中断油烧瓦异常事件

### 一、设备简介

某电厂1号汽轮机为N600-16.7/538/538-1型、亚临界、一次中间再热、三缸四排汽、单轴凝汽式汽轮机。采用合作制造方式，高中压部分为日本东芝公司制造，低压部分为哈尔滨汽轮机厂制造。

### 二、事件经过

6月17日02时57分，1号机组检修完毕后启动，由于锅炉给水旁路门盘根泄漏需停机处理，经请示中调后，值长下令紧急停机，打闸后，交流润滑油泵电机正常联启，但电流32.1A偏低，03时01分13秒，汽轮机转速降至2264.9r/min，油压降至0.164MPa，直流油泵电机正常联启，但电流只有15A，油压继续下降，03时01分18秒，转速降至2255r/min，油压降至0.09MPa，随后瓦温开始升高，振动增加，断油烧瓦。

同日03时03分，机组破坏真空，布置紧急排氢工作，03时09分28秒，汽轮机转速到零，转子惰走时间约12min。

同日04时06分，发电机氢压至零。汽轮机关闭所有本体疏水和抽汽管道疏水，置于闷缸状态。

### 三、原因分析

（1）交直流润滑油泵不打油是事件发生的直接原因。根据事后数据分析，6月17日02时57分，事件发生时，交流润滑油泵电压388.5V，电流31.5A，功率因数0.78，经计算此时的交流润滑油泵电机的输出功率为16.5kW（交流润滑油泵电机的额定输出功率为45kW）。6月19日11时02分，做交流润滑油泵充气状态试验时，交流润滑油泵电压396.9V，电流34.2A，功率因数0.68，经计算得到此时的交流润滑油泵电机的功率为15.9kW。由此判断事件发生时交流润滑油泵内处于充满气（汽）状态，不打油。由于直流润滑油泵的电压无法追忆，故无法确认直流油泵的输出功率。

综合参加事件调查的多位专家及技术人员意见，认为事件发生时交、直流润滑油泵均处于打气（汽）状态，不打油。

由于交、直流润滑油泵是离心式油泵，厂家设计及供货时均没有明确要求油泵放气（汽），图纸、资料上也未包含放气（汽）设施的详细要求。在泵壳内有气（汽）的情况下，此类泵无法打油，造成当时汽轮机轴承无法得到可靠供油。

（2）汽轮机打闸前没有进行交、直流润滑油泵启动试验，这是本次事件的间接原因。由于锅炉给水旁路门盘根泄漏加剧，需停机处理，值长经请示中调后汽轮机紧急打闸停机，操作忙乱，在汽轮机打闸前没有开启交、直流润滑油泵进行试验，错过了提前发现交、直流润滑油泵异常的机会。

（3）运行人员技术业务水平不高，在停机过程中未发现交流润滑油泵工作不正常，这是本次事件的间接原因。运行人员在交流润滑油泵联启后，只监视到油泵已处于运行状态，没有分析油泵电流和润滑油压力情况，没有及时发现交流润滑油泵不打油的异常现象。直流油泵联启不打油后，已错过了及时重新挂闸、升速的时机，错过了查找交、直流润滑油泵不打油异常的机会。

## 四、整改措施

（1）1 号机组交、直流润滑油泵加装放气（汽）装置，在泵壳体最高点打孔，增加放气（汽）管道，管道上加节流孔。

（2）事故放油管上取消一切临时接头。

（3）将滤油机接口移至主油箱远离各油泵的一端。

（4）在主油箱下部以及汽轮机冷油器入口管道上安装第三油源的接口，待论证后增加第三油源。

（5）利用大、小修机会对 2 号机组交、直流油泵加装放空气系统。

（6）要求哈尔滨汽轮机厂提供泵流量曲线，并分析泵的工作状态是否满足实际运行需要，抗扰动能力是否偏小。

（7）加强设备管理人员的技术培训，提高设备管理人员的专业技术素质，使设备管理人员能够掌控所管辖设备，能够发现并解决现场的设备问题。

（8）加强运行培训，提高运行人员的技术水平和技术素质。对非紧急情况下的停机操作进行详细培训，重点要求停机前应做好交、直流油泵的试验，确定电流、油压及油泵的振动、声音、温度正常。汽轮机打闸前，应提前启动交流润滑油泵，确认直流油泵处于良好备用状态。

（9）加强对事故预案的管理。根据《防止电力生产重大事件的二十五项重点要求》的相关条文，制定具体的事故预案，并对事故预案进行演练，提高运行人员异常情况下的事故处理能力，避免发生重大设备损坏。

# 案例60 润滑油冷油器六通阀大量跑油导致停机异常事件

## 一、设备简介

某电厂 2 号汽轮机为哈尔滨汽轮机厂生产的 NZK300-16.7/537/537 型、亚临界、一次中间再热、双缸双排汽、单轴直接空冷凝汽式汽轮机。汽轮机润滑油系统由主油泵、交流润滑油泵、直流润滑油泵、冷油器、6QHF 型主冷油器切换阀等组成。

## 二、事件经过

7 月 26 日，2 号机组负荷 177MW，煤量 125t/h，主蒸汽压力 12.19MPa，主蒸汽温度 532℃，汽轮机润滑油压 0.16MPa，主油箱油位－39mm，发电机氢压 0.3MPa，左右床压 6/5kPa，床温 756℃。

同时09时37分06秒，汽轮机润滑油压力突降至0.03MPa，“汽轮机润滑油压低”信号发，汽轮机交、直流润滑油泵同时联启，润滑油压升至0.093MPa。

同日09时37分15秒，主油箱油位下降至−86mm，“汽轮机润滑油箱液位低”信号发，汽轮机交流油泵电流67A，直流油泵电流147A。

同日09时37分45秒，主油箱油位下降至−310mm，“汽轮机润滑油箱液位低低”信号发，汽轮机交流油泵电流67A，直流油泵电流140A，润滑油压0.078MPa。

同日09时37分58秒，润滑油压0.06MPa，汽轮机润滑油压低保护动作，汽轮机跳闸，大连锁保护动作，发电机跳闸，锅炉MFT，汽轮机高、中压主汽门、调门、各段抽汽电动门、止回门、高排止回门关闭。

同日09时39分05秒，汽轮机转速降至2790r/min，汽轮机各轴瓦轴振：1X/1Y为92/86μm，其他轴瓦轴振显示最大。各轴瓦金属温度：3号轴瓦146℃，4号轴瓦147℃，其他轴瓦温度偏高。

同时09时39分42秒，汽轮机转速降至2470r/min，各轴瓦轴振均显示最大，所有轴瓦金属温度达最大值。

同日09时41分34秒，汽轮机转速降至0r/min。手动开高压旁路，开再热器对空排汽门，主、再热蒸汽降压，关闭汽轮机所有疏水，汽轮机闷缸。

同日09时43分55秒，空氢侧直流密封油泵联动，油氢压差下降到28kPa，氢压0.30MPa。09时44分48秒，发电机氢压开始下降。09时49分08秒，发电机氢压降至0.08MPa，就地发现发电机跑氢着火，组织通风、灭火，并向发电机内充$CO_2$，发电机排氢置换，防止发电机内部起火爆炸。

## 三、原因分析

（1）六通阀上端盖紧固螺栓在运行中突然脱开，造成大量润滑油漏泄，这是造成本次机组断油跳机事故的直接原因。

1）切换阀上法兰盖紧固螺栓咬合深度不符合设计标准。

切换阀上法兰阀体螺栓孔内螺纹小径尺寸实测：上部$\phi$11.5，深度6mm以下为$\phi$11.2。按照国标（GB 5782）的设计标准，应为$\phi$10.106。而在装螺栓外径实测为$\phi$11.7，深度单侧只有0.1～0.25mm（标准应是0.92mm），未达设计要求，造成连接强度严重不足。

2）螺纹有效旋合长度不够。

设计图纸要求上端盖紧固螺栓规格为M12×40mm，而现场实际使用螺栓规格为M12×24.5mm，同时图纸要求上盖厚度为15mm，而实测厚度为16.2mm，内螺纹工艺倒角1mm，螺栓倒角及未承力螺纹部分2mm，以上原因造成螺栓实际有效旋合长度约5.3mm，与设计图纸严重不符。

3）上端盖紧固螺栓未按图纸要求安装弹簧垫圈。

（2）基建工程管理各级人员的管理意识薄弱，责任制未落实，基建工程组织管理制度执行不严格。对设备验收、施工质量管理和施工单位的管理等方面，没有真正发挥监理单位应起到的作用。设备管理没有按照点检定修制执行，在设备到货、安装、调试及试运行等环节中质量检查验收把关不严，未能及时发现六通阀存在的严重设备质量问题，这是造成本次事故的间接原因。

（3）生产管理过程中全员的安全生产理念和意识薄弱，各级人员的安全教育培训工作不全面细致，安全生产管理的体制、体系不健全，管理制度不完善，责任制未落实到位，各项管理制度缺乏执行力，设备管理不规范，运行设备点检和巡检不到位，未能及时发现和消除设备存在的隐患，这是造成本次事故的间接原因。

## 四、整改措施

（1）更换2号机组润滑油六通阀，将1号机组润滑油六通阀上法兰加固，适当时机应及时更换。举一反三，加强对类似重要部件的点检和巡检，对发现的缺陷和隐患及时消除。

（2）润滑油压低至0.075MPa联动直流油泵，润滑油压低至0.06MPa联跳汽轮机，此不符合“二十五项反措”的有关规定。重新修改逻辑，当润滑油压低至0.068MPa联启直流油泵，同时联跳汽轮机。

（3）真空管过细，全开真空破坏门后，机组真空到零时间过长，通过试验加粗真空破坏管，或另加一套真空破坏系统，使汽轮机组真空到零时间和惰走时间相匹配。

（4）热控事故追忆系统GPS时钟紊乱，给事故调查带来困难，对热控事故追忆系统的时间进行统一准确设定。

（5）现场监控系统盲区较多，主要监视部位、控制室无探头，不利于及时发现事故和分析事故。在各重要位置及控制室内加装摄像监控，同时加大监控录像资料的管理。

（6）健全设备订货、到货验收管理制度，明确职责分工，加强设备到货检查验收环节的过程控制，严把设备进厂质量关。

（7）加强对采购设备的技术资料收集，设备点检人员对设备重要部件的内部结构要深入了解，严格按照设计资料、验收标准检查验收到货设备。

（8）严格按照施工设计规范、质量标准、验收程序和制度，对基建、检修、维护等工程项目进行检查验收。

（9）严格按照点检标准，制定重要部件的点检计划，提高点检精度。

（10）建立设备缺陷管理和设备隐患排查的长效机制，并严格执行。

（11）建立完善的事故预警机制，加强应急预案管理，完善应急预案和专项处置方案，对现有预案进行评审，下发应急预案，按照演练计划进行有针对性的应急演练。

# 案例61 机组轴承振动大导致停机异常事件

## 一、设备简介

某电厂8号汽轮机为东方汽轮机厂生产的N300-16.7/537-5型、亚临界、中间再热、两缸两排汽凝汽式汽轮机。

## 二、事件经过

2011年11月1日23时55分，该机组3号轴瓦轴振突然由158μm增至239μm，瓦振由36μm增至64μm；4号轴瓦瓦振由25μm增至50μm。运行人员立即采取降负荷、开关调速汽门、改变轴封压力等相关措施，无效。23 时 57 分，3 号轴瓦轴振爬升至 260μm，机组打闸停机。

11 月 4 日开始对 3、4 号轴瓦进行解体检查，之后对低压转子做动平衡，机组于 11 月 8 日启动并网。

### 三、原因分析

轴系监测数据表明，汽轮机低压转子 3、4 号轴瓦轴振和瓦振的频率成分主要为工频分量，相位相对稳定，但是 3、4 号轴瓦瓦振均出现了 1～2Hz 频率的振动信号；3 号轴瓦瓦振、4 号轴瓦瓦振和轴振均出现了不同程度的不稳定波动信号。

从轴心轨迹情况以及解体检查情况分析，3 号轴承侧存在明显的典型动静摩擦，摩擦点集中在水平面下方、挡油环挂耳位置处；4 号轴承侧存在不稳定的动静摩擦，摩擦较轻微。

综合以上分析，认为 3 号轴承侧存在较严重的动静摩擦，摩擦发生在 3 号轴承箱外挡油环处。

### 四、整改措施

（1）对低压转子进行现场动平衡，降低汽轮机低压转子激振力。现场动平衡主要参考 $X$ 向（弱刚度方向）振动，平衡配重时在低压转子两侧末级叶轮平衡槽内加力偶配重（即相差 180°）。

（2）对于进行通流改造的机组，应解体检查轴承箱挡油环并调整、加固，更换挡油环挂耳螺栓为合金螺栓；按设计要求调整挡油环间隙；挡油环连接螺栓做防松处理，加弹簧垫。

（3）加强专业人员的技术培训，不断提高专业人员的技术素质和业务水平，加强检修质量控制，严格控制检修工艺。

（4）加强对制造及监理单位的考核力度，对于通流改造的机组，要从源头把好质量关。

## 案例62 末级叶片断裂导致停机异常事件

### 一、设备简介

某电厂 1 号汽轮机为北京重型机械厂生产的 N100-90-1 型、单缸、冲动冷凝式汽轮机。

### 二、事件经过

2007 年 4 月 1 日 00 时 03 分，主控室里听到机房内有异响，1 号瓦振突然增加至 102.9μm，1 号轴振上升至 411μm；2～4 号瓦振也同时增加。同时“轴承盖振动异常”光字牌报警，运行人员立即手动打闸，并破坏真空紧急停止汽轮机运行。00 时 23 分，汽轮机转子静止，投入连续盘车，电流 20A，没有摆动，大轴挠度 1.5 丝。

4 月 1 日 06 时 30 分，按照电网调度安排，机组转入备用，根据现场情况和 DCS 历史曲线显示，初步判断为叶片断裂或损坏，机组停运后做好安全措施，打开凝汽器汽侧人孔门检查，确认为末级叶片断裂，断裂叶片长度约 300mm，位置在第 83 片 1、2 级拉筋之间，见

图 5 - 1。

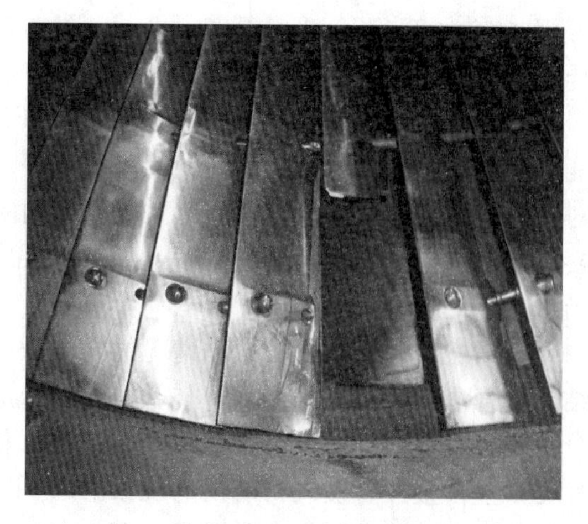

图 5 - 1 汽轮机末级叶片断裂部位照片

## 三、原因分析

华北电科院金属所对断裂的叶片进行了分析，观察叶片表面未见撞击痕迹，表面也没有发现其他宏观缺陷。断裂部位从司太立合金片覆盖下的叶片进汽侧开始发生，且在安装司太立合金片的叶片工艺槽边缘附近，断口处裂纹源附近位置的小锐角凹槽看不出圆滑的过渡迹象。末级叶片制造中，焊接司太立合金前要在叶片进汽侧边缘开槽，锐角凹槽结构容易引起局部应力集中甚至萌生裂纹，裂纹萌生后，在交变应力作用下，沿晶扩展形成疲劳条纹，并在叶片横截面承载面积减小后，导致叶片强度不足而发生脆性断裂脱落。

## 四、整改措施

（1）加强对点检员专业知识的培训，金属监督检验方面的知识要做为重点培训内容，不断提高专业技术水平。

（2）重要设备监造、验收，包括重点备品备件的验收过程中，要对设备制造的各个环节进行把关，并邀请华北电科院专业技术人员参与验收，力争做到复检率 100%，检验方法 100%。

（3）吸取教训，每次汽轮机组小修中都要从凝汽器汽侧人孔门进入，对末级叶片进行宏观检查；每次揭缸检修中，重点对末级叶片的情况进行金属检验，对检查结果做记录，对发现的问题进行处理并制定相应的措施。

# 案例63 低压转子次末级叶片断裂导致停机异常事件

## 一、设备简介

某电厂 4 号汽轮机为哈尔滨汽轮机厂生产的 CLN600-24.2/566/566 型、超临界、一次中间再热、单轴、高中压合缸、三缸四排汽凝汽式汽轮机，通流总级数 44 级，其中高压缸 10 级，中压缸 6 级，低压缸 2×2×7 级。末级叶片长度 1000mm。

## 二、事件经过

2007 年 10 月 6 日 04 时 41 分，4 号机组并网，07 时 00 分负荷升至 300MW，双套引风机、送风机和一次风机及 A、B 汽动给水泵运行，电动给水泵备用，2 台循环水泵运行。

同日 22 时 34 分，负荷升至 495MW，5 号瓦振突然由 15.7μm 上升至 59.0μm，5 号轴

振 $X$ 方向由 37.5μm 上升至 71.02μm；$Y$ 方向由 28.8μm 上升至 82.20μm，就地听测声音无异常，测振动和 CRT 显示一致。

同日 22 时 46 分，凝结水泵出口凝结水 $Na^+$ 含量在线表测量达 99.5μg/L，化验人员手测为 100μg/L。判断为凝汽器钛管泄漏，停止 B 循环水泵运行，维持 A 循环水泵单泵运行，对凝结器内圈循环水进行隔绝，关凝汽器内圈汽侧抽空气门，开凝结水系统启动放水门进行凝汽器换水。隔绝凝汽器内圈后，凝结水泵出口凝结水 $Na^+$ 开始下降，7 日 00 时 05 分，凝结水 $Na^+$ 下降至 7μg/L。

根据机组运行状况及振动情况的初步分析，造成 5 号轴承轴振及瓦振突然增加，以及凝结器钛管泄漏，其原因为低压转子掉异物造成，机组于 7 日 00 时 45 分开始滑停，05 时 01 分滑参数降负荷到 30MW，打闸停机。进入低压缸内部检查，发现 2 号低压转子反向末级叶片司太立合金片有被硬物击伤的现象。10 月 10 日 22 时 30 分，揭缸发现如下问题：反向次末级叶片有一片从围带下部断掉一段，长度约 30mm（编号 96），击伤一片（编号 97）；反向次末级叶片叶顶围带汽封齿磨损严重。

10 月 11 日处理末级叶片，更换司太立合金片 3 处，其他 11 处进行补焊，全面着色检查。10 月 13 日 00 时 00 分更换 96、97、3 号叶片完毕，11 时 47 分投盘车，17 时 00 分锅炉点火。10 月 15 日 01 时 30 分，汽轮机冲转到 2000r/min，振动情况及其他参数基本正常，04 时 40 分，汽轮机定速，除 6 号轴瓦振动稍大外，其他各瓦振动情况基本正常，各瓦振动相位与停机前基本相同，05 时 38 分机组并网。经过几小时运行，6 号轴瓦振动恢复正常。

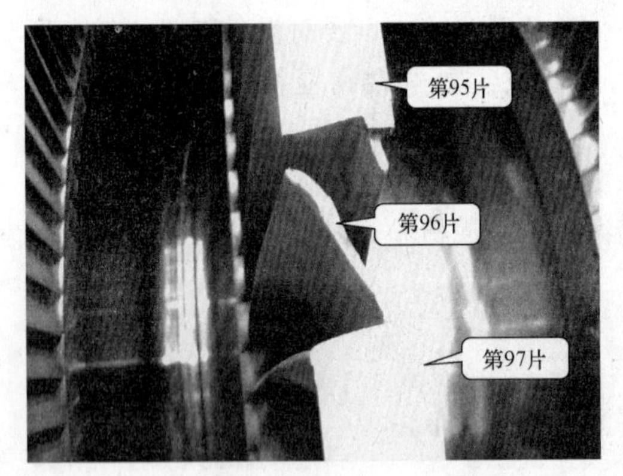


图 5-2 叶片断口俯视、侧视图

## 三、原因分析

（1）检查情况。2007 年 10 月 9 日，经过对 2 号低压外缸及内缸进行了解体检查，检查结果如下：反向次末级叶片靠近叶顶处断裂，长度大约为 30mm，反向末级叶片 14、22、24、32、43、61 司太立合金片局部脱落，见图 5-2～图 5-5。检查凝结器内部，发现凝结器内圈钛管泄漏 1 根，未发现叶片掉落的残存物。

（2）断裂叶片（0Cr17Ni4Cu4Nb）化学成分分析见表 5-1。

从表 5-1 可以看出断裂叶片的化学成分符合要求。

（3）断裂叶片（0Cr17Ni4Cu4Nb）力学性能见表 5-2。

**表 5-1　断裂叶片（0Cr17Ni4Cu4Nb）化学成分分析**

| 序号 | 项目 | 标准值 | 实测值 | 序号 | 项目 | 标准值 | 实测值 |
|---|---|---|---|---|---|---|---|
| 1 | C | ≤0.055 | 0.030 | 6 | Cr | 15.0～16.0 | 15.6 |
| 2 | Si | ≤1.0 | 0.326 | 7 | Ni | 3.8～4.5 | 4.16 |
| 3 | Mn | ≤0.50 | 0.352 | 8 | Nb | 0.15～0.35 | 0.216 |
| 4 | P | ≤0.035 | 0.021 | 9 | N | ≤0.050 | — |
| 5 | S | ≤0.030 | 0.010 | 10 | Cu | 3.0～3.7 | 3.42 |

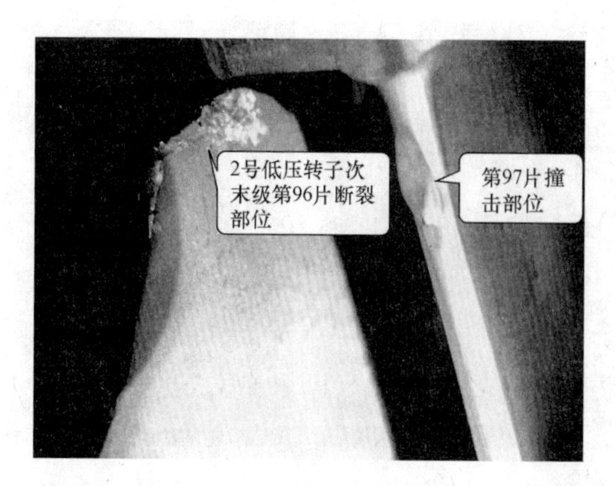


图 5-3 第 96 叶片断裂及第 97 叶片撞击部位

图 5-4 第 96 叶片起裂部位

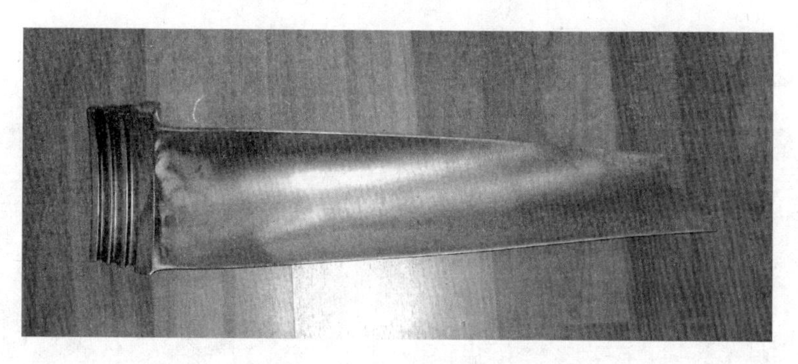

图 5-5 第 96 叶片断裂宏观形貌

**表 5-2　　断裂叶片（0Cr17Ni4Cu4Nb）力学性能**

| 项目 | 屈服强度（MPa） | 抗拉强度（MPa） | 延伸率（%） | 断面收缩率（%） | 冲击功（J） | 硬度 HB |
|---|---|---|---|---|---|---|
| 标准值 | 750～890 | 900 | ≥16.0 | ≥55.0 | — | 277～311 |
| 实测值 | 750 | 915 | 20 | 71.5 | 195 | 297 |

从表 5-2 可以看出断裂叶片的力学性能符合要求。

（4）断裂叶片（0Cr17Ni4Cu4Nb）金相组织见图 5-6～图 5-9。

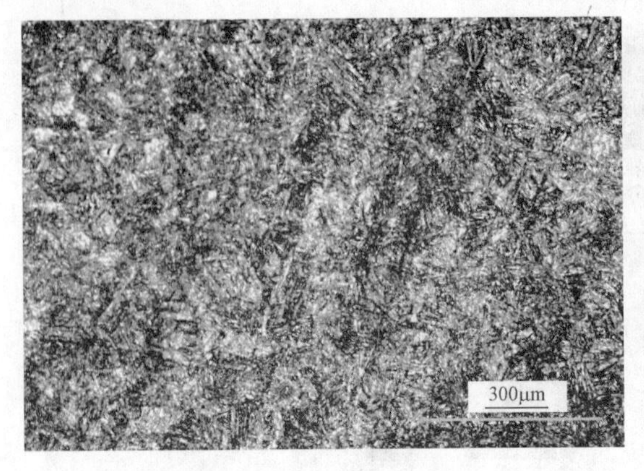


图 5-6 叶片基体组织 100×

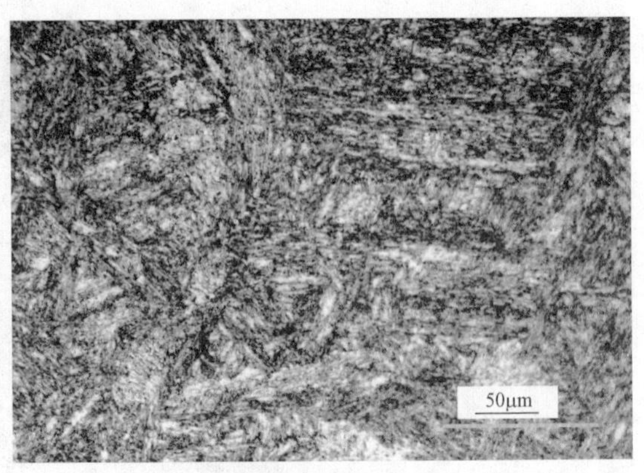


图 5-7 叶片基体组织 500×

图 5-8 叶片断口组织 1200×

图 5-9 叶片断口组织 2200×

叶片金相组织为均匀的回火马氏体，金相组织正常。

（5）断裂叶片（0Cr17Ni4Cu4Nb）扫描电镜分析见图 5-10～图 5-12。

图 5-10 断裂叶片断口宏观形貌

（6）结论。叶片材料的金相组织、力学性能、化学成分均符合要求，宏观和断口扫描电镜分析认为，起裂部位在叶片横截面的出汽侧的中间部位，且断口有明显的疲劳扩展现象。综合分析认为裂纹起源于表面的机械损伤，经疲劳扩展后最终导致断裂。反向次末级叶顶围带汽封磨损和反向末级叶片司太立合金片脱落，为次末级叶片残片击打所致。

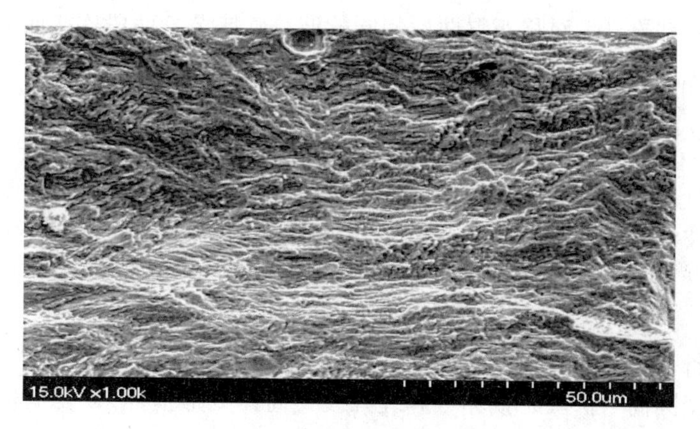


图 5-11 断裂疲劳扩展部位形貌

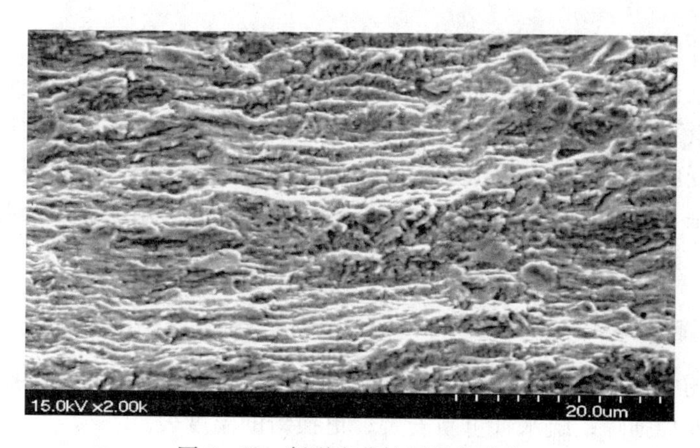


图 5-12 断裂疲劳扩展部位形貌

### 四、整改措施

（1）对断裂的叶片及相邻的两级叶片进行更换处理。

（2）对末级叶片进行无损探伤检查，发现问题应及时进行更换叶片处理，对末级叶片司太立合金进行修复或做更换处理。

（3）对隔板静叶及其他部件进行进一步检查，及时发现异常情况，并进行处理。

（4）加强点检工作，及时掌握设备运行参数的变化趋势，强化设备的劣化分析，提高设备管理水平，杜绝将设备缺陷带到运行中去。

## 案例64 中、低压缸之间的连通管端部崩开导致停机异常事件

### 一、设备简介

某电厂汽轮机为 N300-16.7/537/537 型（分缸）、亚临界、中间再热、三缸两排汽、凝汽式汽轮机。机组中低压连通管是由东方汽轮机厂提供，由原无锡膨胀节厂制造。该导汽管

由中压缸段和低压缸段（带对称布置两段相同的波纹膨胀节）两段连接而成；额定工况下运行参数为：进汽压力0.82MPa，温度349.9℃。

## 二、事件经过

2006年6月4日15时45分，汽轮发电机组机侧一声巨响，中低压缸导汽管的低压缸侧平衡补偿管末端波形膨胀节崩裂，波形膨胀节及末端连接半圆筒飞落到发电机励端B列处；平衡补偿管疏水管从平衡补偿管根部至疏水门前撕裂断开。15时47分，汽轮发电机组打闸停机。

事后检查设备损坏情况：中低压连通管平衡补偿管损坏；中低压连通管疏水管损坏；中低压连通管连接半圆筒（护套）损坏（焊缝开裂，筒体变形损坏）；发电机中部热区温度表被撞损。

## 三、原因分析

根据平衡膨胀节及护套（连接筒）损坏的情况看，根本原因在于波纹管的护套（连接筒）焊缝焊接质量不佳，出厂采取的是局部焊，焊接的部分存在未焊透的情况，在投产以来多次启停机的交变应力作用下，焊道发生了疲劳开裂而使连接失效、断裂。护套断裂后，撞击及压迫平衡膨胀节，使其在局部受损，在外来和自身重力力矩的作用及高负荷下的汽压作用下破损、崩裂，继而整段飞出。

## 四、整改措施

（1）对损坏的中低压连通管平衡补偿管及其护套（连接筒）进行更换对原焊道进行检查，安装焊道采取加强焊；疏水管重新安装；更换新的温度表。

（2）立即统计、分析其他机组的中低连通管的设备状况和使用状况，并进行寿命评估。

（3）立即安排检修计划，对其他机组的中低连通管进行及时、全面的检查及处理。

（4）加强备件中低压连通管的监督检查，必要时做加强处理后再行使用。

# 案例65 高压调节阀门门芯脱落导致停机异常事件

## 一、设备简介

某电厂4号机组为亚临界600MW湿冷汽轮发电机组，汽轮机采用喷嘴配汽方式，高压部分共有4个调节阀，对应于4组喷嘴。再热蒸汽通过2个中压联合汽阀从汽缸上下半左、右两侧分别进入中压部分，中压部分为全周进汽，中压联合汽阀内主蒸汽阀和调节阀共用1个阀座，由各自独立的油动机分别控制。

高压调节阀的操纵方式采用杠杆机构，阀杆与操纵座中的十字头采用螺纹形式直接连接。

## 二、事件经过

2007年10月29日03时06分，机组负荷430MW，AGC投入，炉跟机协调运行方式，主蒸汽压力 14.8MPa，煤量 202t/h，汽轮机调门指令 71.4%，A、B、C、D、F 磨煤机运行。

同日 03 时 07 分，机组负荷突然降至 304MW，机炉主控自动切至手动方式，此时总煤量为 201t/h，汽轮机调门指令为 74%，CV4 阀后压力由 12.85MPa 降至 4.88MPa，主蒸汽压力升高。

同日 03 时 08 分，主蒸汽压力上升至 16.3MPa，停运 C 磨煤机，煤量降至 178t/h，停运 E 磨煤机，煤量降至 133t/h。

同日 03 时 10 分，主蒸汽压力继续上升至 17.9MPa，为缓解压力上升趋势，运行人员手动将汽轮机调门指令由 74%开至 77.8%，CV4 阀后压力由 4.88MPa 升至 7.81MPa。

同日 03 时 12 分，主蒸汽压力开始下降，为使机组负荷和煤量相匹配，逐渐关小汽轮机调门。03 时 14 分，汽轮机调门指令逐渐关小至 53%，机组负荷 180MW，主蒸汽压力 18.3MPa。

同日 03 时 15 分，机组负荷由 180MW 降至 20MW，主蒸汽压力大幅上升，逐渐开启调门指令至 77%，此时负荷降至 10MW 以下，紧急停运 A 磨煤机、B 磨煤机。

同日 03 时 16 分，主蒸汽压力至 19.02MPa，汽包水位至－241mm，汽包水位低保护动作，锅炉灭火。03 时 22 分汽轮机打闸，进行故障检查。

### 三、原因分析

（1）事件发生时的负荷区间内，在顺序阀运行方式下 CV2 和 CV3 是全关的，只有 CV1 和 CV4 工作，此时 CV1 在开度为 18%时出现卡涩，CV4 阀芯脱落不进汽，负荷下降，导致主蒸汽压力大幅度升高，汽包水位下降，锅炉灭火。

（2）异常情况下运行人员的分析、操作不到位，没能及时发现设备异常和采取措施。

### 四、整改措施

（1）将所有调节阀门指令上限改为 95%，防止调节阀门门杆与导板连接件螺纹受力脱扣。

（2）对高压调节阀门开度指令、反馈及高压调节阀门后压力加强监视，发现异常及时进行分析处理。

（3）对高压调节阀门阀杆与十字头的连接结构进行改进。

（4）加强运行培训，提高运行人员操作水平及事故处理能力。

## 案例66 汽轮机高压旁路门误开导致停机异常事件

### 一、设备简介

某电厂 600MW 机组的旁路及旁路控制系统全套选用 CCI-SULZER 公司产品。整个系统包括高压旁路控制阀、高压旁路喷水控制阀、高压旁路喷水隔离阀各一个。机组具有两种启动方式：中压缸启动或高中压缸联合启动。在中压缸启动时，要求旁路系统的功能能够满足机组中压缸启动要求。

## 二、事件经过

2010 年 2 月 26 日 10 时 44 分，机组负荷 509MW，主蒸汽压力 14.8MPa，主蒸汽温度 523℃，A、C、D、E、F 给煤机运行。10 时 44 分 39 秒，高压旁路门运行中突然打开，汽包压力由 16.1MPa 降至 15.6MPa，汽包水位涨至 201mm，汽包水位高保护报警，运行员手动停运 A、B 汽动给水泵。10 时 46 分 09 秒，汽包水位低保护动作，锅炉灭火，12 时 24 分机组停运。

## 三、原因分析

机组启动汽轮机切缸完成后，汽轮机高压旁路门关闭，但关闭不严密（有 1.8%的开度），并有微小波动，当高压旁路阀开度波动至 2%以上后，喷水隔离阀联开，喷水调节阀投入自动控制。当主蒸汽压力上升至 13MPa 后，由于蒸汽压力的修正作用，喷水调节阀开始逐渐开大，最终达到全开，导致了高压旁路后蒸汽管路受到冷源冲击，发生剧烈晃动，致使高压旁路门气源管路断裂，高压旁路门突开，造成主蒸汽压力大幅下降，汽包水位大幅波动，锅炉 MFT。

## 四、整改措施

（1）机组启动后，热控人员对机组高、低压旁路喷水隔离阀进行停电操作，确保机组运行期间，高、低压旁路喷水隔离阀处于关闭状态，防止系统异常情况下，旁路减温水进入蒸汽管路。

（2）机组启动后，对机组高、低压旁路阀进行快关操作，确保在定位器故障的情况下，高、低压旁路阀处于关闭状态，保证机组安全。

（3）针对目前机组旁路系统采用的苏尔寿控制系统，其控制结构复杂，部分逻辑设计存在安全隐患，缺陷分析困难，逻辑优化及参数修改工作无法进行，热控专业人员对于控制器内部逻辑不甚了解的实际情况，计划结合机组大、小修，对该系统进行改造，将旁路控制纳入 DCS 系统控制。

（4）对机组旁路阀气源管路的硬管连接方式进行普查，并及时进行整改。

（5）完善旁路控制系统定值及相关逻辑说明，组织人员学习讨论。

（6）在今后旁路系统阀门标定中，热控和汽轮机人员需认真确认阀门控制状态，提高认识高度，发现异常情况时及时分析处理。

（7）在机组高、低压旁路喷水隔离阀前管路增加一道手动门，在机组运行期间，运行人员手动关闭高、低压旁路减温喷水，进一步确保机组安全。

# 案例67 高压旁路门内漏严重被迫停机异常事件

## 一、设备简介

某电厂 3 号汽轮机为哈尔滨汽轮机厂制造的 CCLN660-25/600/600 型、超超临界、一次中间再热、单轴、三缸四排汽、高中压合缸、反动凝汽式汽轮机。

## 二、事件经过

2011 年 2 月 26 日 16 时 50 分，3 号机组 B 高压旁路门出现内漏，阀后温度升高，减温水自动投入，手动关闭减温水调门后高压旁路门后，温度呈陡升趋势，为防止阀门长期带病运行而造成阀芯吹损及阀后出口管段承受冷热交变应力产生裂纹，造成更严重的后果，立即向调度部门申请机组停机消缺。

## 三、原因分析

阀门解体后检查发现阀芯、阀座有明显划痕，阀门活塞环有轻微卡涩现象，活塞环错口位置有汽流冲刷痕迹，初步判断造成泄漏的主要原因有以下几点：

（1）管道内部清洁度不够，管道内部杂质随蒸汽进入高压旁路门腔室，因阀门为水平布置，杂质滞留在阀门内，阀门关闭时造成阀芯、阀座密封面损伤。

（2）由于阀门水平布置，长时间运行后执行器及阀门支架部分自重有可能导致阀杆弯曲，这除了造成阀芯和阀座垂直度偏差增大而引起内漏之外，还会造成活塞环外侧与活塞缸内壁不贴合而内漏。

（3）因阀门水平布置，回装困难，阀门回装的精度不够，阀盖与阀座间的螺栓锁紧力矩不一致，从而导致阀芯与阀座的垂直度偏差较大，造成阀门关不严而引起内漏。

## 四、整改措施

（1）为防止蒸汽携带杂质损伤阀芯和阀座的密封面，在检修更换锅炉受热面等作业中，要坚持用角向砂轮机割管，氩弧焊接，防止铁水、焊渣进入过热器内部，同时对高压旁路门入口管道用内窥镜进行检查，并用高压吸尘器清理管道内部，防止杂物再次造成阀芯、阀座损伤。

（2）对阀芯、阀座存在的缺陷进行研磨处理，对阀杆弯曲度进行测量、矫直，回装时采用力矩扳手细心安装，避免因阀盖与阀座间的螺栓锁紧力矩不一致而导致阀芯与阀座的垂直度出现偏差，造成阀门关不严而引起内漏。

（3）针对阀门水平布置的特点，为阀门增加支吊架以平衡其自身重力，从而保证阀芯对阀座的垂直度，避免活塞环外侧与活塞缸内壁不贴合而产生内漏。

# 案例68 高压旁路入口电动门盘根泄漏导致停机异常事件

## 一、设备简介

某电厂 1 号汽轮机为 300/220-16.7/0.3/537/537 型（合缸）、亚临界、一次中间再热、两缸两排汽、凝汽式汽轮机。配用哈尔滨电力设备总厂生产的 35％容量的高低压简化旁路，以缩短启动时间，减少工质损失。

## 二、事件经过

2008年9月14日15时02分，1号机组高压旁路入口电动门盘根呲出，见图5-13，考虑到较为稳妥地消除该故障和消除其他设备缺陷，在征得调度同意的情况下决定停机消缺。

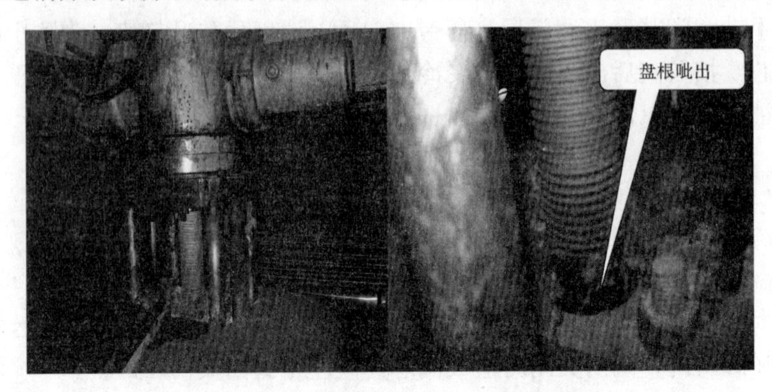


图5-13 高压旁路入口电动门盘根呲出图片

## 三、原因分析

（1）盘根质量存在隐患，在高温、高压下出现损坏，一旦有局部盘根发生损坏，就会导致全部盘根被吹出，这是发生泄漏的主要原因。

（2）盘根的检修压紧工艺存在问题，原装盘根为上下各一圈带金属丝的软盘根，中间为石墨盘根。在后来的检修中，该阀门的盘根更换为全部石墨盘根。但是盘根没有按原来设计的方式填压，没有填上下各一圈的带金属丝的盘根，给设备运行埋下隐患，这是发生泄漏的次要原因。

（3）阀门质量存在局部隐患，阀杆与填料室、填料压盖的间隙大，当阀门动作时，可能导致盘根损坏。

## 四、整改措施

（1）加强备品备件管理，对备品备件进行检查，确保备品备件真正在急需时发挥作用。

（2）对设备进行任何技术改造和改变所用材料时，不能只凭经验、凭感觉，工作前要充分调研论证，要经过各有关人员审核批准，工作中要严格把好各个关口，工作结束要进行严格的验收，确保整个施工按照批准的方案完成。

（3）利用机组检修的机会，对阀门进行彻底的检查和测量，对不符合要求或存在隐患的阀门，都要进行处理或采取措施，并做好记录。

（4）加强检修质量管理，针对设备的特点和特性修改和完善作业指导书，严格控制施工作业的各个环节，并加强动态检查，把好每一个关口，确保检修后的设备符合工艺质量要求。

# 第六章 油系统故障停机异常事件

## 案例69 抗燃油管道断裂导致停机异常事件

### 一、设备简介

某电厂汽轮机为国产600MW、三缸四排汽、亚临界、一次中间再热、凝汽式汽轮机。采用DEH调节系统，配备2台抗燃油泵，抗燃油压力14.0MPa，抗燃油母管材质采用1Cr18Ni9Ti。

### 二、事件经过

2010年3月12日，机组负荷354MW，1号EH油泵运行，2号EH油泵备用。10时01分，机组突然跳闸，ETS首出信号为“抗燃油压低保护跳闸”。

机组跳闸后，对现场进行检查，发现抗燃油供油母管到EH油压低试验装置信号管断裂（位于6.9m运转层），EH油外泄，现场抗燃油管道大幅振动，立即停止抗燃油泵的运行。

现场进一步查看抗燃油系统，发现左侧抗燃油管道支架及管卡由于管道振动的影响，以致大部分掉落和固定滑道开裂，油管断裂部位为压力油母管异径三通与信号管连接焊口外侧熔合线（抗燃油压低保护信号管材质为1Cr18Ni9Ti，规格为$\phi10\times2$mm；供油母管材质为1Cr18Ni9Ti，规格为$\phi32\times3$mm）。

在断裂表管焊接完毕、管卡安装完成，系统恢复后的试运过程中，发现EH油系统管道仍大幅振动。关闭左侧高压主汽门、中压主汽门、中压调门及左侧的两个高压调门的供油截止阀后，管道不再振动，然后逐个打开上述阀门，每开一个阀门，观察油管振动情况，当打开IV1供油截止阀时，管道剧烈振动，判断为IV1伺服阀故障，更换IV1伺服阀后管道不再振动，系统恢复正常。3月12日14时45分，机组启动正常。

### 三、原因分析

（1）由于左侧中压调门IV1伺服阀内部部件异常，内漏增加，使用性能大幅下降，使油系统振动并对管道造成冲击，管卡振掉，导致抗燃油油压低保护信号管断裂，保护动作，机组跳闸。

（2）点检人员对设备状况掌握不够，根据以往EH油泵电流缓慢上升的情况，已经发现了伺服阀的使用性能下降，并更换了IV2（右侧中压调速汽门）和CV4（4号高压调速汽门）伺服阀，EH油泵电流下降并稳定运行。针对伺服阀性能下降，制定了对2台机组伺服阀进行更换的计划。但由于对伺服阀缺乏检验手段，无法判断伺服阀的劣化程度，对其使用性能的下降规律缺乏实际经验，因此不能够有效地防患于未然。

(3) 精密点检和运行监视不仔细、不深入。经查询工程师站历史趋势，3 月 12 日 01 时 50 分以后，EH 油泵电流开始发生短时异常波动变化，1 号 EH 油泵电流从 41.7A 升到了 51A，IV1（左侧中压调速汽门）阀位反馈从 99.323%降至 99.006%，其他主蒸汽门及调节门阀位反馈没有变化。06 时 03 分，1 号 EH 油泵电流从 42A 两次变化到 51A 左右，IV1 阀位反馈从 99.475%降至 99.097%，其他主蒸汽门及调节门阀位反馈没有变化。09 时 03 分，1 号 EH 油泵电流从 42A 升到 52A，历时 20min，IV1 阀位反馈从 99.47%降至 99.005%，其他主蒸汽门及调节门阀位反馈没有变化。09 时 57 分，1 号 EH 油泵电流从 41.5A 上升到 53A 左右直到机组跳闸，IV1 阀位反馈从 99.015%降至 98.771%，其他主蒸汽门及调节门阀位反馈没有变化。点检人员和运行人员对以上变化未能及时发现，未能及时进行分析处理。

### 四、整改措施

(1) 将主蒸汽门、调速汽门伺服阀全部更换为新型伺服阀。

(2) 故障伺服阀返厂进行详细检测，查找异常的原因，尽早得出结论，保证抗燃油系统的安全。

(3) 加强对抗燃油油质的监测，确保油质各项指标符合标准。

(4) 利用检修机会对 EH 油管道所有焊口进行金属检验。

(5) 加强对 EH 油系统伺服阀性能劣化后引起的其他参数变化（如：EH 油泵电流的缓慢或突然升高、EH 油管道温度的异常升高、抗燃油管道的振动等）的分析和监测，发现指标和参数异常时，要立即分析查找原因并予以解决。

(6) 定期对抗燃油管卡及管道进行检查，发现损坏应立即处理。

## 案例70 抗燃油管道焊口泄漏导致停机异常事件

### 一、设备简介

某电厂 6 号汽轮机是由东方汽轮机厂生产的 N300-16.7/537-5 型、亚临界、中间再热、两缸两排汽凝汽式汽轮机。

### 二、事件经过

2011 年 10 月 26 日 04 时 36 分，6 号机组负荷 220MW，1 号抗燃油泵运行，2 号抗燃油泵备用，抗燃油温 38℃，抗燃油母管压力 12.8MPa，抗燃油箱油位 200mm。06 时 30 分，运行人员发现 2 号高压调门压力油来油管弯头大量呲油，06 时 35 分，因抗燃油箱油位低，低油压保护动作，机组停运。

现场检查发现：压力油管进入油动机的第二个弯头 1 号焊口开裂约 2/3，弯头直径为 $\phi$25mm，壁厚 3.5mm，为不锈钢材质，见图 6 - 1 及图 6 - 2，油箱油位已无显示。

事发后追忆 SIS 系统，发现 04 时 36 分—06 时 36 分，机组抗燃油压和电流均出现波动现象，压力最低 11.49MPa，最高 13.20MPa；电流最低 20.5A，最高 27.6A。

抗燃油泄漏后，由于及时向油箱补充了两桶抗燃油，化验班对油质进行分析，颗粒、酸值、体积、电阻率正常，已无法判断旧油油质情况。

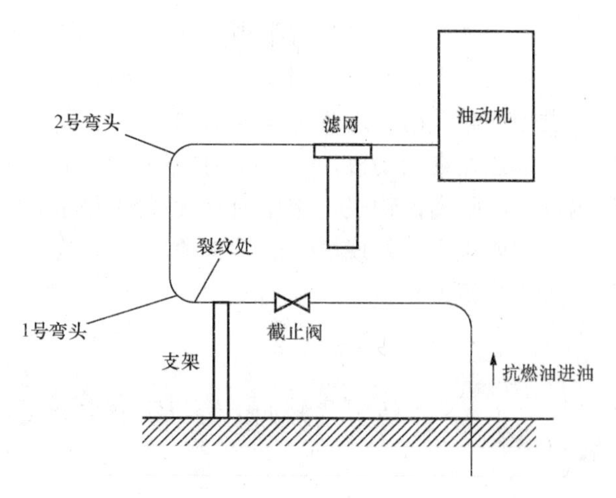


图 6-1 2 号高压调门进油管弯头裂纹位置示意图

## 三、原因分析

（1）对该弯头焊缝进行了金属检验，检测结果：1 号焊缝已裂，无法检出。2 号焊缝在弯头正下方位置有 2 条未熔线性缺陷，左侧 4mm，右侧 6mm。

（2）经过分析认为，造成抗燃油管弯头焊口开裂的主要原因为油管高频振动，导致焊缝疲劳断裂。另外，由于检测出 2 号焊缝有未溶线性缺陷，不排除 1 号焊缝有同类缺陷的可能。造成油管振动的原因主要为机组投入 BLR 运行方式后，调门随负荷频繁摆动，使伺服阀弹簧管疲劳刚度下降，引起系统迅速失稳，带动伺服阀主阀振荡，引起抗燃油管道剧烈振动。

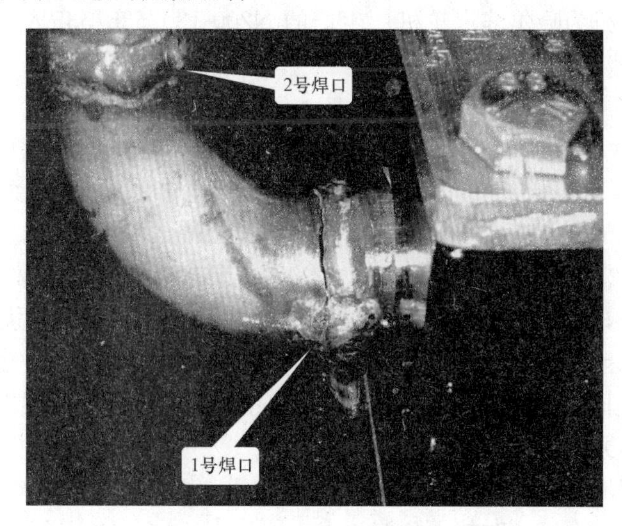


图 6-2 2 号高压调门进油管 1 号弯头焊口开裂照片

## 四、整改措施

（1）加强设备巡检力度，发现接头漏油、管道振动、油动机动作异常时，要及时处理，避免问题扩大而造成停机事件的发生。

（2）增加抗燃油压力油管固定支架，最大限度防止油管振动现象的发生。

（3）基建后只对 10％的抗燃油管道焊缝进行抽查，还有 90％的焊缝未检测，存在很大的安全隐患。为保证机组稳定可靠运行，利用机组检修的机会，将抗燃油管道所有焊缝进行 100％金属探伤检查，对不合格的焊缝及时返工重新焊接。

(4) 加强抗燃油系统伺服阀管理工作，伺服阀已安装使用十多年，由于没有使用寿命的规定，建议以后每次大修时更换一部分伺服阀。并利用大、小修机会定期送往检测机构检测，发现问题及时处理或更换伺服阀，把故障消灭在萌芽状态。

(5) 建议在油动机油管安装测振报警装置，一旦油管振动报警，运行人员能在第一时间做出反应，隔离油动机，避免油管大量跑油而导致停机事件的发生。

(6) 值班人员发现抗燃油系统油位、油压、油温、油泵电流等异常时，及时通知点检人员，进行分析处理。

## 案例71 油管法兰漏油引发机组着火导致停机异常事件

### 一、设备简介

某电厂 2 号汽轮机为哈尔滨汽轮机厂生产的 N200-130/535/535 型、超高压、一次中间再热、三缸两排汽凝汽式汽轮机。

### 二、事件经过

2005 年 11 月 23 日，机组带满负荷 200MW 运行。机组主要参数情况：主蒸汽压力 12.72MPa，再热蒸汽压力 2.14MPa，轴向位移 0.62mm，高/中/低压差胀：5.12/1.45/2.07mm，调速油压 2.01MPa，润滑油压 0.12MPa，其他各参数均正常。

同日 15 时 02 分，中压主蒸汽门突然关闭，机组负荷由 200MW 甩至 108MW，机侧主蒸汽/再热蒸汽压力上升为 13.23/2.67MPa，轴向位移 0.03mm，高/中/低压差胀：5.64/0.89/2.07mm。与此同时，锅炉再热器进口甲 1、甲 2 和乙 1 及再热器出口甲 1、甲 2 和乙 1 安全门动作并发出声光报警信号。

运行人员迅速就地检查，确认中压主蒸汽门关闭并发现该处起大火，立即组织人员灭火并报火警。由于火势较大，一时找不到漏油点。同日 15 时 05 分，经进一步仔细检查，确认为中压主蒸汽门油动机进油管法兰垫被冲破，压力油外漏起火，就地打闸紧急停机，启动交流润滑油泵运行，发电机逆功率保护动作跳出口断路器，机组与系统解列。

### 三、原因分析

(1) 设备检修时安装工艺存在问题。该进油管法兰垫材料是绿色耐油纸板垫，手工制作较粗糙。在检查中发现垫子被冲断，垫子下端插入过多，只有 2～3mm 垫子压在法兰下，上部有 20mm 的垫子在油管通流部分中，造成油管进油阻力大，对垫子冲刷大；另外该法兰垫密封面没有涂密封胶，时间一长，就有油浸泡垫子，同时该垫子较脆，容易发生疏松。这些问题最终导致该垫子在运行中被冲破，并发生漏油。

(2) 设备检修过程中，对检修质量监督不到位。该法兰垫为 2004 年大修中更换的，此次事故发生后检查该法兰垫存在较多问题，说明各级质检人员对外包项目检修全过程质量监督做得不够细致、全面，留下了事故隐患。

(3) 对油系统管道等附近有热力管道或其他热体的保温应包好铁皮的规定执行不力，没有对有关蒸汽管道进行外包铁皮的措施，造成漏油渗入保温层内引起着火。

## 四、整改措施

(1) 规范检修管理，加强检修质量监督，提高设备检修工艺水平。

1) 把好设备本身质量关，保证所用材料合格，压力油管垫子应用蓝色的耐油纸垫制作，制作要精细，并保证一定的厚度。

2) 把好检修安装工艺关，在垫子密封面涂上密封胶，在紧法兰螺栓时，要均匀对称、紧力要均匀，防止漏油现象的发生。

3) 把好检修过程中的质量监督验收关。

(2) 加强设备整治与改造，提高设备安全可靠性。

1) 对油系统管道的平口法兰逐步实施改造。

2) 汽轮机油系统附近的高温蒸汽管道保温层外必须包白铁皮，防止油渗入保温棉内。

3) 高温区域的热工电缆更换为耐高温电缆，且电缆与汽轮机热体管道应保持一定的距离。

(3) 举一反三，查找隐患，对油系统、制粉系统等易着火的设备系统进行一次全面检查，消除设备缺陷与漏点，避免引起火灾；同时对其他相关区域通风冷却设施等进行检查，保证设备运行正常。

# 案例72 EH油出口模块漏油导致停机异常事件

## 一、设备简介

某电厂2号汽轮机为CLN600-24.2/566/566型、超临界、一次中间再热、单轴、高中压合缸、三缸四排汽凝汽式汽轮机。EH油系统为某厂家自动控制中心提供的三芳基磷酸酯型抗燃油系统。

## 二、事件经过

2008年7月6日08时30分，机组负荷350MW，B、C、E、F四台磨煤机运行，总煤量150t/h，2号EH油泵运行，1号EH油泵备用，巡检发现2号机EH油出口模块与EH油母管连接焊口发生漏油，通知设备部点检员安排处理。点检员立即联系加工卡件，进行带压堵漏准备工作。15时00分，设备部汽轮机专业负责人到现场和维护人员一起准备进行带压堵漏，考虑到在处理过程中可能造成焊口处裂纹缺陷扩展，漏油量增大引起EH油箱油位下降以致停机，处理存在较大风险；值长向调度汇报，并经调度同意机组降负荷至350MW。15时38分带压堵漏处理过程中，漏油量增大，油箱油位下降较快，经调度同意后打闸停机。停机后迅速组织将泄漏焊口割除并重新焊接，经过渗透检验合格。机组于7月6日21时52分重新并网。

## 三、原因分析

停机后，将EH油模块母管泄漏焊口割下检查，焊口处裂纹起源于焊口熔合线处，因表面存在咬边焊接质量缺陷，运行中管道振动，咬边部位产生应力集中，出现疲劳裂纹，贯穿后出现漏油。

## 四、整改措施

（1）对所有高压油管道系统焊口外观质量做全面宏观检查，发现表面有明显咬边缺陷时应及时修磨，消除应力集中点；对于严重咬边等线性缺陷，利用停机机会及时补焊并修平。特别注意对刚性大的焊口部位，停机时做表面渗透检验。

（2）严格执行焊接工艺，避免大电流施焊造成的表面咬边现象。

（3）在保证焊口内在质量（经过100%射线检验）的前提下，重视焊口表面成型质量，特别是存在振动的各类管道。

（4）进一步完善点检标准，明确设备点检部位、点检项目、点检内容、点检方法和点检周期。

（5）定期对抗燃油管卡及管道进行检查，消除管道振动。

# 案例73 低频振动导致顶轴油管焊口泄漏停机异常事件

## 一、设备简介

某电厂2号汽轮机是由东方汽轮机厂生产的N300-16.7/537-5型（合缸）、亚临界、中间再热、两缸两排汽、凝汽式汽轮机。

## 二、事件经过

2004年11月10日22时45分，汽轮机4号瓦顶轴油管严重呲油，进一步检查发现4号瓦顶轴油管至箱体活接头焊口处有约20mm长环向裂纹。由于系统无法隔离，检修人员将漏出的油用塑料软管接至油桶，同时紧急联系堵漏人员进行现场带压堵漏，将焊缝裂纹捻铆至不漏，再用堵漏胶进行表面涂抹覆盖。经处理后油管焊口暂不泄漏，12日加工堵漏卡具后对泄漏部位进行加固处理，注入密封剂。13日08时00分发现油管再次泄漏，并有扩大趋势，带压堵漏处理无效，将漏出的油通过软管接至主油箱。14日01时50分，4号瓦顶轴油管漏油突然增大，无法控制，紧急停机。

## 三、原因分析

经检查，4号瓦顶轴油管至箱体活接头与油管焊缝有1/2弧段裂纹，并且活接头球型部位根部断裂已达2/3以上。分析原因为：该油管活接头与汽轮机盘车箱体连接，由于盘车箱体振动而导致油管发生长期低频振动，活接头及焊缝产生交变应力，油管处于该交变应力下长期运行，导致焊缝及活接头疲劳断裂。

## 四、整改措施

（1）更换4号瓦顶轴油管活接头并重新焊接，焊缝进行金属射线检验合格。

（2）4 号瓦顶轴油管增加支撑，加装两个固定支架，以防止油管振动。

（3）为了防止同类事故的发生，对所有顶轴油管焊口进行金属探伤检查工作，发现问题及时处理，同时增加顶轴油管固定支撑。

（4）点检人员加强检查维护，发现顶轴油管异常时及时安排处理。

# 第七章　发电机氢、油、水系统故障停机异常事件

## 案例74　发电机漏氢着火导致停机异常事件

### 一、设备简介

某电厂1号汽轮机为哈尔滨汽轮机生产的N200-130/535/535型、超高压、中间再热、冷凝式汽轮机。发电机是哈尔滨电机厂生产的QFSN-200-2型水氢氢冷汽轮发电机，发电机密封瓦为双流环式。

### 二、事件经过

2006年7月24日06时55分，机组并网后发现密封油系统差压阀动作不正常，改用旁路门手动调节。14时05分，差压阀解体检查未发现问题，14时30分，差压阀投入自动运行。22时10分，差压阀工作又不正常，改用旁路门手动调节。次日08时10分，检修班组第二次接到缺陷通知单后，电话通知运行，差压阀已检查了没问题，可以投上再试试，但一直未投。后夜班运行值班员感到手动调节不方便，05时30分投入差压阀，就地监视5min正常，即回控制室。05时45分，运行人员在巡检过程中，发现发电机励磁机处着火。05时47分，机组打闸停机，启动高压油泵并破坏真空，同时进行发电机排氢灭火工作，05时50分将火熄灭。

### 三、原因分析

（1）运行人员监盘不认真，未及时发现密封油压下降、氢压下降，造成密封瓦大量跑氢，氢气被直接抽入滑环室，遇火花点燃着火。查询历史曲线，05时40分，密封油差压阀前母管油压上涨至1.11MPa，发电机汽端空侧密封油压降至0.212MPa，励端空侧密封油压降至0.211MPa，汽端氢侧密封油压降至0.201MPa，励端氢侧密封油压降至0.20MPa，发电机氢压0.196MPa，控制室监盘人员未发现上述异常。

（2）密封油差压阀可靠性较差，给机组安全运行带来隐患。

（3）运行人员对设备缺陷情况掌握不清，将差压阀盲目投自动，事故预想不到位。

（4）发电机励磁机碳刷打火花，发电机的外部结构对防止漏氢着火不利。

### 四、整改措施

（1）改用高性能的氢油差压阀和平衡阀，维持发电机氢油差压在正常范围内。

（2）加强发电机励磁机炭刷检查、维护，发现打火花时及时处理。

(3) 运行中关注发电机漏氢情况，发现漏氢量增大时，及时查找原因并消除。

(4) 提高运行监盘质量，及时发现参数的异常变化。

## 案例75 发电机密封油压力突降导致停机异常事件

### 一、设备简介

某电厂发电机为东方电机厂生产，型号为 QFSN-220-2。密封油系统采用双流环式。

### 二、事件经过

2007 年 2 月 15 日 08 时 54 分，发电机空侧密封油压突然开始下降，空侧备用密封油泵联启，同时发电机氢压也迅速下降，就地检查发现发电机励端空侧回油管道回油量增大，氢侧回油几乎没有，运行人员采取降低机组负荷的办法维持机组运行，18 时 07 分申请停机消缺。

### 三、原因分析

通过对发电机密封瓦解体检查，发现发电机汽励两端密封瓦座空侧进油口处的密封垫均已破损，这是造成机组密封油压突降并大量漏氢的主要原因。

该密封垫片材质为丁腈橡胶，为丁二烯和丙烯腈的共聚体，其材质特点为耐油、耐热，气密性、耐磨及耐水性等均较好，但不耐臭氧及芳香族、卤代烃、酮及酯类溶剂。机组大修期间，在发电机风挡、端盖以及过渡环回装前，对上述部位和其连接螺栓清除油污时用丙酮进行了清洗，其残留物没有清理干净，造成密封垫片腐蚀，因进油口处压力高，最终导致密封垫片出现破损。

同时发电机端盖密封胶条布置不当，堵死内油挡上的回油槽，造成失去辅助密封油路，加剧了密封垫片损坏的可能性。

### 四、整改措施

(1) 加强大、小修期间的质量管理工作，严格执行验收管理制度，严把质量关，保证检修后设备长周期安全运行。

(2) 严格检修工艺要求，并对采用丁腈橡胶的密封部位进行普查，并明确此类部位今后禁止使用丙酮类溶剂清洗，改为其他工业金属洗涤剂代替，清洗后要擦净残留物。

(3) 通过此次发电机密封油系统所暴露出来的问题，总结经验教训，举一反三，对设备及检修工艺进行全面分析，完善各项检修作业指导书。

(4) 发电机端盖密封垫回装前按照厂家要求疏通回油槽。

## 案例76 发电机密封瓦胶垫老化漏氢严重导致停机异常事件

### 一、设备简介

某电厂 3 号发电机型号为 QFSN-300-2-2，采用水氢氢冷却方式。

## 二、事件经过

2006年3月2日，机组有功负荷300MW，发电机氢压0.267MPa，2号空侧密封油泵运行，1号空侧密封油泵备用，空侧密封油压0.433MPa；1号氢侧密封油泵运行，2号氢侧密封油泵备用，氢侧密封油压0.44MPa。

同日08时08分，监盘人员发现发电机氢侧密封油压由0.44MPa降至0.36MPa。

同日08时22分，氢压开始由0.267MPa迅速下降。

同日08时28分，发电机氢压由0.234MPa补至0.247MPa，氢压不能维持，密封油箱油位快速下降（开补油电磁阀旁路手动门维持油箱油位），同时发电机汽端发生间断的氢气泄漏，解列汽端平衡阀，用旁路门调整，启动空侧1号密封油泵，氢压下降速度放缓，发电机汽端密封瓦处仍然漏氢，负荷降至200MW。

同日11时28分，机组开始滑停，维持负荷在150MW左右，氢压保持在0.15MPa左右。21时10分，汽轮机打闸停机。

## 三、原因分析

经检查，发现汽端密封瓦套密封垫在空侧、氢侧密封油进入口外缘处发生断裂，造成密封油泄压，使密封瓦供油不足，密封瓦不能正常工作，密封油压力维持不住，导致氢气泄漏。

## 四、整改措施

（1）密封瓦部套检修、检查工作中，将密封瓦套密封垫的状态检查作为重点工作，防止类似情况的发生。

（2）进行解体拆卸密封瓦套工作时，必须更换新垫；更换胶垫时将整圈胶垫进行切口后安装，并特别注意切口形状及处理工艺。

（3）严把胶垫质量验收关，避免使用不合格的胶垫。

（4）研究定做进油口处加强型密封垫，同时采取加强护板措施。

# 案例77 定子冷却水泵跳闸导致发电机断水保护动作停机异常事件

## 一、设备简介

某电厂2号发电机为哈尔滨电机厂制造的QFSN-600-2YHG型同步交流发电机，冷却方式为水氢氢冷却。

## 二、事件经过

2006年7月14日，机组负荷500MW，2号发电机1号定子冷却水泵运行，2号定子冷却水泵备用。21时37分，1号定子冷却水泵运行中跳闸，备用泵未自启，21时38分，发电机断水保护动作，机组跳闸。

## 三、原因分析

（1）现场检查发现1号定子冷却水泵电机自动开关热脱扣器动作，自动开关跳闸，电机失电停止运行。对1号定子冷却水泵电机自动开关进行了开关模拟通流试验，分析自动开关跳闸原因为：热脱扣器动作电流离散性较大，造成自动开关脱扣器误动。

（2）同时检查发现1号定子冷却水泵电机自动开关交流接触器主触点C相黏连，造成接触器处于既不闭合也不断开的中间状态，致使辅助触点的开、闭状态均不能正常返回，备用泵2号定子冷却水泵电气自投回路未接通，未能实现自投；且内冷水压力低，备用泵自投未成功，原因是备用泵压力低条件是运行泵运行状态与内冷水母管压力低两个条件组成的"与"逻辑，由于运行泵已不在运行状态，致使备用泵不能联启。

## 四、整改措施

（1）改进电气一次回路，将接线方式改造为固定MT分隔式，增加独立的电动机保护装置，避免由于自动开关热脱扣器误动作而造成电机跳闸；增大交流接触器额定电流，以提高交流接触器的灭弧能力，避免主触头黏连。

（2）修改热控内冷水压力低联启备用泵逻辑，取消连锁条件中的泵运行状态"与"逻辑条件，只保留定子冷却水泵母管压力低条件，避免由于电气一次设备故障时，备用泵无法投入。

# 案例78 内冷水泄漏导致发电机断水保护动作停机异常事件

## 一、设备简介

某电厂1号发电机为哈尔滨电机厂生产的QFSN-300-2型、三相隐极式交流同步发电机。内冷水压力0.2～0.25MPa，流量（30±3）t/h（包括端部引入、引出线），进水温度40～50℃。

## 二、事件经过

2009年2月1日19时00分，1号机组负荷199MW，2号定子冷却水泵运行，电流33.3A，内冷水入口压力0.245MPa，发电机内冷水流量31.2t/h，检修办理"处理1号发电机2号定子冷却器底部放水管根部焊口漏水缺陷"工作票。运行人员分别关闭了1号发电机2号定子冷却器的入口门、出口门，打开了冷却器底部放水门，底部放水门放不出水，操作人员又打开顶部排气门，排气门有少量水流出，运行人员见排气门水流不大，就关闭了排气门。询问检修人员根部焊口处有些漏水是否能进行焊接，检修人员说可以焊接，于是双方办理了开工手续。

带压堵漏人员担心焊接时烧坏放水门垫片，在没有人员监护的情况下将2号定子冷却器底部放水门拧掉。2月1日20时04分，监盘人员发现1号发电机定子冷却水流量降至24t/h，1号定子冷却水泵自启，立即打开了内冷水补水电磁阀。就地检查发现1号发电机2号定子冷却器的底部放水管大量漏水。20时06分，1号发电机断水保护动作，汽轮机跳闸，锅炉灭火。

### 三、原因分析

（1）运行人员对设备状况掌握不清，安全措施不到位。事后发现1号发电机2号定子冷却器底部放水门门后锁母处打了死堵，因此放水门无法放出水来，后从排空气门放出水并有压力水呲出，说明定子冷却器内部有压力，虽然采取措施关闭定子冷却器冷水出入口门，但阀门有漏流，运行人员分析判断失误。

（2）在没有人员监护的情况下，带压堵漏人员私自将2号定子冷却器底部放水门拧掉，造成发电机内冷水大量跑水，发电机断水保护动作停机，这是造成此次事件的直接原因。

### 四、整改措施

（1）更换发电机定子冷却器内冷水出入口门，更换底部放水门，处理放水门管座根部焊口。

（2）对带压堵漏人员进行严格管理，做好安全培训，每项工作都要有针对性地进行安全交底，做到未开工前外委人员不得进入现场，前期现场准备时必须有监护人跟随监护。

（3）加强工作票管理，工作票签发人和工作负责人要对工作票内容进行严格审查，全面分析危险点，做到万无一失。运行人员认真做好工作票安全措施。安全措施全部执行后，点检、运行、维护人员到现场进行三方确认，确认工作票安全措施全部已执行完毕，无误后方可允许开工。

（4）工作票负责人或监护人要始终在工作场所对外来工作人员进行全程监护，不得以包代管。

## 案例79 定子冷却水泵故障导致停机异常事件

### 一、设备简介

某电厂1号机组为600MW亚临界湿冷汽轮发电机组，发电机为三相隐极式同步交流发电机，型号为TFLQQ-KD，采用水氢氢冷却方式。定子冷却水泵型号为18－J889A，额定流量1600L/min，出口压力0.784MPa，电机型号FEK-0，额定功率37kW，额定电压380V，额定电流69A，绝缘等级为F级，所配的开关型号为NZM7-100S，开关自带的保护有过流及速断保护。

### 二、事件经过

2007年12月28日02时13分18秒，监盘人员发现硬光字及软光字“定冷水系统异常”报警，检查CRT画面B定子冷却水泵跳闸，A定子冷却水泵联启失败，手启B定子冷却水泵一次、A定子冷却水泵两次均失败，内冷水母管压力快速下降，就地检查A、B定子冷却水泵均正常，A、B定子冷却水泵电机电源开关无烧焦等明显故障。

同日 02 时 13 分 48 秒，汽轮机保护动作跳闸（检查为定冷水压力低跳闸），锅炉 MFT（检查为汽轮机跳锅炉保护动作），发电机跳闸（逆功率保护动作），灭磁正常。

同日 05 时 17 分，B 定子冷却水泵处理好，启动 A 定子冷却水泵正常，做连锁试验正常。05 时 39 分，发电机并网。

## 三、原因分析

（1）B 定子冷却水泵电机电源开关跳闸，A 定子冷却水泵联启不成功是本次事故的直接原因。B 定子冷却水泵电机电源开关跳闸初步判断为控制电源熔断器接触不良，盘柜震动导致熔断器触点瞬间断开，控制电源失去，开关跳闸。

（2）A 定子冷却水泵联启不成功是由于开关远方/就地切换把手故障，把手指示虽在远方，但实际未完全切到位，导致 A 定子冷却水泵联启和远方启动均不成功。

## 四、整改措施

（1）将所有开关的远方/就地切换把手进行检查和试验，发现问题及时处理。加强设备电源开关尤其是 MCC 各开关巡视，如开关存在损坏或者老化等安全隐患，及时更换。

（2）将全电厂所有辅机连锁进行一次试验，发现问题及时处理。

（3）利用大小修机会，将全电厂所有开关控制电源熔断器改为自动开关。

# 案例80 发电机断水保护动作机组跳闸异常事件

## 一、设备简介

某电厂 1 号发电机为哈尔滨电机厂生产的 QFSN-600-2YHG 型三相交流隐极式同步发电机，采用水氢氢冷却方式。发电机配置两台定子冷却水泵，正常工况下一台运行，另一台备用，发电机定子冷却水泵型号为 65-250B，定子冷却水泵配备丹东黄海电机有限公司制造的 Y225M-2 型电机，电机功率 45kW，绝缘等级 B 级。

## 二、事件经过

2012 年 2 月 23 日，1 号机组负荷 440MW，2 号定子冷却水泵运行，定冷水就地压力 0.8MPa，流量 97t/h，定冷水系统运行正常。23 时 45 分，值长下令做 1 号发电机定子冷却水泵倒换试验，由 2 号定子冷却水泵倒换为 1 号定子冷却水泵运行。23 时 57 分，三名运行人员到达现场检查定冷水系统运行正常后，根据操作票，就地关闭 1 号定子冷却水泵出口手动门。

同日 23 时 59 分 01 秒，运行人员远方启动 1 号定子冷却水泵，电机电流 35A，就地压力 0.9MPa，1 号定子冷却水泵空载参数正常。

同日 23 时 59 分 31 秒，在准备打开 1 号定子冷却水泵出口门时，2 号定子冷却水泵跳闸，CRT 上的操作端变灰，定冷水流量、压力急剧下降；23 时 59 分 38 秒，机组跳闸，SOE 首出“发电机断水保护动作”；次日 00 时 00 分 32 秒，运行人员打开 1 号定子冷却水泵出口门后，1号定子冷却水泵电机电流达到60A以上，定冷水流量、压力恢复正常。

检查2号定子冷却水泵380V电源自动开关跳闸，对2号定子冷却水泵电机进行处理后，于2月24日01时09分测绝缘正常，01时12分再次送电后重复进行2台泵倒换操作均正常，01时42分机组再次挂闸启动，02时24分机组并网。

## 三、原因分析

(1) 2号定子冷却水泵动力电缆W相在接线盒进线处绝缘磨损击穿是造成此次非停事件的直接原因。经过对2号定子冷却水泵电机接线盒解体检查，发现电缆W相在接线盒进线处绝缘被击穿（见图7-1、图7-2），造成2号定子冷却水泵跳闸，由于此时备用定子冷却水泵出口门处于关闭状态，导致发电机断水，机组跳闸。

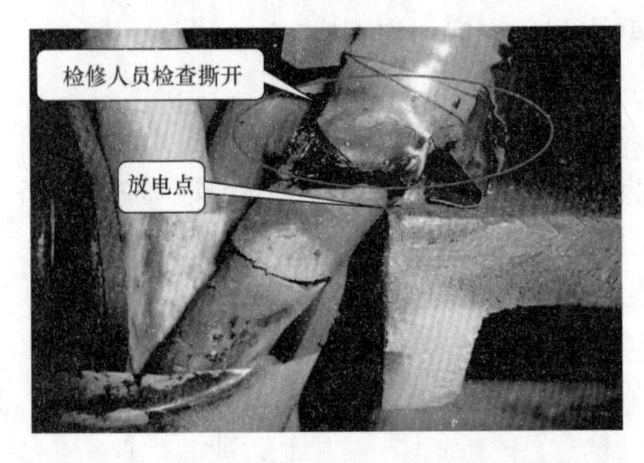


图7-1　2号定子冷却水泵电机接线盒内部

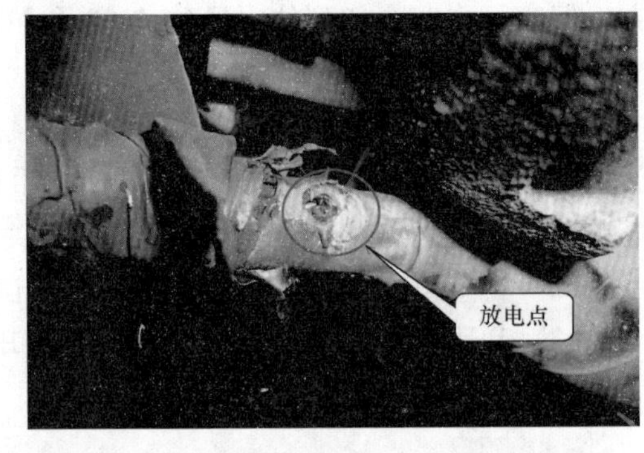


图7-2　2号定子冷却水泵电机W相电缆放电点

(2) 电缆检修工艺差和电缆防护不到位是本次非停事件发生的主要原因。该电机电缆进入接线盒处，电缆的包扎和固定存在缺陷，导致电缆绝缘和接线盒碰磨，在长期的振动和人员碰触的条件下，绝缘磨损。该电缆处于人员经常通过的区域，经常有人就地检查、检修、操作、清扫，现场作业环境狭窄，没有对电缆进行防护，没有采取防止人员刮碰电缆的防护措施，导致各种人员都有可能刮碰电缆，造成电缆磨损加快，严重时，有直接碰坏电缆的可能性。

(3) 各级管理人员及点检、检修、运行人员风险防范意识差，管理存在漏洞，这是此次非停事件发生的间接原因。点检对检修质量验收把关不严，导致设备存在固有缺陷，对电缆没有防护措施的情况欠敏感，没有对电缆进行有效防护，这些都给安全生产留下隐患。巡检、检修、清扫、操作人员安全意识不强，对防止碰触电缆、碰触设备的意识不强。设备隐患排查管理不到位，两台定子冷却水泵之间比较狭窄，只有255mm，特别是在操作1号定子冷却水泵出口截门时工作人员必须由此经过，且只能站在两定子冷却水泵之间，而该处电缆悬浮且与电机台板之间有55mm的净空，此处没有完善的防护措施，造成该电缆可能被有关人员触碰，电缆磨损加快，见图7-3。由于此设备隐患长期未发现，造成电缆短路放炮。

(4) 电动机动力电缆进入接线盒处的结构不合理，这是此次事件的重要原因。由于空间过于狭小，易造成电缆绝缘与接线盒摩擦受损，见图7-4。在设备检修和定期维护中没有及时发现电动机动力电缆进入接线盒处的结构不合理，检修工艺标准低，检修质量标准有差距，没有及时发现设备隐患，没有做到应修必修、修必修好，使设备留下安全隐患。

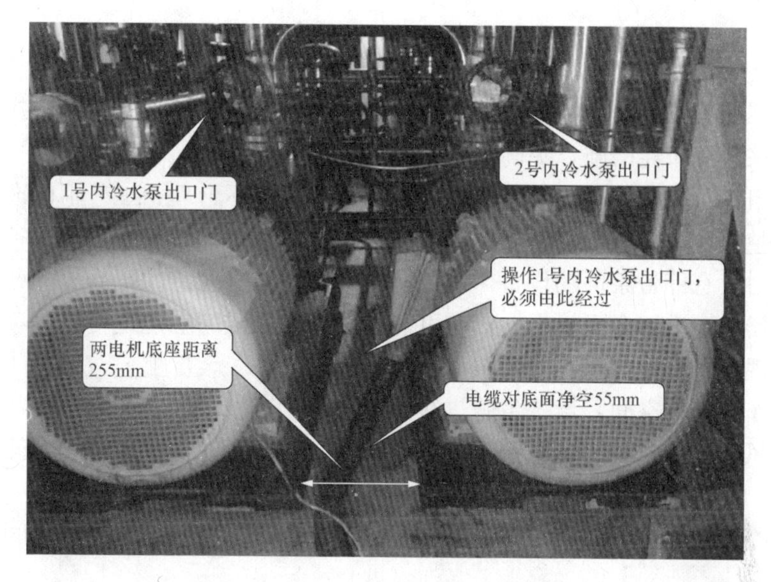


图 7-3 两台定子冷却水泵的布置图

图 7-4 2 号定子冷却水泵电机接线盒处电缆布置图

(5) 定子冷却水泵定期倒换工作操作程序有一定的漏洞，导致定子冷却水泵在倒换过程中，短时失去备用泵，这是本次非停事件的次要原因。为了减少定子冷却水泵倒换过程中，定冷水系统短时的高压对发电机线棒的冲击，提高线棒的寿命，在编制操作票时，选择了先关闭备用泵出口门的方法启动备用泵，造成定冷水系统短时没有备用泵。在这次定子冷却水泵倒换过程中，在备用水泵出口门关闭尚未开启时，正在运行的定子冷却水泵跳闸，造成发电机断水保护动作跳闸。

(6) 操作票存在一定的漏洞，重要操作、定期倒换工作的危险点分析水平不够，没有把危险点分析全面和细化，应急预案不全面，对发生不安全事件的应急措施不强，这是此次事件的次要原因。

## 四、整改措施

（1）按照“四不放过”的原则，全员吸取此次非停教训，举一反三，查找设备薄弱环节及管理漏洞，采取针对性措施，提高设备可靠性。

（2）立即组织对全电厂电缆及接线进行排查，对结构不合理、工艺不标准的部位，采取有效措施进行整改，防止电缆松动，接触不良，绝缘破损，其中有备用的设备在一个月内完成检查整改，对没有停备条件的设备，制定防范措施，完善应急预案。

（3）对现场电缆进行全面检查，对有可能造成人为触碰的电缆进行防护，防护设施刷成警示色，确保现场每一处电缆不发生类似事件。

（4）对操作狭窄的空间，设警示牌进行提示。

（5）提高风险防范意识，对重要设备，缩短检查、检修周期，严格审查检修工艺标准，减少设备隐患，确保设备安全可靠运行。

（6）对接线盒空间狭窄的电机，进行接线盒改造，给电缆一个宽裕的空间，防止电缆挤压损坏。

（7）组织学习二十五项反事故措施，举一反三，对可能造成机组非停的热控、电气、保护的设备及系统，进行全面排查，按“五确认，一兑现”工作方法制定整改计划，杜绝由于电气、热工、保护原因造成非停事件的发生。

（8）对设备倒换、试验及重要操作的各项措施重新进行审查，评估风险，完善操作票、危险点分析及应急预案，避免设备倒换、试验及重要操作过程中存在漏洞，使安全生产可控在控。

# 案例81 氢冷器冷却水管道泄漏导致停机异常事件

## 一、设备简介

某电厂3号机组为600MW亚临界湿冷汽轮发电机组，发电机为三相隐极式同步交流发电机，型号为QFSN-600-2-22B。定子绕组为直接水冷，定子、转子铁芯及转子绕组为氢气冷却。氢气利用装在转子两端护环外侧的单级浆式风扇进行强制循环，并通过两组（四台）氢冷器进行冷却，冷却水由开式冷却水泵提供，型号为500S-35B，扬程为$33mH_2O$，额定流量为$2100m^3/h$，氢冷器回水调整门为美国引进的35-35112型气动偏心调节阀。

## 二、事件经过

2005年10月1日09时41分，3号机组运行中突然发“定子接地”保护信号，发电机跳闸，汽轮机联跳，锅炉MFT。

就地检查发现发电机氢气冷却器（励磁侧右端）冷却水管连接法兰发生泄漏，水漏到发电机引出线箱内，导致定子接地保护动作，机组解列。发生泄漏时冷却水管路存在严重振动现象，检查氢气冷却器（励磁侧右端）冷却水管连接法兰，发现螺栓多处松动，其中有两条螺栓螺帽脱落，造成管路法兰松动漏水。

## 三、原因分析

（1）故障前，氢气冷却器冷却水调节门在开、关过程中发生摆动，并伴随冷却水回水管道振动。检查发现氢冷器冷却水回水调节门装反（与实际阀体所标识的流向不一致），在空负荷状态下对此阀门（实际反装使用情况下）进行试验，发现开度小于10%时阀门大幅度波动，系统管道严重振动。对阀门按阀体标识正确安装后进行试验，一切正常。

该阀门是从美国引进的35-35112型气动偏心调节阀，由执行机构和偏心旋转阀两部分构成。执行机构为弹簧复位滚动膜片气关式，偏心调节阀阀芯为近半球形，球面中心线与阀轴旋转中心之间设计了一个偏心距，其中阀门在关闭状态下见图7-5，阀门在开启状态下见图7-6。

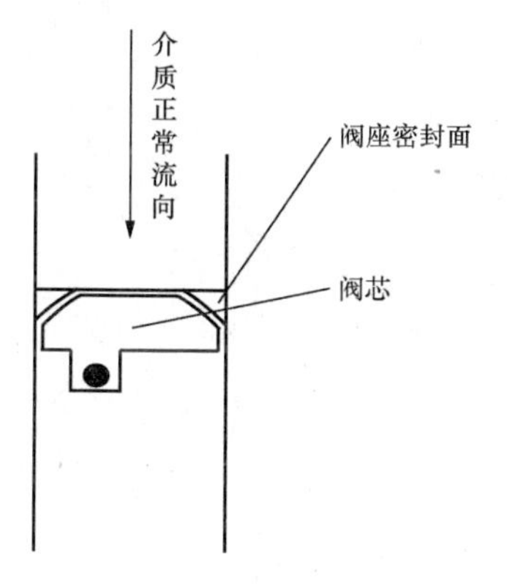


图7-5 阀门关闭状态

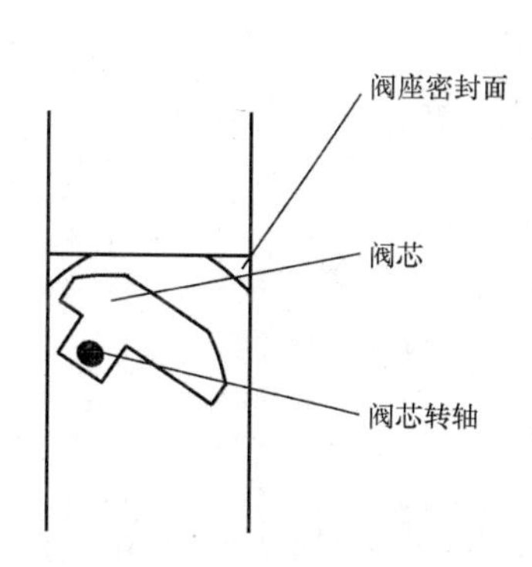


图7-6 阀门开启状态

阀芯在工作状态下基本受3个力矩作用（除去转轴摩擦力）：一是气缸的闭合力矩 $F$；二是弹簧的开启力矩 $K$；三是由于偏心产生的水流冲击力矩和在阀芯前后所产生的压差力矩 $Q$。在正常安装状态下，$Q$ 将给阀芯一个开启的力量，如果阀芯保持静止，此时，3力平衡，所形成的关系可用如下公式表示为

$$F = K + Q$$

此时 $F$ 刚好反映调整的对应开度与压缩空气的压力关系。如果阀门装反，则 $Q$ 将变为一个反向的力，在阀芯静止时的受力情况则变为

$$F + Q = K$$

在这种状态下尤其是阀门开度极小时，阀芯前后压差增大，也即 $Q$ 增大，阀芯的受力情况随阀门的开度变化而大幅度变化，对阀门的调整稳定性造成很大影响，导致造成阀门过开、过关并频繁摆动。

阀门为温度控制调节，机组在投产初期，循环水入口温度在24℃以上，发电机氢气冷却器水量大，阀门开度较大，不会对稳定性产生影响，10月1日09时00分，由于环境温度下降，循环水入口温度只有15.9℃，冷却水需求量减少，阀门开度只需8%左右，此时阀门调节失稳，频繁开关，管路内介质压力波动大且频率高，导致管路剧烈振动，使发电机氢气冷却器励磁端A列出、入口法兰振松泄漏，水漏入母线内，定子接地保护动作，发电机跳闸。

（2）发电机各连接法兰强度不足，没有防护设施。

（3）氢冷却器水管路连接法兰位置在设计上存在一定缺陷，连接位置在发电机封闭母线上方，存在潜在的安全隐患。

## 四、整改措施

（1）按标识方向正确安装氢气冷却器回水调节门，更换法兰垫片，更换损坏的螺栓。

（2）对氢气冷却器供水管路法兰螺栓紧力、法兰变形情况重点检查，发现问题及时处理。

（3）对所有阀门的安装方向进行检查，确保其安装方向正确。

（4）对发电机附近氢、油、水系统法兰加装防护罩。

（5）发电机中性点及引出线密封处加玻璃胶，防止进水。

（6）在设备安装及验收过程中一定要把好质量关，要善于发现一些施工过程中的隐性缺陷。

# 第八章 低真空保护动作停机异常事件

## 案例82 空冷岛防爆膜爆破导致低真空保护动作停机异常事件

### 一、设备简介

某电厂6号机组为600MW亚临界直接空冷汽轮发电机组，于2005年11月投产，空冷岛防爆膜设计向外爆破动作压力+40kPa（±10%），全负压（−145kPa）设计。

空冷防爆膜由三层构成，拱形结构，最内层为2mm厚不锈钢板，中间有两层0.25mm和0.10mm聚四氟乙烯密封垫片，最外层为0.50mm不锈钢板，两层不锈钢板边缘（法兰）整圈点焊，结构上为防止防爆膜向内爆破，由14mm宽挡圈限制，见图8-1。

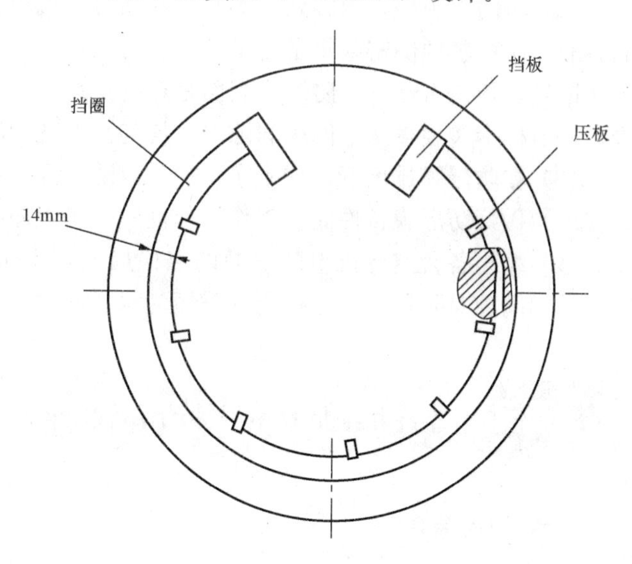

图8-1 空冷防爆膜示意图

### 二、事件经过

2009年10月26日08时56分，机组负荷515MW，协调方式，AGC投入，真空−82kPa，A、B、C、D、E磨煤机运行。

同日08时57分，监盘人员发现负荷、真空下降，解除燃料主控，停运D、E磨煤机，降负荷至400MW。同时运行人员在集控室听到厂房外有异常声响，立即派人查看，发现该机组排汽管路区域有大量汽体冒出，但无法判断故障点，立即安排人员到排汽管路区域查看。

同日08时58分，机组真空急剧下降，机组跳闸，首出“真空低”（低真空跳闸值−24.4kPa）。就地检查发现汽轮机排汽管至空冷岛管路B侧第一个防爆膜、A侧两个防爆膜破裂。

同日14时30分，更换汽轮机排汽至空冷岛管路所有防爆膜后，机组启动，18时28分机组并网。

## 三、原因分析

（1）机组停运的直接原因是B侧排汽管道上空冷防爆膜向内爆破（非正常动作），导致机组真空下降。该机组B侧空冷岛进汽母管靠北侧防爆膜因受抽吸力向内变形，变形至一定程度后，防爆隔离膜逐渐断裂，巨大的抽吸力导致大量空气进入排汽管内，造成机组真空下降。

（2）大量空气进入排汽管内，空冷凝汽器冷却出力大幅度下降，汽轮机排汽不能及时凝结，机组真空急剧下降，造成A侧空冷岛进汽母管两个防爆膜向外推出。

（3）从防爆膜结构上分析为原设计的防爆膜挡圈太窄（14mm），且压板搭接太少（最少处仅1mm），强度上存在不足现象。

## 四、整改措施

（1）针对原设计的防爆膜挡圈太窄，且压板搭接太少的情况，测试强度后，加固挡圈。

（2）将防爆膜检查内容列入小修定检项目，机组小修时检查防爆膜是否完好，主要检查内容有：防爆膜两侧密封垫是否平整，有无缺口和弹性；防爆膜原始切痕是否贯通；防爆膜内侧固定卡片是否开焊；防爆膜表面是否有变形、局部凹坑、破损等现象；法兰紧固是否牢固；用游标卡尺检查法兰四周间隙是否均匀。发现问题及时处理。

（3）在防爆膜排出管口加十字防护，以防止人身伤害。

（4）做好防爆膜备件储备工作，保证一台机组储备4个以上防爆膜备件。

（5）缩短各台空冷机组防爆膜的点检周期，将防爆膜法兰是否泄漏，法兰紧固是否牢固，法兰间隙是否均匀的点检周期缩短为每月两次。

# 案例83 空冷机组低真空保护动作停机异常事件

## 一、设备简介

某电厂6号汽轮机为东方汽轮机厂生产的CZK220/160-12.7/0.294/535/535型、超高压、一次中间再热、三缸两排汽、直接空冷供热式汽轮机。汽轮机排汽由直接空冷系统冷却，采用德国GEA公司技术，24组空冷凝汽器布置在31.4m散热平台上，分为6个冷却单元垂直A列布置，每个单元有4组空冷凝汽器，其中3组为顺流、1组为逆流，逆流空冷凝汽器放在单元中部，24台空冷风机为变频控制，布置在每组空冷凝汽器下部。

## 二、事件经过

2009年7月5日，机组负荷190MW，主蒸汽压力13.0MPa，主蒸汽温度538℃，锅炉5台磨煤机运行正常，1号真空泵和2号真空泵运行正常，低真空保护正常投入运行，机组在协调方式下运行。

同日16时40分，由于风向变化，6号机组真空值由－59kPa开始缓慢下降，17时15分降到－47kPa并开始突降，运行人员在机组协调方式下将负荷指令由190MW降到

185MW。17时20分机组真空快速下降至－43kPa，运行人员将燃料自动切为手动控制，降各台磨煤机的风量和给煤量。17时22分机组负荷降至180MW时，低真空保护动作（保护信号为三取二），机组跳闸。

## 三、原因分析

（1）空冷机组真空值受环境（风速、风向、气温）变化影响大，这是导致此次机组非停的诱因。

（2）运行人员监盘不认真，对参数变化的分析判断、处理不及时，这是此次事件发生的主要原因。7月5日16时40分6号机组真空已开始逐步下降，17时15分已降至－47kPa，但运行人员未采取任何调整措施控制真空，直至真空发生突降时才开始采取降负荷措施，延误了故障处理时间。

## 四、整改措施

（1）运行人员应监视天气、风向、风速的变化情况，发现不利风向时及时调整机组参数。完善真空变化的处理预案，并进行相关培训演练。

（2）完善低真空报警回路，增加低真空第二报警值。

（3）机组正常运行时，保证一台真空泵备用正常，确保机组真空降低时自动投入运行。

# 案例84 循环水泵出口蝶阀检修措施不到位导致真空低停机异常事件

## 一、设备简介

某电厂1号汽轮机为哈尔滨汽轮机厂生产、一次中间再热、单轴、双缸双排汽、供热凝汽式汽轮机，额定功率（ECR）300MW，末级叶片长度为900mm，通流级数为36级。循环水系统设计为两台循环水泵，循环水泵出口采用液控蝶阀。

## 二、事件经过

5月12日10时00分，1号机组运行人员检查发现1B循环水泵出口蝶阀就地控制柜“油泵电机故障”信号灯亮，通知检修。15时37分许可电气第二种工作票“1号机组循环水泵1B蝶阀电机报故障检查”，工作负责人王××、成员张××，计划工作时间为5月12日15时至5月13日22时，经王××、张××鉴定，电机绝缘、直阻及轴承状态良好，确定故障不是由于电机本身原因导致。联系热控专业进行现场分析后，热控专业戴××、刘××称热控专业所属设备也不存在问题。并将此情况向设备部电气点检裴××进行汇报。

5月13日13时30分，项目部电气专业张××向设备部电气点检郑××请示此工作如何处理。郑××请示电气点检长王××后决定终结工作票，发电部拒绝终结工作票。14时10分，点检员郑××组织项目部电气专业张××、赵××和热控专业戴××、刘××继续处理1号机B循环泵液控蝶阀电机报故障的缺陷。点检员郑××联系运行人员一起到现场检查。项目部人员赵××检查发现该电机就地控制箱内PLC发信号，导致相关继电器动作后报故障。赵××提出将PLC电源断电，使PLC复位，再观察故障继电器是否继续报故障处理意见，点检员郑××提出疑义：认为断电是否合适？是否会造成阀门动作？项目部两名人员当即均表示不会有问题，郑××未再坚持。当时在场的两名热工人员戴××、刘××未表态。14时25分，项目部赵××将PLC电源拉断。随即发现1B循环水泵运转声音异常，盘柜的“蝶阀全关”灯亮，郑××便将转换手闸由“DCS联控”位置切换到“就地控制”位，大家一起就地手动打开1B循环泵出口蝶阀。

5月13日14时25分18秒，CRT报警画面发“2号循环水泵出口液控蝶阀UPS失效报警”。14时25分19秒，报警画面显示“2号循环水泵出口液控蝶阀控制电源报警”。14时25分25秒，检查1B循环水泵跳闸，出口蝶阀CRT状态显示“蓝色”，循环水母管压力到零，运行人员准备强制启动1B循环水泵，没有启动允许，强制启动不成功，凝汽器真空由－93.9kPa迅速下降，运行人员迅速降低机组负荷。14时26分38秒，凝汽器真空值降至－81.913kPa，“汽轮机DEH综合跳闸”报警。汽轮机跳闸，锅炉灭火，跳闸首出为“真空低保护跳闸”。14时30分启动1B循环水泵，母管压力恢复至0.16MPa。15时20分，机组重新并网。

## 三、原因分析

（1）现场消缺工作管理不到位，擅自对就地控制箱内PLC断电，致使1B循环水泵出口液控蝶阀关闭，1B循环水泵跳闸，并就地开启1B循环水泵出口液控蝶阀，循环水母管压力降为零，这是造成机组低真空保护动作的直接原因。

（2）工作负责人未能切实履行工作负责人的现场安全职责，工作负责人王××在休班的情况下，未变更工作负责人（下午项目部也未安排此项工作，接到通知后临时通知赵××参加工作。）。

（3）工作票使用不规范，危险点及预控措施分析不透彻，对处理缺陷过程中可能出现的危险情况没有分析，也未做好预防措施。

（4）现场检修人员对系统不熟，且未带相关图纸，凭经验检修，工作随意性大，容易发生事故。

（5）检修人员工作不严谨，不按程序办事，在运行设备上增加措施，未与运行人员进行联系和协商，属于擅自扩大工作范围。工作票的工作条件为不停电，而检修人员随意变更为断开PLC电源。

## 四、整改措施

（1）检查控制回路时一定要做好安全措施，对工作中的危险点进行分析，做好控制措施，并制定事故预想和应急处置方案，做好相关措施后方可进行工作。

（2）规范工作票使用管理，完善安全措施，能隔离的系统要隔离处理，能停运消除的要停运后消缺，不能为了追求工作效率，而威胁设备及人员的安全。认真履行工作负责人变更、签字等相关手续。

（3）在系统不清、没有图纸资料支持的情况下杜绝盲目工作，重要检修工作时准备好图纸及资料，增强工作人员的责任心，提高现场作业人员的技术水平。

（4）组织学习各项安全管理制度，提高工作人员的安全意识。

（5）在消缺工作中加强与运行人员的联系，防止重要设备跳闸。

（6）重要工作点检员必须到场，对现场检修质量及人身设备安全把关，及时制止影响设备安全运行的行为。

（7）加强设备管理，落实责任人，确保重要设备的可靠性。

## 案例85 水淹泵坑导致低真空保护动作停机异常事件

### 一、设备简介

某电厂2号汽轮机为哈尔滨汽轮机有限责任公司制造的CN250/300-16.7/538/538/0.4型、亚临界、一次中间再热、单轴、双缸双排汽、供热凝汽式汽轮机。1、2号机组各配有两台长沙水泵厂生产的64LKXA-21.6型立式湿坑式斜流循环泵，循环泵出口采用液压控制蝶阀。

### 二、事件经过

2010年6月15日，1号机组停机备用，1B循环泵运行；2号机组负荷200MW，A、B、C、D制粉系统运行，2B循环泵运行，2A循环泵备用，其他设备运行正常。22时30分，运行甲值检查循环水泵房时，发现1B循环水泵出口管道与前池穿墙管部位存在渗水现象。

6月16日00时26分，运行丙值在接班前检查中，发现1号机组DCS画面“循环水泵系统”中1A循环水泵发“1A循环水泵出口液控蝶阀关至75°状态”报警；1B循环水泵发“1B循环水泵出口液控蝶阀UPS失效”报警，并将此异常报告本值机组长。立即联系当值（运行甲值）机组长赶快派人就地检查，并汇报甲值值长。00时29分，检查汇报循环水泵出口门地坑内积水已淹没液控蝶阀油泵电机，检查排水坑内两台排水泵就地控制箱“运行”指示灯亮。00时30分，甲值机组长通知维护项目部值班人员，循环水泵出口门地坑进水，需立即加装潜水泵；00时35分，通知设备部汽轮机点检员；00时42分，通知热控值班人员。00时45分，设备部与项目部人员赶到现场，组织加装临时潜水泵。00时57分，热控值班人员到达现场，检查“1A循环水泵出口液控蝶阀关至75°状态”报警原因。01时01分，甲值集控人员交班后到循环水泵房协助维护人员安装潜水泵，01时08分，丙值值长询问热控人员，“1B循环水泵出口门关闭掉泵”连锁是否已经解除，热控回答说未解除，丙值值长立即下令将“1B循环水泵出口门关闭掉泵”连锁解除。热控人员在解除该连锁过程中，01时14分，1号机组“1B循环水泵出口液控蝶阀全关状态”报警，1B循环水泵跳闸（原因为：出口液控蝶阀全关触点进水短路，连锁跳1B循环水泵），1A循环水泵故障没有连锁启动（原因为：出口液控蝶阀关至75°，不具备连锁启动条件），抢合1B循环水泵没有成功（原因为：出口液控蝶阀全关触点短路，没有开至15°反馈信号，不具备启动条件）。

6月16日01时22分，2号机组“2B循环水泵出口液控蝶阀全关状态”报警，2B循环水泵跳闸（原因为：出口液控蝶阀全关触点进水短路，连锁跳2B循环水泵），丙值值长立即通知热控人员强制2B循环水泵“启允许”条件，同时2A循环水泵连锁启动，但出口门未能打开（原因为：出口液控蝶阀全关触点进水短路故障），延时30s 2A循环水泵跳闸。运行人员在 CRT 画面关 2B 循环水泵出口门，未能关闭（原因为：出口液控蝶阀开、关反馈信号同时存在时，CRT 上无法操作）。在联系热控人员强制 2B 循环水泵“启允许”条件的同时，机组真空由－91.3kPa 急剧下降，运行人员迅速将 2 号机组协调切除，急停 2D、2C、2B 磨煤机，启动电泵，停止汽泵，降负荷至 12MW。01 时 31 分，2 号机组真空低至－80.7kPa，保护动作，机组解列。01 时 33 分，热控人员将 2B 循环水泵“启允许”条件强制，同时将“2B 循环水泵出口门关闭掉泵”连锁解除后，启动 2B 循环水泵成功，循环水系统恢复，真空逐渐恢复至－91.3kPa。01 时 42 分锅炉点火，07 时 26 分，2 号机组并网。

## 三、原因分析

（1）直接原因：由于电建未严格按照设计图纸施工，在侧墙预埋钢板环和出水管之间（蝶阀侧）没有焊接安装环形板和支承板（环形板设计尺寸 $\phi$2320×1640mm，壁厚 12mm；支承板 300mm×300mm，壁厚 20mm）。导致循环水泵出口管与穿墙填涵存在膨胀间隙，局部填塞油麻橡胶脱落漏水（事后检查发现内部填充物有砖头等杂物，施工质量差）。

（2）间接原因：

1）在循环水泵出口门地坑液位高时，CRT 画面上没有报警显示。

2）液控蝶阀装置设计在泵坑底部，电气部件和热工电触点都易潮湿、腐蚀，以致爬电故障。

3）发电部对循环水泵房填涵部位的巡回检查重视不够。运行人员巡回检查虽然到现场，但对填涵部位渗水情况未引起重视。

4）运行值班人员对循环水泵的逻辑、连锁关系掌握不清，处理不果断，未能及时解除连锁，延误了处理时间。

5）当值值长对循环水泵出口液控蝶阀地坑进水造成的后果认识不足，没有在第一时间汇报发电部及公司带班领导。

## 四、整改措施

（1）请具备专业防水堵漏资质的公司对 1B 循环水泵前池侧穿墙套管处进行封堵处理；1A、2A、2B 三台循环水泵填涵由原承建单位按照设计院的施工图，在液控蝶阀间侧池壁用螺丝杆将出水管和侧壁预埋钢板环固定，焊接加固处理。

（2）利用最近一次机组小修或停备机会将填涵掏出，按施工图纸重新施工处理。

（3）CRT 画面增加循环水泵房排水坑水位高报警信号，循环水泵液控蝶阀限位开关更换为防水型。同时在 CRT 画面增加 1、2 号机组凝结水泵坑水位高报警信号。

（4）在液控蝶阀地坑内增加一套固定潜水泵（出力 3×100t/h 和 1×60t/h）及管道系统。

（5）将循环水泵液控蝶阀控制油站从泵坑底部上移到 1.0m 层。

（6）防汛抢险泵接好管、线，放置到可能发生水淹的场所：1、2 号机组凝泵坑各一台，综合水泵房一台，输煤翻车机间六台。

（7）利用最近一次机组小修或停备机会，循环水泵液控蝶阀增加一路本机保安 PC 段电源，防止因 380V PC 段电源失去 UPS 不能正常投运的情况下，液控蝶阀失电关闭造成循环水泵跳闸。

（8）完善工业电视系统，增加录像功能，循环水泵房液控蝶阀地坑增加一台监视摄像头，保存历史记录一个月，并制定《工业电视管理制度》。

（9）严格执行《运行巡回检查管理标准》，对循环水泵房、凝结器排污坑、雨水泵房、脱硫循环水泵房、供氢站、锅炉补给水处理站、循环水加药间等重点部位要进行认真检查。

（10）根据现场实际重新组织修订《××公司水淹泵（厂）房现场处置方案》，并以正式文件下发。组织运行人员进行水淹循环水泵房出口液控蝶阀演习，提高运行人员异常处理能力。

（11）发电部在全年培训计划的基础上，组织本部门专业主管、运行人员重点对热控逻辑进行培训。

（12）组织学习并严格执行《运行生产指挥信息传递管理标准》、《运行交接班管理标准》。

# 第九章 给水系统故障停机异常事件

## 案例86 给水泵出口止回门卡涩导致停机异常事件

### 一、设备简介

某电厂600MW超临界燃煤发电机组，配置哈尔滨锅炉厂与三井巴布科克公司合作设计、制造的HG-1900/25.4-YM4型超临界变压运行直流锅炉。给水系统配置两台50%BMCR容量的汽动给水泵和一台30%BMCR容量的调速电动给水泵。电动给水泵作为机组启动和一台汽动给水泵事故或检修时使用。电动给水泵为CHTD5/7卧式多级筒体式离心泵。

### 二、事件经过

某日机组启动过程中，升负荷至140MW，协调方式为汽轮机跟随方式，A汽动给水泵与电动给水泵并列运行，均为手动控制，机组运行稳定。

机组准备继续升负荷，运行人员逐渐增加A汽动给水泵出力，同时降低电动给水泵勺管准备退出电动给水泵。同日19时00分，A汽动给水泵给水流量逐渐提升至约700t/h，电动给水泵流量降至约180t/h，电动给水泵再循环全开，电动给水泵出口电动门保持全开。

同日19时00分48秒，电动给水泵勺管由37%减至35%时，入口流量突然由180t/h降至100t/h，几秒后降至0t/h，随后电动给水泵转速由2993r/min陡降至1158r/min后又上升至2636r/min，电动给水泵电机电流由225A上升至300A。此时A汽动给水泵给水流量约700t/h并未变化，但锅炉省煤器入口给水流量却突降约200t/h。运行人员发现给水流量下降后立即提升A汽动给水泵转速以增加流量，A汽动给水泵入口流量增至约900t/h，但省煤器入口流量并未增加。

同日19时02分35秒，除氧器水箱水位高报警，事故放水阀联开。

同日19时03分10秒，增加A汽动给水泵流量过程中，省煤器入口流量连续下降，立即增加电动给水泵勺管至58%，但电动给水泵转速却出现同步下降，锅炉省煤器入口流量未见增加。

同日19时03分24秒，储水箱水位低导致炉水循环泵跳闸，锅炉省煤器入口流量降至0t/h。

同日19时03分58秒，省煤器入口流量低MFT保护动作，联跳汽轮机，发电机解列。锅炉MFT保护动作后，A汽动给水泵连锁跳闸，此时电动给水泵入口流量瞬间由0t/h飞升至超过800t/h，电机电流660A。

同日19时04分12秒，发现电动给水泵耦合器冒烟，就地捅事故按钮停电动给水泵。

电动给水泵停运后就地检查发现主泵倒转，转速 1300r/min，远方关电动给水泵出口电动门，电动给水泵停转，电泵耦合器工作油温最高值达 225℃，耦合器 7 号瓦温度最高值达 146℃。

## 三、原因分析

（1）电动给水泵与汽动给水泵倒换过程中，电动给水泵出口止回门未正常关闭，这是造成锅炉省煤器入口流量低，引起锅炉 MFT 保护动作，机组停运的直接原因。

通过对事故过程中给水流量和除氧器水位的变化，以及电动给水泵出现反转情况的分析，判断为降低电动给水泵勺管后，其出口止回门不严，引起压力较高的汽动给水泵出口给水通过给水母管倒灌入电动给水泵，经电动给水泵再循环管及电动给水泵体回至除氧器，导致给水压力降低。由于此时汽轮机定压运行，因而锅炉过热器压力未降低，省煤器入口给水管道止回门由于前后出现压差而关闭，造成给水中断。

（2）事后试开启电动给水泵出口门，发现电动给水泵倒转，解体出口止回门，发现止回门门体及阀座上有明显划痕，由此确认事故时电动给水泵出口止回门由于水中杂物引起卡涩，造成未能关闭。

（3）电动给水泵驱动是通过液力耦合，主泵发生倒转而此时电动给水泵电机正常方向转动，造成液力耦合器内的泵轮与涡轮以相反的方向转动，巨大的转速差引起工作油剧烈摩擦发热，致使工作油温迅速升高，事故处理时加大勺管更加剧了这个作用。由于 B7 轴承位置靠近耦合器泵轮端，工作油温升高造成耦合器易熔塞熔化（易熔塞熔化油温原设计为 160℃），高温工作油喷至 B7 轴承体上，造成轴承温度升高。

（4）电动给水泵发生倒转时，倒转信号未发出，造成运行人员不能及时判断事故原因，延误了事故的处理。

## 四、整改措施

（1）尽快处理好电动给水泵反转信号，保证异常时信号能正确动作。

（2）完善电动给水泵保护逻辑：增加电动给水泵保护跳闸及外部跳闸时连锁关闭电动给水泵出口电动门逻辑；增加电动给水泵耦合器工作油温大于 130℃时联跳电动给水泵保护（因原来该温度测点只有一个，在试运期间此保护未投入），以提高保护的可靠性。

（3）进行电动给水泵退出运行操作时，降低电动给水泵勺管的操作一定要缓慢，同时增加汽动给水泵流量，使给水流量保持稳定，严密监视电动给水泵各运行参数。当电动给水泵出口压力低于汽动给水泵出口压力后，若出现电动给水泵入口流量快速下降，且小于当时压力下出口门关闭对应的再循环流量时，应立即停止降勺管，观察给水流量变化情况。若给水流量同时出现小幅下降时，先关闭电动给水泵出口电动门，再停电动给水泵。

（4）若出现降低电动给水泵勺管后，电动给水泵入口流量突降至 0t/h、给水流量降至 0t/h 或大幅下降时，应立即关闭电动给水泵出口电动门，增加汽动给水泵流量，降低机组负荷，维持机组运行。

（5）结合电动给水泵流量、电流及耦合器工作油温变化情况，判断为电动给水泵出口止回门故障造成电动给水泵倒转后，应立即关闭电动给水泵出口门并停止电动给水泵运行。严禁采用增大勺管开度，试图恢复电动给水泵流量的处理方法，避免由于油温过高造成耦合器烧毁事故，同时防止机组跳闸时联跳汽动给水泵，电动给水泵再次打水而出现过负荷，进入非工作区运行造成设备的进一步损坏。

## 案例87 省煤器入口流量低保护动作停机异常事件

### 一、设备简介

某电厂汽轮机为哈尔滨汽轮机厂制造的CLN600-24.2/566/566-Ⅰ型、超临界、一次中间再热、单轴、三缸四排汽、反动凝汽式汽轮机。采用数字电液调节（DEH）系统，设有两台出力为50%BMCR流量汽动给水泵和一台30%BMCR流量电动给水泵。

### 二、事件经过

2008年7月10日06时04分55秒，机组负荷400MW，A、C、E、F制粉系统运行，A汽动给水泵、B汽动给水泵投自动运行，电动给水泵备用，总给煤量157t/h，给水流量指令1059t/h，实际给水流量1069t/h，主蒸汽压力设定值17.1MPa，实际压力17.27MPa，主蒸汽流量1077t/h。

同日06时33分30秒，机组负荷350MW，AGC指令300MW，06时36分01秒，实际负荷330MW，锅炉总煤量指令由151t/h降至133t/h，给水指令由945t/h降至792t/h，实际给水量由968t/h降至最低704t/h（当时给水指令806t/h）后回调。

同日06时37分39秒，负荷指令313MW，实际负荷320MW，AGC指令突然升至350MW，给煤量指令由119t/h升至153.7t/h，实际煤量由109t/h升至129.9t/h，给水量指令由750t/h升至910t/h，实际给水流量由805t/h升至872t/h。

同日06时39分55秒，AGC指令又降至300MW，实际给水量过调至1039t/h，B汽动给水泵流量由最低385t/h升至623t/h，A汽动给水泵流量由最低368t/h升至571t/h，B汽动给水泵调节速度快于A汽动给水泵，在此过程中，出现汽动给水泵“遥控允许”切除现象（汽动给水泵转速指令与实际转速偏差大）。

同日06时43分15秒降负荷过程中，给煤量指令降至最低121.6t/h，实际煤量降至最低106t/h，给水量指令降至720.6t/h，实际给水量降至622t/h，A汽动给水泵流量390t/h，B汽动给水泵流量低至300t/h后再循环调整门自动强开，省煤器入口流量瞬间低至305t/h，DCS“省煤器入口流量低”报警，运行人员立即手关汽动给水泵B再循环调整门。

同日06时43分43秒机组跳闸，锅炉MFT首出“省煤器入口流量低（＜486t/h）”保护动作。11时13分机组重新并网。

### 三、原因分析

（1）在机组降负荷过程中，A汽动给水泵调节滞后，B汽动给水泵调节灵敏且超调，两台汽动给水泵转速指令与实际转速偏差大，造成B汽动给水泵再循环门打开，给水流量不足，省煤器入口流量低保护使锅炉灭火，这是本次机组跳闸的主要原因。

（2）变负荷过程中，给水流量调节发散，运行人员没有及时发现并采取措施，这是机组跳闸的另一原因。

## 四、整改措施

（1）对汽动给水泵调门特性进行试验，对调节系统参数进行修改消除迟滞，提高调节精度和准确性。

（2）优化给水泵再循环调整门动作定值及开启程序，确保流量调节稳定，防止再循环门快开造成给水供应不足。

（3）增加给水流量指令与实际给水流量偏差大于80t/h的报警，提醒运行人员注意并及时调整。

（4）加强运行人员的培训，提高运行人员分析、处理异常事件的能力。

（5）分析低负荷运行流量调节不稳定的风险，制定运行防范措施。

# 案例88 汽动给水泵跳闸给水流量低保护动作停机异常事件

## 一、设备简介

某电厂汽轮机为哈尔滨汽轮机厂制造的CLN6000-24.2/566/566-Ⅰ型、超临界、一次中间再热、单轴、三缸四排汽、反动凝汽式汽轮机。机组配置2×50%B-MCR的汽动给水泵，给水泵汽轮机为单缸、轴流、反动式。

## 二、事件经过

2008年3月10日08时30分，机组负荷574MW，两台汽动给水泵运行，A汽动给水泵流量972t/h，综合阀位78%，B汽动给水泵流量876t/h，综合阀位80%，A给水泵汽轮机轴位移0.23/0.22mm，B给水泵汽轮机轴位移0.22/0.22mm，A、B给水泵汽轮机轴位移保护投入；电动给水泵投备用，电动给水泵液力耦合器勺管自动跟踪状态开度70%，再循环调整门100%且为手动方式。08时37分，监盘发现A给水泵汽轮机轴位移较正常值增大，立即降负荷，负荷指令由574MW降至567MW。此时A给水泵汽轮机轴位移测点1显示由0.23mm升至0.26mm，A给水泵汽轮机轴位移测点2显示由0.22mm升至0.25mm，08时38分，A给水泵汽轮机轴位移大保护动作，A汽动给水泵跳闸，机组RB动作，电动给水泵联启。运行人员在POC2操作站立即翻看除氧给水画面，检查电动给水泵联启正常，电动给水泵转速调节控制器（勺管）开度70%，电动给水泵再循环调节门在手动位开度100%。为了增加电动给水泵流量，确保RB动作成功，输入关电动给水泵再循环调节门指令时误输入关电动给水泵勺管指令，后发现电动给水泵转速调节控制器（勺管）一直在回关动作，立即开大电动给水泵转速调节控制器（勺管）以加大给水量，但由于B汽动给水泵投自动。08时39分，B给水泵汽轮机流量达1106t/h，轴位移大保护动作跳闸，跳闸后B给水泵汽轮机轴位移最大0.37mm。08时40分，省煤器入口流量低保护动作，锅炉MFT，机组跳闸。

## 三、原因分析

（1）运行人员技术水平及处理异常情况的经验不足，异常发生后，操作忙乱，这是导致此次事件的主要原因。

（2）给水泵汽轮机轴位移指示数值较以前偏差较大，各级专业人员没有及时进行核准，只对保护定值提出质疑，没有为运行人员提供所需要的技术支持。

（3）汽动给水泵小修过程中，没有严格按照检修不符合项的管理规定执行，给水泵汽轮机轴系推、拉间隙变化后，没有告知相关人员，没有履行保护定值变更手续，造成给水泵汽轮机保护定值更改不及时，专业管理存在漏洞。

## 四、整改措施

（1）运行人员必须严格执行运行规程，按照规程规定操作，杜绝误操作事件的发生。

（2）加强检修管理，规范过程控制，确保检修质量，涉及保护定值的变更时必须履行必要的手续。加强专业学习，清楚保护订值的制订依据及保护动作过程。

（3）加强专业人员之间、专业人员与厂家之间的沟通，检修后的设备如果结构或参数发生了变化，相关专业人员必须履行联合会签的手续和领导审批手续。

（4）经过与制造厂沟通，轴位移保护定值进行了修改，重新整定零位，避免因给水泵汽轮机轴系推、拉间隙的变化影响保护定值的频繁修订。

# 第十章 运行操作不当停机异常事件

## 案例89 误按 AST 停机按钮导致停机异常事件

### 一、设备简介

某电厂汽轮机为 N200-130/535/535 型、超高压、中间再热冷凝式汽轮机。

### 二、事件经过

2007 年 2 月 11 日 11 时 49 分，乙给水泵消缺后启动。当时由司机备员负责监盘，副司机负责现场检查。12 时 05 分，乙给水泵 900r/min 暖机结束后继续升速，12 时 07 分当转速升至 1508r/min 时，乙给水泵汽轮机 1 号轴振 $X$ 向 0.075mm 报警，12 时 08 分转速 1734r/min 时，乙给水泵汽轮机 1 号轴振 $X$ 向达 0.125mm 打闸值，司机备员在紧急停止乙给水泵时误按主机 AST 停机按钮，造成机组掉闸。

### 三、原因分析

(1) 运行人员误按主机 AST 停机按钮，这是造成此次停机事件的主要原因。在汽动给水泵启动过程中，没有进行危险点分析和事故预想，发现振动异常，没有做好汽动给水泵打闸的思想准备，这是发生此次误操作的一个原因。

(2) DCS 改造培训中，强调操作前必须确认操作对象，然而此次操作却仍出现没有看清按钮名称的错误，不认真核对，这是造成误操作事故发生的根源。

(3) 此次启动汽动给水泵盘上只有备员一人操作，没有人监护，班长对汽动给水泵启动过程失去控制和监护，这是造成此次误操作的一个原因。

(4) 班长没有履行岗位职责。重大操作前没有起到协调管理的作用，操作过程中班长就在盘前，却没有起到监督、把关、提示作用。

(5) 专业监督不到位。专业人员虽然跟班监督，但关键时刻没有起到把关作用。

### 四、整改措施

(1) 加强运行人员培训，提高运行人员处理异常的能力。

(2) 重要操作时，各级人员到位，思想到位，真正起到监督、把关作用。

(3) 广泛深入地开展反违章活动，并将反违章工作落到实处，提高安全运行水平。

# 案例90 操作不当导致润滑油压低保护动作停机异常事件

## 一、设备简介

某电厂1号汽轮机为哈尔滨汽轮机厂生产的N200-130/535/535型、超高压、一次中间再热、三缸两排汽凝汽式汽轮机，1995年投产发电。

## 二、事件经过

2008年11月3日，机组带负荷158MW。12时30分，按规定做汽轮机直流润滑油泵启动试验。12时32分，监盘主值解除了交、直流润滑油泵连锁，启动直流润滑油泵运行，汽轮机润滑油压由0.110MPa上升到0.143MPa，直流润滑油泵电流27.18A，副值就地报告直流润滑油泵启动后电机冒火花，即联系电气人员检查，电气检查后告知该电机可以运行，稍后副值按试验要求关闭直流润滑油泵出口门。

同日12时37分，得知直流润滑油泵出口门已关闭，监盘主值即停止直流润滑泵运行，并联系副值准备缓慢开启出口门，汽轮机润滑油压出现瞬间下降，30s后润滑油压降至0.11MPa，31s降至0.0834MPa，立盘和软光字牌发“润滑油压低Ⅰ值”信号，接着润滑油压低Ⅱ值保护动作，主蒸汽门关闭，发“主蒸汽门关闭”信号，发电机程跳逆功率保护动作，发电机出口断路器跳闸，锅炉MFT保护动作，锅炉灭火。

同日12时38分，汽轮机润滑油压上升至0.118MPa恢复正常。汽轮机转速降至2884r/min，调速油压为1.88MPa，调速油泵联动。对机组检查，ETS、DEH动作指示均为“润滑油压低”保护动作，其他设备没有异常，各参数正常，润滑油压已恢复正常，即进行汽轮机挂闸，锅炉点火，发电机于12时55分与系统并网，逐步恢复机组正常运行。

## 三、原因分析

（1）运行人员进行直流油泵启动试验时，未检查润滑油压是否已恢复到启泵前数值，未确认直流油泵出口门已关闭严密情况下（其实未关闭到位，从直流油泵电流曲线可以看到电流没有下降到空负荷值），就停直流润滑油泵，由于出口止回门没有及时回位，造成油返流回油箱引起润滑油压瞬间下降。

11月3日18时25分重新做试验，关闭直流油泵出口手动门，从电流曲线可以看到直流油泵电流缓慢下降至空负荷电流不变，压力曲线先缓慢下降再稳定在正常值。确证直流润滑油泵出口手动门能正常关闭。

（2）在进行试验前错误地解除交、直流润滑油泵连锁，造成润滑油压下降至低Ⅰ值时，没有联动交流润滑油泵，从而导致保护动作。

## 四、整改措施

（1）为防止进行汽轮机直流润滑油泵启动试验时再次出现因为出口手动门和止回门关闭不严，造成润滑油压突降引起跳机，试验时不开直流润滑油泵出口手动门，只进行直流润滑油泵空负荷启动试验。

（2）严格按规程操作，禁止擅自退出设备保护、连锁，确需退出，必须履行有关手续。

（3）在涉及油系统操作时，监盘人员和现场操作人员提高责任心，做到精心监盘和操作；在操作中，监盘人员和现场操作人员要加强联系，每操作一步后，要确认正确无误。

（4）重要操作试验时，专业管理人员必须现场监护。

## 案例91 轴封供汽调整不当导致机组振动大停机异常事件

### 一、设备简介

某电厂1号汽轮机为哈尔滨汽轮机厂生产的N200-130/535/535型、超高压、一次中间再热、三缸两排汽凝汽式汽轮机，1995年投产发电。

### 二、事件经过

2009年5月27日，1号机组按中调命令停机备用。5月29日，因系统用电负荷大幅上升，机组在停机43h后按中调命令启动，2009年5月29日06时21分机组并网。并网后逐渐按热态启动曲线增加负荷，在负荷增加到60～70MW时，汽轮机4号、5号瓦振出现明显上升，即减缓加负荷速度，但振动值并没有下降趋势。07时10分负荷为80MW，4号、5号瓦振达到0.052mm、0.063mm，于是开始减负荷，但振动仍没有下降趋势。07时35分机组负荷为60MW，5号瓦振达到0.07mm，汽轮机振动保护动作跳机。

### 三、原因分析

经对机组开机过程中有关参数进行全面分析：机组上下缸温差、胀差、轴向位移、真空等参数都正常，振动值除汽轮机低压缸的4号、5号瓦振偏大外（在0.056mm左右），其他瓦振动都正常。分析认定1号机组振动大跳机原因为轴封供汽调整不当。

本机组轴封供汽汽源共有4路，分别为主蒸汽、除氧器汽平衡管、本机二段抽汽及启动锅炉来汽。高、中压缸轴封供汽与低压缸轴封分两路供汽，轴封压力可分别调整，但没有设减温装置，因此，高、中、低压缸轴封供汽温度是一样的。

正常运行中，高、中、低压缸的轴封供汽都采用除氧器汽平衡管供，温度大约在160℃，开机时采用邻机辅助汽源供汽，温度大约在280℃。

此次1号机组开机是在全厂机组停运情况下进行的，没有辅助汽源，同时为节省燃油，没有运行启动锅炉，轴封供汽采用的是本机组主蒸汽通过一级旁路后送汽到辅汽联箱，由辅汽联箱供给。

机组在冲转前的高压内下缸内壁温度为260℃，属温态，冲转参数选择为主蒸汽压力2.4MPa，主蒸汽温度380℃，再热蒸汽温度370℃。经查曲线，此次主蒸汽经一级旁路到冷段再热器没有投一级减温水，因此轴封供汽温度基本上与主蒸汽温度相对应。

查DCS主蒸汽温度历史数据趋势曲线。1号机组于04时10分投入轴封供汽，此时主蒸汽温度为320℃左右，此后从1号机组并网，到负荷升至80MW，主蒸汽温度逐渐上升到450℃。主蒸汽温度的曲线基本上就是本机的轴封供汽的温度曲线。从曲线上看，该温度大部分时间都在400℃以上，且时间长达数小时。由于是温态开机，对高、中压缸汽封段转子影响不大，所以对应于高、中压缸的1～3号瓦振动基本正常。低压缸汽封段转子由于平时温度较低，在400℃以上的轴封供汽长时间加热下，该处的轴封体及转子过度膨胀，必定会影响到机组振动，并且随着启动时间的延长及机组负荷的上升，该影响因素更为加剧，这使得对应于低压缸的4号、5号瓦振动逐渐上升，直至到达动作值跳机。虽然在4号、5号瓦振动上升后采取了稳定及降负荷的方法，但因为低压缸轴封供汽温度并没有降下来，因此并不能根本上降低4号、5号瓦振动值。

### 四、整改措施

（1）全厂机组停运后，首台机组启动时，投入启动锅炉运行，保证轴封系统供汽正常。

（2）全厂机组停运后，首台机组启动时启动锅炉若不运行，轴封供汽采用通过开启一级旁路由本机组主蒸汽提供时，应通过调整一级旁路减温水控制一级旁路后汽温不得超过300℃，并通过配合调整一、二级旁路减压阀开度调整轴封供汽压力。在机组并网后，应根据负荷情况及时将轴封供汽逐步切换到除氧器供，以避免低压缸轴封段转子加热过度，造成4号、5号瓦振动增大。

（3）优化轴封供汽系统，保证轴封供汽压力、温度调节灵活，满足机组各种工况需要。

## 案例92 停运高压加热器时调整不当导致停机异常事件

### 一、设备简介

某电厂汽轮机为东方汽轮机厂制造的C300/220-16.7/0.3/537/537型（合缸）、亚临界、一次中间再热、两缸两排汽、抽汽凝汽式汽轮机。

### 二、事件经过

2007年11月4日18时49分，准备消除1号机组3号高压加热器疏水管泄漏缺陷，运行人员停止3号高压加热器汽侧运行过程中，造成高压加热器水位高保护动作，高压加热器全部解列，并造成过热蒸汽压力、机组负荷大幅波动。运行人员调整汽包水位不及时，19时26分，汽包水位低至－350mm，锅炉低水位MFT保护动作灭火，运行人员立即降低机组负荷至9MW，准备吹扫后重新点火。19时35分，汽包水位升至＋280mm，炉跳机保护动作，1号机组解列。

### 三、原因分析

（1）运行人员停运3号高压加热器时，关闭高压加热器进汽电动门时操作太快，3号高压加热器汽侧压力降低后，3号高压加热器疏水不畅，水位迅速上涨至保护动作值，造成三台高压加热器全部解列。

（2）高压加热器切除后，运行人员对过热蒸汽压力的变化趋势估计不足，没有采取有效手段进行干预，造成主蒸汽压力、机组负荷波动过大，对汽包水位调整不及时，造成汽包水位过低 MFT 保护动作，锅炉灭火。

（3）锅炉灭火后吹扫过程中，由于机组负荷较低，调整汽包水位时加、减幅度较大，致使汽包水位升高至+280mm，炉跳机保护动作，机组解列。

## 四、整改措施

（1）规范“两票”管理，设备操作时认真执行操作票，并做好事故预想，加强危险点的分析和预控，提高危险点分析的针对性。

（2）加强运行人员的技术培训，利用仿真机进行灭火不停机事件演练，明确事故情况下的职责分工，提高运行人员的故障处理和相互之间配合的能力。

（3）加强运行人员对机组异常工况控制能力培训，通过仿真机模拟相同条件下的故障，针对水位、汽压参数调整的原则、细节、注意事项等问题进行专题培训、演练，努力提高集控运行人员的实际操作水平及事故处理能力。

（4）严格执行设备缺陷的管理制度，对影响安全生产的缺陷要做到随时发现、随时消除，不能消除的要采取相对应的措施，确保设备可靠运行。

# 案例93 汽轮机做危急保安器注油试验导致停机异常事件

## 一、设备简介

某电厂 3 号机组为 N600-16.7/538/538-1 型、亚临界、一次中间再热、单轴、三缸四排汽、冲动凝汽式汽轮发电机组。设计额定功率为 600MW，最大连续出力（T-MCR）644.9MW。

## 二、事件经过

2006 年 9 月 26 日 14 时 05 分，3 号机组负荷 515MW，AGC 投入，主蒸汽压力 15.67MPa，主蒸汽温度 537℃，再热蒸汽压力 2.94MPa，再热蒸汽温度 530℃。A、B、C、D、E 五台磨煤机运行。

2006 年 9 月 26 日 14 时 06 分，准备做汽轮机危急保安器注油试验定期工作，14 时 11 分，按试验操作票执行到第 10 项（在 3 号机操作员站上检查喷油电磁阀“2YV”励磁变红；飞环飞出后，“2YV”失电变绿，喷油电磁阀“1YV”励磁变红，复位完毕后“1YV”失电变绿，画面显示“PASS”，喷油试验成功）时，机组长检查喷油试验电磁阀 2YV、喷油试验复位电磁阀 1YV 状态已经返回（均为失电状态），挂闸位置反馈开关 ZS1 信号已发，于是手动按下试验复位按钮（复位闭锁阀），4s 后汽轮机跳闸，首出 EH 油压低低（EH 油压由 10.5MPa 降至 7.4MPa，跳闸值为 7.8MPa），发电机解列，锅炉灭火。检查 2 号 EH 油泵联启，立即手启交流油泵。14 时 35 分锅炉吹扫完成，MFT、OFT 复位，锅炉点火。

## 三、原因分析

原设计的危急保安器注油试验操作只需按下“试验”键后即可自动完成试验程序，无需运行人员干预。为防止试验过程中出现反馈信号误发等导致机组停运，电厂专业人员对原逻辑进行了优化，增加了对注油试验闭锁阀的操作，在试验前将闭锁阀闭锁，并就地确认动作正常无误后，再进行下一步操作，试验结束后闭锁阀自动复位，提高了试验可靠性。

此次试验过程中，当喷油试验结束，各开关反馈信号一出现后即点击试验复位按钮，将闭锁阀复位，此时紧急遮断阀实际未完全回复到位，导致调节保安系统安全油通过紧急遮断阀排走，安全油压低造成高中压主蒸汽门、调速汽门关闭，机组跳闸。

### 四、整改措施

（1）试验复位按钮增加弹出窗口及确认按钮，防止运行人员提前复位闭锁阀。

（2）在注油试验操作过程中，当试验结束，各位置反馈信号到位后，至少延时12s后，再进行闭锁阀复位操作。

## 案例94 并网后切缸时误判断导致停机异常事件

### 一、设备简介

某电厂6号汽轮机为东方汽轮机厂生产的CZK220/160-12.7/0.294/535/535型、超高压、一次中间再热、三缸两排汽、直接空冷供热式汽轮机。

### 二、事件经过

2003年3月17日23时40分，该机组锅炉点火，18日05时40分，机组由中压缸启动方式开始冲转，05时59分机组定速，07时33分发电机与系统并列。07时49分机组负荷8MW，进行切缸操作。当由“中压缸启动”方式切换为“高、中压缸联合启动”方式后，发电机有功负荷显示为零。判断为切缸失败，令发电机解列。解列停机后对切换程序进行检查确认无问题，09时26分机组再次与系统并列。10时38分机组有功负荷10MW，主蒸汽压力6.6MPa，再次进行切缸操作时切换成功。

### 三、原因分析

发电机刚刚并网进行切缸操作后，汽轮机高压主蒸汽门打开，进汽方式由中压缸进汽变为高、中压缸同时进汽。由于当时锅炉蒸发量过低，进入汽缸的蒸汽量过小，没能带上有功负荷，误以为切缸失败，停止汽轮机运行，发电机与系统解列。

### 四、整改措施

（1）机组刚并网后，锅炉蒸发量较低时，不要进行切缸操作。

（2）完善运行规程，明确切缸条件和切缸过程的注意事项。

## 案例95 投运润滑油反冲洗装置导致低油压保护动作停机异常事件

### 一、设备简介

某电厂汽轮机型号为 N300-16.7/537/537 型（分缸）亚临界、中间再热、三缸两排汽、凝汽式汽轮机。

### 二、事件经过

2003 年 5 月 18 日 16 时 46 分，汽轮机检修处理完润滑油自动反冲洗装置漏油缺陷，结束工作票。16 时 52 分，运行人员恢复润滑油自动反冲洗装置检修措施，当打开润滑油自动反冲洗装置入口门一圈、进行注油排空气时，润滑油压发生波动。16 时 57 分，“汽轮机润滑油压低”光字发出，交、直流润滑油泵连锁启动，主蒸汽门关闭，汽轮机跳闸，发电机逆功率保护动作，发电机解列，厂用电自投成功。立即停止恢复润滑油自动反冲洗装置检修措施的操作。

### 三、原因分析

处理润滑油自动反冲洗装置滤网法兰盘漏油缺陷时，运行人员实施措施关闭了出入口门，检修人员将装置内的油放出了一部分，工作结束后检修人员没有向运行人员进行交代，运行人员也没有向检修人员了解情况。造成运行人员对润滑油自动反冲洗装置进行注油排空气时操作快，引起润滑油压波动，导致润滑油压低保护动作，汽轮机跳闸。

### 四、整改措施

（1）机组运行中，对油系统设备操作时必须进行充油、排空气，操作要缓慢、幅度要小，操作前、后监护人要严密监视压力表的变化情况。

（2）检修工作结束后，要向检修人员了解设备检修情况、所处状态，制定相应的操作措施并做好危险点分析。

（3）油系统的操作应有专人监护，重大操作项目应有专业技术人员现场指导操作。

（4）完善润滑油自动反冲洗装置，考虑加装注油门、排空气门。

（5）完善标准操作票，严格“两票”制度。

## 案例96 冲车参数不当导致汽轮机振动大停机异常事件

### 一、设备简介

某电厂汽轮机为 N600-16.7/538/538-1 型、高中压合缸、三缸四排汽、亚临界、一次中间再热、凝汽式汽轮机。

### 二、事件经过

2006 年 4 月 17 日 05 时 24 分，机组小修后冷态启动。冲转前，高压缸调节级内壁金属温度 138℃（盘车暖机后）。冲转参数：主蒸汽压力 6.01MPa，主蒸汽温度 403℃，再热蒸汽压力 0.8MPa，再热蒸汽温度 320℃。经过 400r/min 摩擦检查、2450r/min 暖机 1h、3000r/min 暖机 25min 之后，主蒸汽温度升至 458℃，再热蒸汽温度升至 423℃。07 时 27 分，机组并列带初负荷 20MW。07 时 36 分，机组轴振 1X、1Y 开始上涨。07 时 45 分，因 1Y 振动大（0.254mm），保护动作机组跳闸。跳闸时机组参数：主蒸汽温度 458℃，主蒸汽压力 6.24MPa；再热蒸汽压力 0.14MPa，再热蒸汽温度 423℃，高压缸排汽金属温度 275℃。检查汽轮机胀差、膨胀、缸温差等参数正常，汽缸疏水无问题。停机总惰走时间 34min（正常惰走时间应为 42min）后投入盘车，盘车电流 40A（正常电流为 30A），晃动值 5～10A，大轴晃动度 80μm，检查 1 瓦轴封处有轻微摩擦声。约 2h 后，大轴晃动度恢复至 30μm。16 时 12 分，核对转子弯曲度矢量变化小于原始值的 0.02mm，检查系统正常，重新冲转。17 时 29 分，机组第二次并列，升速及并列带负荷过程中机组振动正常，机组逐渐带负荷，运行正常。

## 三、原因分析

冲转参数过高是导致此次停机事件的主要原因。冷态启动的典型参数是：主蒸汽压力 6.0MPa，主蒸汽温度 340℃；再热蒸汽压力小于 1.0MPa，再热蒸汽温度 260℃。而此次冷态启动参数的主蒸汽温度、再热蒸汽温度均比要求高 60℃。且在冲转、并网、带初负荷过程中，主蒸汽再热蒸汽温度未稳定，持续升高，在冲转到定速期间，主蒸汽温度升高 55℃，再热蒸汽温度升高 103℃。这样即使在 2450r/min 暖机 1h，在 3000r/min 暖机 25min，汽轮机暖机仍然不充分，动静部分发生轻微摩擦，造成汽轮机振动大。

## 四、整改措施

（1）运行人员严格按照启动曲线选择冲车参数。尤其是冷态启动时，应特别注意主、再热蒸汽温度不应过高。

（2）严格按照机组的启动曲线确定汽轮机在中速和高速的暖机时间，冲转、升速、暖机过程中，尽量保持汽温稳定，若汽温升高，一定要延长暖机时间，严密监视汽缸温升率和胀差变化，确保高、中压缸和转子暖机充分。

# 第十一章 循环水、凝结水系统故障导致停机异常事件

## 案例97 凝汽器泄漏导致停机异常事件

### 一、设备简介

某电厂汽轮机为哈尔滨汽轮机厂制造的CLN600-24.2/566/566型、超临界、一次中间再热、三缸四排汽、单轴、双背压、凝汽式汽轮机。凝汽器型号为N-33000-3，采用双背压、双壳体、单流程、表面冷却式。底部采用刚性支承，上部与低压缸排汽口之间的连接采用弹性连接（不锈钢膨胀节）。冷却介质为海水，凝汽器传热管为钛管，管板采用钛复合板。

电厂一期工程压缩空气系统提供全厂仪表控制用气及检修用压缩空气，两台机组设有5台$40m^3/min$螺杆式空气压缩机，组成公用空气压缩机站，两台空气压缩机正常运行，其他空气压缩机备用。正常工况下储气罐内压缩空气压力为0.8MPa。空气压缩机房MCC电源有两路。

### 二、事件经过

2005年6月15日15时25分，运行的C、D空气压缩机跳闸，全部空气压缩机不能启动，空气母管压力下降到0.47MPa，报“控制气源压力低”光字，空气压缩机房MCC段电源失去。15时47分，空气压缩机房MCC段电源恢复，启动B、C、D空气压缩机，压力正常后，停C空气压缩机（负荷480MW，协调投入）。空气压缩机跳闸期间所有气动执行机构失灵。

同日15时50分，发现凝结水钠含量增长迅速，几分钟后已达69mg/L，将机组负荷由480MW降至300MW，并准备进行凝汽器半面隔离，准备查漏。

同日16时00分，机组负荷降至300MW，启两台真空泵，停运一台循环水泵，关闭凝汽器外圈进行外圈查漏，开启外圈水室放水、放空气门及供水、回水管道放水门。16时20分，化学汇报，2～3min内，主蒸汽钠含量迅速升高，从$0.8\mu g/L$升至16mg/L，$SiO_2$为$16.6\mu g/L$，凝汽器检漏装置8路电导率为$38\mu S/cm$。

同日16时30分，机组负荷降至200MW，化学汇报水质，凝结水硬度为$915\mu mol/L$，氯离子为550mg/L，给水$SiO_2$为$15.5\mu g/L$，pH值为7.1。

同日16时40分，主蒸汽$SiO_2$含量为$571\mu g/L$，给水$SiO_2$含量为$733\mu g/L$。

同日17时16分，凝结水水质严重超标，汽轮机跳闸，发电机解列。

## 三、原因分析

（1）空气压缩机跳闸原因。

空气压缩机房 MCC 电源有两路，一路取自除灰渣 380V A 段 10C 柜，另一路取自除灰渣 380V B 段 10C 柜。除灰渣 380V A 段 10C 柜空气压缩机房 MCC 电源 1 自动开关一直处于检修位，未投入运行；当除灰 380V PC&MCC B 段脱硫工地施工电源电缆被砸断接地后，除灰 380V PC&MCC B 段进线开关零序保护动作，由于设计院只对进线开关设计了零序保护，保护上下级之间无法实现配合，导致零序保护无选择动作，除灰渣 380V B 段母线停电。由于空气压缩机控制电源失去时，造成运行中的 C、D 空气压缩机全部跳闸。

（2）凝结水水质恶化原因。

空气压缩机全部跳闸后，压缩空气压力降至 0.49MPa 时，因高排通风阀设计为气闭式，高排通风阀自行打开，高排后温度由 77℃上升至 214℃，20min 后，当压缩空气上升到 0.55MPa 时，高排通风阀自动关闭。机组运行中高排通风阀开启，大量蒸汽进入疏水扩容器，造成对钛管冲刷，导致钛管胀口及钛管与隔板结合处发生开裂，海水进入凝汽器汽侧，造成凝结水水质快速恶化。

（3）其他原因。

机组停机后，检查凝汽器时发现钛管质量及钛管胀口的安装质量也存在一定的问题。

## 四、整改措施

（1）空气压缩机控制电源由除灰渣段改为保安段引接，分别从两台机组保安段各引接一路电源。

（2）对 380V 配电室内接的临时电源进行统计整理，如需在 380V 配电室内接临时电源，必须经过相关人员批准。

（3）空气压缩机控制电源的 MCC 段进线电源改成两路电源可以互相自投，保证在一段电源中断后迅速投入备用电源。

（4）在空气压缩机控制电源增加 UPS，保证控制电源连续供电，增加控制电源的可靠性。

（5）空气压缩机控制回路不合理，联系厂家更改设计，以保证在控制电源失去的情况下，不会立刻跳闸。

（6）更改高排通风阀的控制方式，由原来的气闭式改为气开式，即失气关闭。改造高排通风阀的气路，使其在压缩空气压力降到一定值时，阀门自动关闭。

# 案例98 凝汽器下部腐蚀泄漏导致停机异常事件

## 一、设备简介

某电厂 3 号汽轮机容量为 100MW，于 2003 年 9 月进行改造，改造后的汽轮机为热电联产单抽供热冲动凝汽式汽轮机，单轴、双缸双排汽口，通过半挠性联轴器直接带动发电机工作。

## 二、事件经过

2006年12月6日某值后夜班，全厂负荷550MW，一号循环泵房4台循环泵运行，全厂6台给水泵运行。二单元接班后3号机组负荷89MW，汽温、汽压等各项参数正常。03时27分，3号机组热工信号屏发“3号机地坑水位高”信号。运行人员查看实际水位，发现循环水地坑水位高，有水流入凝结水泵地坑，水位接近凝结水泵电机基座处。因水位上升快，值长令紧急停机。

## 三、原因分析

（1）检修人员用潜水泵将循环水地坑内的水抽净，发现2号凝汽器入口二次滤网下部放水门与二次滤网相连接的“短节”靠近地面侧泄漏（长度约200mm）；检查循环水地坑内其他管道、阀门，没有发现异常。检查凝结水泵地坑内的电气设备，没有发现异常。

（2）此次检查时将“短节”割开，发现“短节”上部、侧部没有减薄迹象，下部减薄明显，专业分析为循环水中的泥在“短节”处长期沉积，使“短节”下部腐蚀减薄，这是“短节”泄漏的根本原因。

## 四、整改措施

（1）加强和完善地下管道、设备、阀门的管理，对地下管道设备重新进行梳理，排查薄弱环节，扩大检查范围，将各机组循环水地坑、凝结水泵坑、工业水滤网、循环水母管截门等系统进行检查，列出详细的检查更换清单，制定检查标准和整改计划。

（2）吸取教训，对其他机组地坑内二次滤网放水管及盲肠管等类似部位进行测厚，做好检查结果记录，对管壁减薄严重的部位进行包铁板或浇注水泥等加固措施。

（3）完善地坑内设备、管道系统文明卫生管理标准。对于地坑内的管道设备，明确一个大修期做一次防腐处理，小修时对破损的防腐层进行修补。

（4）针对循环水质恶化的情况，大小修时加大设备检查力度，缩短循环水系统及关联系统设备的检查周期，一个大修期内全面检查一次，对于超过10年以上的地下管道，应重点进行更换。将放水门、放水管等死角部位的检查工作列入大修常规项目中。各项检修工作严格执行质量标准和工艺要求，必须按检修项目完成。

（5）补充和完善检修工艺规程，将放水门、放水管等死角部位检修项目的检修方法及标准要求编入，并严格执行。

（6）凝结水泵地坑安装地坑泵，增加一台循环水地坑泵或将地坑泵增容，提高其事故情况下的有效排水能力，防止事故范围扩大。

（7）完善针对循环水系统泄漏的应急预案，并定期组织进行演练。

# 案例99 循环水二次滤网排污管断裂导致停机异常事件

## 一、设备简介

某电厂660MW超超临界火电机组，采用开式循环海水冷却方式，配置两台循环水泵，二次滤网为青岛华泰电力设备厂生产的 EPF-2200 型，布置在凝汽器循环水进口电动门后，二次滤网反洗排污至同侧凝汽器循环水出口电动门后。

## 二、事件经过

2010 年 10 月 8 日 21 时 55 分，监盘发现凝汽器热井水位、凝结水泵入口差压显示坏值，立即派人就地检查，发现凝汽器泵坑水位升高至循环水管上部且上升速度很快，现场无法判断具体漏点位置。

2010 年 10 月 8 日 22 时 20 分，停运一台循环水泵，泵坑水位上升速度未见明显放缓。22 时 23 分，凝汽器泵坑满水并溢流到汽轮机零米层地面，导致相邻机组电气开关室进水。根据事故情况，为防止出现水淹厂房的恶性事故发生，经向省调申请停机得到许可后，机组开始快速降负荷。22 时 35 分锅炉 MFT，汽轮机打闸，发电机解列，全停本机循环水泵并关闭单元机组间循环水联络门。将胶球系统、二次滤网、凝汽器检漏装置、真空泵停电。22 时 39 分停运凝结水泵、两台汽前泵及真空泵，凝汽器破坏真空。22 时 50 分，真空至零后退出轴封系统，22 时 53 分转速到零后投入盘车运行。

## 三、原因分析

事故发生时，因凝汽器泵坑水位较高且水质混浊，无法判断泄漏部位。循环水系统隔离后，将凝汽器泵坑排水至低水位，发现凝汽器循环水外圈二次滤网排污电动门前焊口断裂错位后双向漏水。此排污管规格为直径 500mm，双向漏水量不小于 2000t/h，凝汽器泵坑的容量在 400m$^3$ 左右，也就是说 12min 即可造成泵坑满水。

对焊口断裂处取样，肉眼观察其材质较稀松，强度较差，取部分样品送电科院做金相试验，报告结果为金属材质存在严重质量问题。

## 四、整改措施

（1）增加凝汽器泵坑液位高开关报警，并做好定期校验工作。为防止类似情况发生，同时对内圈排污管道拆开检查，如发现同样材质问题，立即予以更换。

（2）将其他机组二次滤网及排污管道检修列为下次停备消缺的一个重点项目。

# 案例100 空冷机组凝结水回水喷嘴阻塞被迫停机异常事件

## 一、设备简介

某电厂 2 号汽轮机为哈尔滨汽轮机厂生产的 NZK300-16.7/537/537 型、亚临界、一次中间再热、双缸双排汽、单轴直接空冷凝汽式汽轮机。空冷凝汽器为六列五排，其中第一列、第二列、第五列、第六列配置一个由美国泰克生产的型号为 KEYSTONE.F472 DN2600 65/145/完全真空进口蝶阀，正常运行时全部开启，冬季防寒防冻时根据需要可以关闭，用于冬季空冷凝汽器防冻保护。

## 二、事件经过

11 月 28 日 03 时 36 分，2 号锅炉点火，投入左二、右二风道燃烧器，开始升温升压。

11 月 29 日 14 时，主蒸汽压力 6.0MPa，主蒸汽温度 375℃，再热蒸汽压力 0.9MPa，再热蒸汽温度 289℃，开启低压旁路向空冷岛进汽，进汽温度 67℃，冲洗空冷岛各列。15 时 47 分，空冷岛冲洗水质合格，冲洗完毕。15 时 50 分，汽轮机开始冲转。20 时 50 分，汽轮机定速，开始做汽轮机动平衡试验。

11 月 29 日 16 时 26 分，汽轮机动平衡试验结束，汽轮机定速。16 时 33 分，发电机并网，带初负荷 15MW 暖机，逐渐加负荷。

11 月 30 日 14 时 50 分，负荷 200MW，空冷岛自动运行，背压逐渐上升，空冷岛回水凝结水温度逐渐下降，立即解除自动、手动调整，启动 2B、2C 真空泵运行，调整空冷风机转速无效，机组减负荷，最低降至 150MW，并切除 10、60 列运行，检查真空系统及轴封系统正常，空冷岛及防爆膜未见异常。16 时 30 分，背压开始下降，逐渐恢复，凝结水温度回升。19 时 25 分投入空冷岛 60 列运行。20 时 05 分投入空冷岛 10 列运行，加负荷至 240MW。20 时 10 分，背压上升，调整空冷风机转速无效，减负荷至 150MW。21 时 37 分，停止空冷岛 10、60 列运行。23 时 40 分，检查发现空冷岛回水凝结水管路有满水现象，开启空冷岛回水至排汽装置管道放水，发现有杂质排出，确认喷嘴堵塞，造成回水不畅，空冷岛翅片部分积水，导致背压升高，汇报有关领导，保持机组 150MW 运行。

12 月 1 日，经研究决定停机进行检查。23 时 05 分停止 2 号机组运行。

## 三、原因分析

（1）停机后，检查发现汇流管及蒸汽分配管内部有大量块状的防腐皮及少量的氧化物，蒸汽隔断阀阀板防腐层已经全部脱层，回水喷嘴被片状防腐层阻塞。这是造成停机事故的直接原因。

空冷岛系统蒸汽分配管进汽隔断门防腐层脱落，造成了回水喷嘴的阻塞。此阀门由美国泰克生产（型号为 KEYSTONE. F472 DN2600 65/145/完全真空进口蝶阀）。造成进汽隔断门防腐层脱落的主要原因是此阀的阀板有一层防腐层，空冷岛在冬季启动后，由于温差变化较大，阀板与防腐层材料膨胀特性不一致而导致防腐层脱落。

（2）设备部汽轮机专业对空冷岛系统的工作特点掌握不深，对空冷岛蝶阀工艺了解不够，对空冷岛冬季运行容易产生的问题考虑不充分，事故预想不足，没有在启机前对空冷岛凝结水系统进行清扫检查。这是造成此次停机事故的间接原因。

## 四、整改措施

（1）加强专业技术人员的专业培训力度。

（2）完善应急预案和专项处置方案，进行有针对性的反事故演练。

（3）利用每次停机的机会，对空冷岛蒸汽分配管、凝结水汇流管、排汽装置、凝结水喷嘴进行清扫检查。

（4）每次停机后对凝结水泵滤网、电泵滤网及除氧器和除氧器凝结水喷嘴进行清扫检查。

(5) 利用停机机会彻底清理掉空冷岛进汽隔断阀的防腐层。

(6) 利用停机机会对空冷岛凝结水回水喷嘴加装旁路系统，运行中很难避免喷嘴再次阻塞；如果喷嘴再发生阻塞现象，则打开旁路系统，待停机时对喷嘴进行清扫。

## 案例101 凝结水管断裂导致停机异常事件

### 一、设备简介

某电厂1号汽轮机为东方汽轮机厂制造的N660-25/600/600型、超超临界、一次中间再热、三缸四排汽、单轴、双背压、凝汽式汽轮机。凝汽器型号N-32000-3，采用双壳体、双背压、双进双出、单流程、横向布置表面冷却式。凝结水系统为中压凝结水系统，每台机组配置两台立式凝结水泵。凝结水经凝结水泵升压后经精处理装置、一台轴封加热器、四台低压加热器向除氧器供水。7号、8号低压加热器入口管道上设有主、副调节阀，用以调节除氧器水位。补水系统设置一个500$m^3$的凝结水储水箱。精处理混床再循环泵出口管道规格为$\phi$273×8mm，材质为304不锈钢，流量孔板法兰材质为1Cr18Ni9Ti。

### 二、事件经过

2010年8月24日17时47分，机组负荷660MW，1B凝结水泵运行，1A凝结水泵检修，精处理正常投入运行，1A、1B汽动给水泵并列运行。监盘人员发现1号机组凝结水流量、凝结水泵出口压力突降，就地检查发现精处理混床再循环泵出口处大量漏水，除氧器水位迅速下降。监盘人员马上打开精处理大旁路并快速降负荷，同时启动两台凝结水输送泵直接给除氧器上水，除氧器水位继续快速下降。17时53分手动跳闸停机，发电机解列。

### 三、原因分析

(1) 精处理混床再循环泵出口流量孔板法兰焊口处漏水过大，导致凝结水压力低，致使除氧器水位无法维持，这是这次事件发生的直接原因。

(2) 凝结水管道大量漏水的原因是凝结水再循环泵出口管道与流量孔板法兰焊口发生裂纹，裂纹长度约200mm，焊接的直管规格为$\phi$273×8mm，材质为304不锈钢，流量孔板法兰材质为1Cr18Ni9Ti。从断口断面形状来看，初步判断是金属内部组织发生了改变，导致管材连接处强度减弱。

(3) 从外观看，焊口的焊接工艺质量不高，断口材料组织有劣化现象。断口照片如图11-1、图11-2所示。

### 四、整改措施

(1) 机组停运后，将精处理混床再循环流量孔板暂时更换为“短节”，利用机组停机机会进行彻底处理。

(2) 管道焊接前，金属、焊接专业技术人员根据管径、壁厚制定详细的焊接、固熔处理工艺和检验方案。

图 11-1 断口正视图

图 11-2 断口侧视图

（3）严格按焊接工艺进行施焊，焊接过程中加强监督，焊接完成后对焊缝进行检验，确保焊接质量。

（4）加强管道焊缝的普查，同时加强机炉外管的普查工作，及时发现和处理焊缝异常。

# 第十二章　其他系统故障导致停机异常事件

## 案例102　高压加热器疏水管泄漏严重导致停机事件

### 一、设备简介

某电厂汽轮机为哈尔滨汽轮机厂生产的 N200-130/535/535 型、超高压、中间再热、冷凝式汽轮机。

### 二、事件经过

2007 年 10 月 27 日 23 时 00 分，机组负荷 200MW，主蒸汽流量 569t/h，给水流量 597t/h，凝结水流量 420t/h，除氧器压力 0.638MPa，凝汽器补水流量 5.8t/h。

同日 23 时 10 分，机组负荷 200MW，主蒸汽流量 571t/h，给水流量 610t/h，凝结水流量增大至 453t/h，凝汽器补水流量增大至 40t/h，除氧器压力下降至 0.631MPa。运行值班人员现场检查发现除氧头上的高压加热器疏水管根部发生泄漏，漏水漏汽严重，并有逐渐扩大趋势，申请调度于 23 时 47 分机组停运。

### 三、原因分析

（1）高压加热器疏水管内因汽水两相流动，极易造成管道内壁冲刷。在除氧器根部的高压加热器疏水管，尤其是直角弯头下部由于长期被冲刷，管壁减薄，发生破裂泄漏。

（2）高压加热器疏水管支座布置距离太远，运行中管道振动、晃度较大，根部弯头较多，转向太快，造成管道冲刷。

（3）专业人员对管道冲刷程度掌握不清，定期检查不够。

### 四、整改措施

（1）对高压加热器疏水管道支吊架进行检查，间距太大的增加支吊架，防止管道振动。

（2）利用每次大、小修机会，测量高压加热器疏水管道金属壁厚，发现冲刷严重部位则及时更换。

（3）高压加热器运行时，保持水位在正常范围内，避免高压加热器无水位运行，造成高压加热器疏水管汽水冲刷。

# 电气部分

# 第十三章 短路故障停机异常事件

## 案例103 母线接地开关处沉降导致母差保护动作停机异常事件

### 一、设备简介

某电厂变电站220kVⅠ母线2117接地开关型号为JW6-252。电气一次系统图见图13-1。

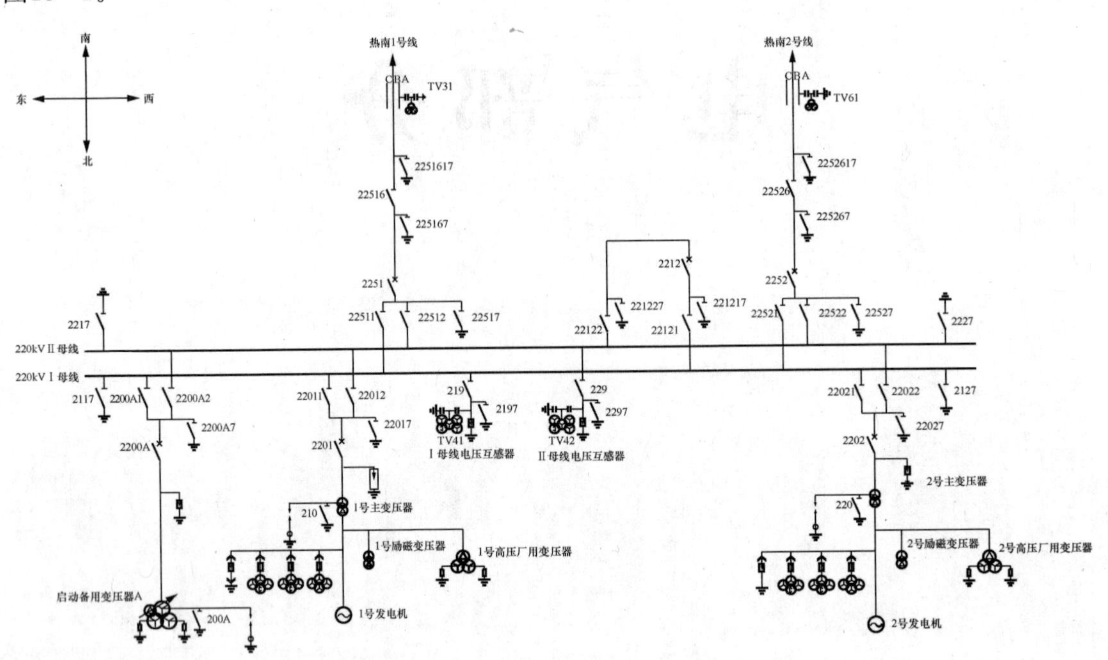


图13-1 电气一次系统图

### 二、事件经过

2009年6月10日14时17分，1号机组2201断路器跳闸，母联2212断路器保护动作跳闸，某某一线2251断路器跳闸，1号机组跳闸，锅炉灭火；发电机—变压器组保护报“外部重动2”动作。

网络继电器室两套母差保护报“Ⅰ母差动U相”；某某一线线路辅助柜失灵装置报“U相失灵启动”、“U相过流”，Ⅰ、Ⅱ绕组跳闸指示灯“Tu、Tv、Tw”亮；某某二线线路辅助柜失灵装置报“U相失灵启动”、“U相过流”。

就地检查变电站发现：Ⅰ母线 2117 接地开关 U 相刀闸上移，距母线侧刀口约 300mm 左右且有放电痕迹，2117 接地开关的 V 相也有上移现象。

## 三、原因分析

进入汛期连续大量降雨，据当地气象部门报告，2009 年 6 月 9 日一天的降雨量达到 47.4mm，达到年平均降雨量的 8.4%。由于变电站设备设计为天然地基不打桩钢筋混凝土独立基础，连续降暴雨后，造成变电站 2117 接地开关基础及附近区域回填土沉降，致使 2117 接地开关 U、W 相混凝土基础倾斜，相间距离变大（2009 年 6 月 11 日，经设计院、施工单位、电厂共同监测，确认 2117 接地开关 U、W 相水泥柱顶部分别向外侧偏斜 36mm、85mm）。由于接地开关传动连杆尺寸固定，相间距离变大后导致传动轴角度变化，致使 2117 接地开关 U 相动触头转动上移，造成 2117 接地开关 U 相动、静触头放电，Ⅰ母线母差 U 相保护正确动作：某某一线 2251 断路器、母联 2212 断路器、1 号机组 2201 断路器跳闸；2117 接地开关的 V 相也有上移现象，但移动距离较小，未造成放电，见图 13-2。

图 13-2　变电站Ⅰ母 2117 接地开关三相动触头故障后移位图

## 四、整改措施

（1）采取临时措施，将变电站母线接地开关连杆拆除，并将接地开关三相刀闸杆全部固定，防止误动。

（2）组织设计院、施工单位对变电站内母线接地开关处沉降的地面进行检测、处理；并组织对全厂重要建筑物、设备基础进行全面检查和沉降观测，立即组织消除发现的隐患。

（3）对变电站内发生基础沉降的元件支撑混凝土柱采取加固措施，防止再次发生基础偏斜现象。

（4）对变电站内的排水设施进行完善；并对全厂的排水设施进行检查。

（5）加强巡回检查制度落实情况的监督管理，提高人员素质，以保证巡检质量，增加土建设施的检查内容。电气点检标准增加相关土建设施内容，同时完善土建点检标准，按要求开展基础沉降观测工作并做好数据分析工作。

# 案例104 主变压器内部低压侧短路导致停机异常事件

## 一、设备简介

某电厂发电机型号为SQF-100-2，北京重型电动机厂生产，额定功率为100MW，额定电压10 500V，额定电流6470A，功率因数0.85，接线方式YY，1982年11月投入运行。1号主变压器型号SFPSB1-150000/220，保定变压器厂制造，容量为150 000kVA，变比为242±2×2.5%/121/10.5kV，接线组别Yyd0，产品序号795S16-1，1982年11月投入运行，电气一次系统接线图见图13-3。

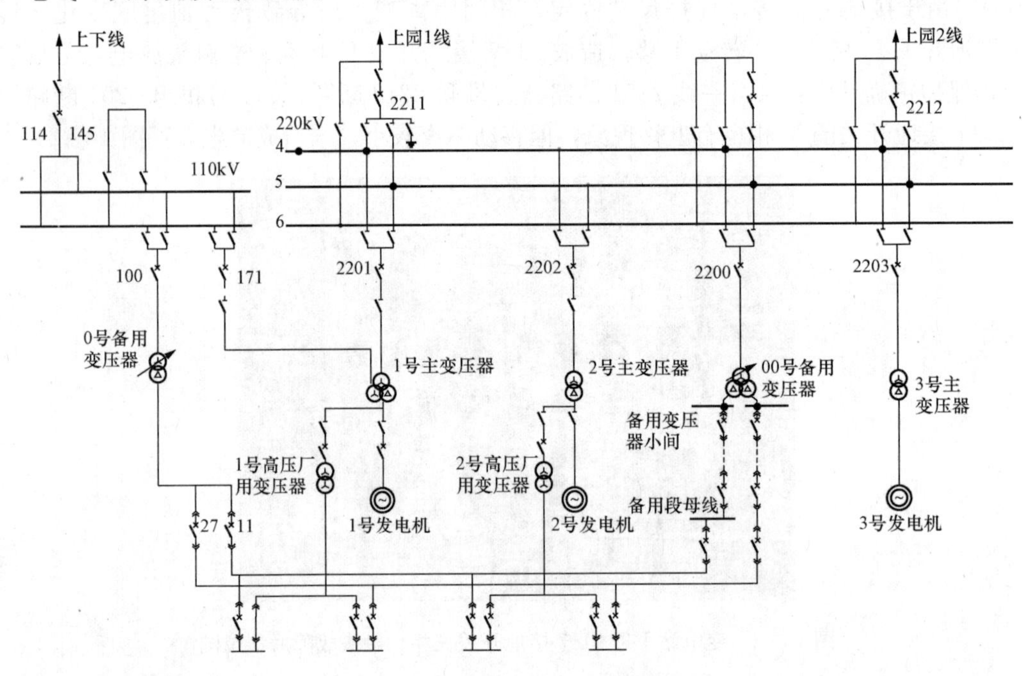


图13-3 电气一次系统接线图

## 二、事件经过

事故前运行方式：220kV双母线运行，2203、2211断路器运行于四母线，2201、2202、2212断路器运行于五母线，1～3号发电机组正常运行，其中1号发电机组带100MW有功负荷。

2005年6月21日12时53分，110kV侧171断路器、发电机出口2201断路器、MK断路器、厂用6kV 8、24断路器突然跳闸，汽轮机主蒸汽门关闭；电气主控室事故喇叭响，2201断路器控制盘发“保护动作”信号光字，备用电源开关100、9、25断路器自投成功；1号发电机与系统解列。

发出的电气光字信号：1号发电机控制及仪表盘发“保护装置TV断线”、“录波器动作”、“保护动作”、“通风Ⅰ故障”、“通风Ⅱ故障”、“FLG故障”；高、低压备用变压器控制盘发“装置故障及保护动作”；1号高压厂用变压器发“A分支保护跳闸”、“B分支保护跳闸”、“A 分支保护合闸”、“B 分支保护合闸”、“第一套保护动作”、“第二套保护动作”。

保护装置动作情况如下：

（1）1 号主变压器保护盘：两套 802 主变压器保护装置“启动”、“信号”灯亮，主变压器非电量 804 保护装置“启动”、“信号”、“跳闸”灯亮，主变压器 802 装置主变压器复合电压保护动作，804 装置主变压器温度高保护动作。

（2）1 号发电机保护盘：两套 801 装置“启动”、“信号”灯亮。一套 TV3 断线保护，录波器动作。

（3）1 号高压厂用变压器保护盘：6kV ⅠA、ⅠB 备自投装置“跳闸”、“合闸”灯亮。1 号高压厂用变压器两套 803 保护装置“启动”、“信号”灯亮。803 保护装置高压厂用变压器复合电压保护动作。

由于故障当时 2201 断路器控制盘发出“保护动作”信号光字，立即组织继电保护人员对保护装置动作报告进行检查分析。在上述断路器跳闸时，按双重化配置的保护装置中只有主变压器非电量保护（WFB-804）跳闸灯亮。动作报告显示：主变压器非电量保护装置中主变压器温度高保护动作，启动全停出口继电器，造成 2201、171、01、MK 断路器、厂用 6kV 8、24 断路器跳闸，而其他保护均未动作出口，发电机故障录波器波形显示发电机 U、V、W 三相电流、三相电压、有功功率等参数均无异常变化。

在检查 1 号主变压器系统无异常并确认断路器跳闸原因后，运行人员将 1 号主变压器温度高保护连接中断开，开始进行 1 号机组零起升压鉴定。

同日 19 时 18 分，运行人员合 01-1 隔离开关，合 1 号机 MK 断路器、01 断路器，合 DZ1、DZ2 断路器后升发电机电压，1 号机静子电压升至 9500V 时，电气主控室事故喇叭响，1 号机控制盘“主变压器轻瓦斯”、“主变压器重瓦斯”、“TV 断线”、“保护动作”、“录波器动作”信号亮。1 号机 MK 断路器、01 断路器跳闸，运行人员手动切除 DZ1、DZ2 断路器。

1 号主变压器保护装置动作情况：主变压器重瓦斯保护动作，主变压器差动保护 V、W 相动作，两套主变压器 802 保护装置“启动”、“信号”灯和“跳闸”灯亮，主变压器 804 装置“启动”、“信号”、“跳闸”灯亮。

主变压器东西两侧压力释放阀动作，变压器油泻出，同时低压侧 V、W 相套管底部与变压器本体的连接螺栓迸开，造成变压器油从裂缝中外泻；变压器本体北侧加强箍两处焊点开裂。

## 三、原因分析

（1）事故当日气温达 38℃，变压器温度偏高，变压器温度高与环境温度升高有关。1 号发电机—变压器组保护于 2004 年 5 月改造后投入运行，装置为 WFB-800 型微机发电机—变压器组保护装置，改造前原晶体管式主变压器温度高保护配置为主变压器温度到 75℃时，只发“主变压器温度高”光字，没有跳闸回路。2004 年 2 月，由本电厂、设计院、生产厂家三方参加的 1 号发电机—变压器组保护改造设计联络会上，明确 1 号主变压器温度、压力释放、冷却器全停只发信号，不跳闸；而设计院及生产厂家在设计装置和回路时，都设置了主变压器温度高跳闸回路并设“主变压器温度高”连接片。继电保护人员及运行人员均未发现此连接片投入后连通全停跳闸回路，而认为只是发“主变压器温度高”信号光字，因此将该连接片投入，在主变压器温度高时动作跳变压器三侧断路器。

（2）经对造成变压器短路的支撑角铁进行检查，发现其焊接部位只有1cm左右，而其他部分均为虚焊。1号主变压器于1979年出厂，1982年12月投运，至今已运行23年，由于变压器存在上述制造缺陷，其支撑角铁长期在重力作用和所支撑重物的压力作用下下沉，造成与其下方的W相低压侧绕组引出线铜排绝缘距离小于放电距离，形成接地短路产生弧光，弧光击穿绝缘油引起V、W相相间短路，变压器瓦斯保护和V、W相差动保护动作。

## 四、整改措施

（1）请厂家技术人员对照图纸对1号发电机—变压器组保护装置二次回路进行细致的检查，并对保护装置的出口矩阵进行逻辑检查。

（2）举一反三，加强继电保护的日常维护和校验工作，消除“重装置轻回路”的思想和行为，对其他保护装置，利用设备停运机会进行检查，对改造保护要彻底检查。

（3）今后在改造、校验工作中要详细检查保护出口及控制回路，尤其是改造工作要把好质量关和技术关。

（4）将1号发电机定子接地保护由原9s发信号，改为0s发信号，以便及时发现发电机定子绕组及其引出线以至变压器内部低压绕组的接地故障。

# 案例105 猫爬到主变压器低压侧母线导致差动保护动作异常事件

## 一、设备简介

某电厂4号主变压器为保定变压器厂1998年生产的三相强迫油循环风冷有载调压变压器，型号为SFPSZ-180000/220，额定容量180 000/180 000/120 000kVA，额定电压230/121/10.5kV。

## 二、事件经过

2007年2月14日2时42分，光字牌发“4号发电机录波器动作”，“4号主变压器保护动作”，“3kV 7段备自投动作”，“3kV 8段备自投动作”信号。4号主变压器“纵联差动”保护动作，2204、104、04断路器跳闸，厂用电系统自投正确。

就地检查4号主变压器低压侧地面上有一只被弧光烧死的猫，主变压器低压侧套管及母线有放电痕迹，经继电保护确认4号主变压器“纵联差动”保护动作正确。同日5时35分，4号主变压器系统升压至额定，检查4号主变压器系统未见异常，汇报调度。同日5时55分调度下令4号主变压器充电。同日6时37分，4号主变压器充电正常。同日7时16分并列4号发电机。

## 三、原因分析

猫爬到主变压器低压侧母线软连接处U、V相之间，引起相间短路。4号主变压器“纵联差动”保护动作，104、2204和04断路器跳闸，机组停运。

### 四、整改措施

（1）继续加强和完善防止小动物进入电气设备反事故措施。
（2）全面检查厂内关于《防止小动物进入电气设备反事故措施》的管理和落实工作。
（3）在室外升压变电站两侧大门处加装挡板，在铁栅栏上敷设铁板网。

## 案例106 大风掀翻屋顶盖砸坏主变压器电缆套管导致全厂停电异常事件

### 一、设备简介

某电厂4号主变压器型号为SFPSZ-18000/220，额定电压230/121/10.5kV，保定变压器厂制造。接线组别为YNynd11，冷却方式为强迫油循环风冷，胶囊式保护。6号主变压器系统106-0隔离开关至106断路器110kV电缆套管（共3只）由美国G&W电力公司生产，产品代号PAT130A，产品序号114-98-0292（损坏的一只），电压等级115kV，穿芯电缆规格为800mm$^2$。

### 二、事件经过

5月17日16时04分，大风将106-0隔离开关西侧集水井小屋的顶盖掀翻（顶盖重650kg，4.72×4.2m，由角钢和玻璃钢制成，见图13-4），砸落在6号主变压器110kV侧106-0隔离开关U相电缆套管上部，对106-0隔离开关围栏放电，造成6号主变压器差动保护动作，106、2206、06断路器跳闸；随后4号主变压器差动保护动作，104、2204、04断路器跳闸。1号发电机有功负荷由90MW突升至107MW，3号发电机有功负荷瞬间由50MW升至100MW又回落到85MW，同时频率迅速下降。同日16时05分，1号发电机光字牌发“强励动作”、“110kV电压回路断线”、“发电机电压回路断线”信号。汽轮机盘发“主蒸汽压力低”信号，给水压力下降，值班人员看到频率已降到27Hz，于16时05分47秒解列1、3号发电机。同日16时06分，0号甲高压备用变压器电源中断，全厂厂用电电压到零，循环水泵失去电源，循环水中断。5号发电机开始落真空，于16时15分5号发电机低真空保护动作，发电机出口断路器跳闸，至此发电厂停止对外送电。

由于1、3号发电机负荷维持不住110kV地区负荷，发电机负荷先升后降，频率急速下降，于16时10分，1、3号发电机表计指示到零，切断1、3号发电机。经请示中调，于16时30分经114断路器由系统反送电，厂用电恢复，于18日2时45分1号发电机组恢复发电，现场情况见图13-4。

### 三、原因分析

（1）被卷起的截门井小屋的顶盖，砸落在6号主变压器110kV侧106-0隔离开关U相电缆套管上部，对106-0隔离开关围栏放电，造成6号主变压器差动保护动作，106、2206、06断路器跳闸，这是造成这次事故的直接原因。

图 13-4 现场情况

（2）6 号主变压器差动保护动作 1s 后，4 号主变压器差动保护动作，104、2204、04 断路器跳闸（事故发生后对 4 号主变压器取油样进行色谱分析，4 号主变压器的总烃达到 240μL/L，其中乙炔含量达到 40μL/L。同时对 4、6 号主变压器本体进行了电气常规检查试验（绝缘电阻、直流电阻、直流耐压及泄漏电流、绝缘油耐压强度试验）和各绕组变形试验。通过电气试验，也发现 4 号主变压器 U 相低压绕组直阻值比上次试验值小得多，其误差为 4.74%，远大于规程标准，而绕组变形试验也发现此相绕组有轻微变形。

由于 4、6 号两台 110kV、220kV 联络变压器跳闸，1、3 号发电机共发 140MW，而地区负荷为 290MW，机组无法平衡地区负荷，转速迅速下降，当低于 2800r/min 时，汽轮机调速系统无法正常工作。由于主油泵转速低，致使调速油压过低，造成油动机关闭，主蒸汽门跳闸，切断了汽轮机进汽，机组被迫停机，失去厂用电，造成全厂机组停运，这是造成这次事故的主要原因。

（3）3 号发电机解列后 110kV 母线失电，厂用备用 0 号甲变压器失电，循环水泵全停，5 号汽轮机真空下降，低真空保护动作停机。

## 四、整改措施

（1）安装机组高频和低频切机装置，各台机组设置不同定值，事故时依次切除。

（2）当单台联络变压器运行时，申请中调 110kV 与系统合环。

（3）事故时，在系统无恢复趋势时，当频率低于 47Hz 或电压低于 80%$U_N$，或者频率高于 52Hz 时，值长应按照保设备的原则将一台或多台发电机组退出运行。

（4）当 220kV 两条线路传输负荷，单条线路有功功率超过 100MW、无功功率超过 80Mvar 时，值长应及时申请调度值班人员进行调整。

（5）为防止两台联络变压器同时故障、110kV 侧负荷严重不平衡，以致厂内无法调整的情况发生，调度应尽量控制通过 4、6 号变压器传送的功率。

（6）加强培训，提高运行值班人员处理事故的能力。

# 案例107 6kV共箱母线对伴热电缆放电导致停机异常事件

## 一、设备简介

某电厂3号机组为600MW亚临界湿冷汽轮发电机组，高压厂用变压器为三绕组分裂式变压器，有载调压，型号为SFZ-63000/31500-31500，额定容量63/31.5-31.5MVA，额定电流1653.3A/2886.8A-2886.8A，接线方式Dyn1-yn1。高压厂用变压器低压侧分支共箱母线型号为BGFM-10，额定电压为10kV，额定电流6300A，正常运行时母线导体的最高允许温度90℃，外壳最高允许温度70℃，母线导体镀银头最高允许温度105℃，冷却方式为自然冷却。

共箱母线导体是用导电率较高的铜母线制成，采用支柱绝缘子支撑，对于矩形导体在两组支持绝缘子之间装有间隔垫，三相导体被封闭在同一金属外壳内，外壳上部装有检修孔。

## 二、事件经过

（1）2004年10月4日23时30分，3号机组有功负荷410MW，A、B、C、D、E磨煤机运行。于23时31分，光字牌发“发电机—变压器组保护动作”、“汽轮机跳闸”、“锅炉MFT”信号，发电机解列，主变压器跳闸，大连锁启动联跳汽轮机、锅炉；6kV备用电源自投成功。

（2）经检查，发电机—变压器组保护A、B屏高压厂用变压器差动保护均启动，发电机高压厂用变压器B分支共箱封闭母线通往6kV母线室第一道竖直弯道处（母线室外）伴热电缆多处被击穿烧断。

## 三、原因分析

（1）事故机组高压厂用变压器保护采用GE公司UR系列的T35变压器保护装置。装置按照高压厂用变压器额定功率下的电流作为基准值，即1pu（1pu＝1653.3A）。从故障录波波形分析，高压厂用变压器B分支的电流有明显突变，故障现象明显。高压厂用变压器高压侧电流波形有明显的畸变并且瞬间升高到18 000A，高压厂用变压器差动速断保护定值为2.51pu，从实际值折算为基准值倍数时已达10pu，远远超过保护定值，继电保护动作正确。根据故障录波图形，分析判定是高压厂用变压器低压侧B分支三相短路。

（2）高压厂用变压器低压侧B分支三相短路的原因是共箱母线短路点处伴热电缆安装不规范，有突点造成母线U相对其放电接地，U相放电后弧光造成三相短路（伴热电缆始终处于停电状态）。

## 四、整改措施

（1）施工单位在施工过程中，要严格按照电力建设施工、验收及质量验评的有关标准控制好基建安装过程质量，加强对隐蔽工程安装验收把关工作的管理，严格工艺、工序纪律，提高施工人员认识，从施工的各个环节把好质量关，从根本上避免因基建施工遗留的安全隐患造成影响机组安全稳定的事件发生。

（2）施工监理公司严格施工过程中的质量监督、施工结束后的验收和签证，对隐蔽项目的验收不能存在丝毫侥幸心理，把好质量关，坚决不放过任何死角和安全隐患，确保类似事故不会在后续投产机组上再次发生。

（3）针对其他 6kV 共箱母线，利用停机机会排查安全隐患，对存在的问题进行整改。

## 案例108 6kV 共箱母线连接螺栓对外壳放电导致停机异常事件

### 一、设备简介

某电厂 1 号机组为 600MW 亚临界湿冷汽轮发电机组，高压厂用变压器为 40 000kVA 三绕组分裂式变压器，无载调压，型号为 SFF-40000/22，额定容量 40/20-20MVA，额定电流 1050/1833/1833A，接线方式 Dyn1-yn1。高压厂用变压器低压侧分支共箱母线型号为 BGFM-10，额定电压为 10kV，额定电流 6300A，正常运行时母线导体的最高允许温度 90℃，外壳最高允许温度 70℃，母线导体镀银头最高允许温度 105℃，冷却方式为自然冷却。

共箱母线导体是用导电率较高的铜母线制成，采用支柱绝缘子支撑。对于矩形导体，在两组支持绝缘子之间装有间隔垫，三相导体被封闭在同一金属外壳内，外壳上部装有检修孔。

### 二、事件经过

（1）2003 年 9 月 24 日，电厂 1 号机组负荷 450MW，A、B、C、D、F 磨煤机运行，自带厂用电，备用变压器热备用。同日 22 时 45 分，发电机—变压器组差动保护动作，1 号高压厂用变压器差动保护动作，“6kV 母线接地”报警光字发出信号，发电机—变压器组解列，联跳汽轮机、锅炉 MFT；6kV 备用电源自投成功。运行人员检查发现 6kV 配电室内有黑烟，6kV B 段工作进线开关和进线 TV 下部冒烟。立即将 6kV B 段工作进线断路器 61B 拉出检查，并通知维护人员处理。

（2）经专业技术人员检查发现如下问题：

1）1 号高压厂用变压器 B 分支共箱母线上口垂直段（下进线），靠近 61B 断路器处共箱母线三相对地短路（6kV 开关室下电缆夹层内）。铜母线连接处螺栓对瓦楞板及共箱母线外壳放电。

2）共箱母线正面瓦楞板、铝外壳箱体烧熔，铝外壳箱体 C 向所对放电点熔成约 100mm×200mm 大小孔洞。

3）铝外壳箱体两侧面有过热痕迹；三相铜母线连接处 12 条螺栓不同程度烧熔，有明显放电痕迹，W 相右上角螺栓头已全部熔化；铜母线直线段三相绝缘热塑套被烧损，母线排无放电痕迹，无大面积灼伤痕迹，表面完整，较光洁；铜母线直线段穿墙绝缘套筒（进 6kV 开关室）有爬电痕迹，W 相爬电较严重（绝缘不能建立）。

4）共箱母线靠近开关上口的 4 组瓷支柱绝缘子表面上有熔渣；共箱母线内部瓷支柱绝缘子伴热电缆有受热灼伤痕迹。

## 三、原因分析

（1）根据对事故残留物的检查，发现有一根铝丝残体（直径约 1mm，长 25mm，一端有明显烧熔痕迹，另一端齐头），在 B 段备用进线共箱母线箱体上方与瓦楞板结合部遗留有少量焊条，在进行封堵时由于防火腻子推进并被腻子黏住，经过较长时间后向下弯曲，致使母线安全距离减小，造成母线排连接螺栓对箱体和瓦棱板放电，进而造成相间短路，差动保护动作，机组跳闸。

（2）机组投产后因没有停机检查、检修机会，共箱母线带电运行，致使此安全隐患较长时间没有被发现。

## 四、整改措施

（1）严格施工过程中的验收和签证，尤其是对电气隐蔽工程的验收应加强监督检查，确保施工质量。

（2）严格执行定期清扫各电缆夹层的规定，保证电缆夹层内部清洁、无杂物。

（3）执行点检标准中关于定期测温的规定，保证开关接口、电缆接头处于有效监控之下（尤其是隐蔽工程）。

# 案例109 6kV 封闭母线进水发电机差动保护动作停机异常事件

## 一、设备简介

某电厂发电机型号为 QFSN-300-2-20，采用水氢氢冷却方式。

## 二、事件经过

2007 年 5 月 11 日，机组有功负荷 300MW，双套引风机、送风机、一次风机运行，1～6号制粉系统运行，两台汽动给水泵运行，电动给水泵备用。

同日 19 时 25 分，发电机解列，汽轮机跳闸，锅炉灭火。

检查发现厂用 6kV A 段备用电源自投成功，但 6kV 厂用 B 段工作电源进线 163 断路器红灯常亮，备用电源进线 182 断路器绿灯闪亮，6kV 厂用 B 段母线电压为零；OD 段电源进线 141 断路器绿灯闪亮；00 号低压变压器供 380V 工作 IVB 段 580 断路器自投成功，380V 工作 IVB 段电压正常，检查 380V 工作 IVB 段、380V 保安 IVB 段所带负荷设备正常；复归上述断路器。

检查发电机—变压器组保护柜“高压厂用变压器差动”、“发电机—变压器组差动”报警。

发电机—变压器组返回屏光字牌：“A 柜主保护动作”、“A 柜后备保护动作”、“B 柜主保护动作”、“B 柜后备保护动作”、“C 柜主保护动作”、“A 柜高压厂用变压器差动差流超限或 TA 断线”、“厂用 A 分支 TV 断线”。

厂用屏光字牌：“6kV ⅣB 备用分支差动”、“低压公用备用变压器 BET 回路故障”、“ 4

号高压厂用变压器B分支跳闸”。

事故后检查情况如下：

（1）6kV ⅣB段电源开关柜：三相主绝缘桶上帽边缘、底座螺丝对本体均有放电痕迹。

（2）6kV ⅣB段电源进线封闭母线：封闭母线箱内部分母线上有多处金属斑点，在6.5m层封闭母线竖直部分的底部有积水，且此处的母线上有较大的一块金属斑点。此段封闭母线有四块盖板明显鼓起变形。B分支封闭母线邻近一根穿过12.6m楼板的管子，楼板接缝处密封不严，封闭母线箱体外部有明显水流溅落的痕迹。

（3）厂用变压器B分支TV柜的母线上U、W两相下部的支持绝缘子有弧光闪络的迹象，一相母线的拐角处有放电痕迹。

（4）6kV ⅣB段电源进线封闭母线TA的外绝缘发黑。

## 三、原因分析

由于当时天下大雨，机房窗户不严，雨水从窗户流到6.5m机组高压厂用变压器B分支封闭母线上，水汽致使箱内绝缘降低，产生弧光过电压，三相母线多点放电，6kV母线流向故障点短路电流约2.28kA，4号发电机—变压器组保护A柜发电机—变压器组差动、高压厂用变压器差动、B柜高压厂用变压器差动保护动作停机。

## 四、整改措施

（1）加强室内封闭母线的管理，在竖向布置的封闭母线盖板上加装密封条，加强封闭母线的日常点检。

（2）在检修时重视封闭母线的严密性检查，对边沿变形的盖板进行检修调整。利用机组检修机会，对全厂封闭母线的内外部进行一次详细检查，发现问题及时处理。

（3）编写可研报告，将一期少油断路器改造为真空断路器，提高运行设备的安全性。

（4）考虑对封闭母线进行包绝缘处理，提高母线的相间、对地绝缘强度。

（5）加强机房窗户管理，雨天加强对窗户的检查。

# 第十四章 母线失电导致停机异常事件

## 案例110 机组6kV厂用电配电柜进水导致停机异常事件

### 一、设备简介

某电厂4号发电机型号为2H670960/2-VH。

### 二、事件经过

2006年2月12日，4号机组负荷280MW，41、42、44、45号磨煤机运行，汽动给水泵运行，42号循环泵运行，41号循环泵备用，AGC运行，厂用电为正常运行方式，消防水系统正常运行。

同日15时55分，监盘人员发现41号循环泵自动启动，42号循环泵电流显示由绿变紫，盘上未发任何信号。

同日16时00分，副值班员就地检查4.2m励磁间消防水管爆裂，漏水严重，水流沿电缆桥架流到6kV配电室4BBB段封闭外壳上，紧急联系值长停消防水泵，关消防水分段门，开其放水门，并组织人员清理积水。

同日16时05分，6kV厂用4BBB段工作进线断路器4BBB02跳闸，备用断路器4BBB03未自投，4BBB段失电，立盘发“6kV电动机故障”、“380V电动机故障”、“主变压器冷却器故障”等信号，4BBB段所有电动机断路器跳闸，锅炉负压超限保护动作，锅炉灭火，汽轮机跳闸，发电机逆功率保护解列，其他4号保安段、4号公用变压器、4号空气压缩机变压器失电，低压侧自动断路器跳闸，备用或母联断路器自动投入。

### 三、原因分析

（1）机组跳闸原因分析。

现场检查发现4号机组4.2m灭磁电阻小间消防箱入口处管弯头爆裂，爆口为长方形62.5mm×93mm（当时消防水系统压力有0.8MPa），大量消防水泄漏流入6kV厂用电配电室，造成4BBB段配电柜进水，4BBB段失电，6kV设备跳闸，机组负压保护动作跳闸。

（2）4BBB02断路器跳闸原因分析。

检查集控及6kV盘柜无任何保护掉牌，进一步检查分析，由于6kV段负荷盘二次控制设备进水，导致保护继电器F10二次接线端子短路，造成出口继电器K40动作，该继电器动作后将正电源送入电源进线、备用进线断路器，造成进线、备用进线断路器出口跳闸，继电器K39动作。继电器K39动作后，在DCS系统发B41保护动作信号，DCS系统接受到该信号后，跳进线、备用进线断路器 4BBB02、4BBB03。

（3）消防水管泄漏原因分析。

经金相检查发现，基建期间安装的消防水管材质为铸铝，其铸造存在缺陷，有缩孔和气孔，且制造质量工艺不良，厚度偏差较大，薄处 2.9mm，厚处 4.2mm，偏差 1.3mm，局部应力集中造成爆裂。

1）消防水系统管道弯头制造质量差，在投产不到 10 个月的时间就发生了爆裂。

2）对配电室设计安装的消防水系统的危害性认识不足，没有采取切实可行的防止消防水泄漏措施，导致水淹配电室事故的发生。

3）各级人员监督、检查不到位，没有及时发现消防水系统存在的缺陷，不能及时将隐患消除在萌芽状态。

## 四、整改措施

（1）及时组织人力、物力对地面积水进行清理，打开门窗，加强通风，并对进水的 6kV 厂用电配电柜进行干燥处理，共擦拭、吹扫了 18 台开关柜，对其全部进行绝缘和耐压测试。

（2）将 4 号机组配电室内的消防水系统全部进行隔离，杜绝消防水管穿入配电室。

（3）进一步排查穿越或布置在配电室的消防水、自来水、雨水管管道，制订整治方案，全部进行改造，防止同类问题的重复发生。

# 案例111 厂用 6kV B 段失电导致停机异常事件

## 一、设备简介

某电厂机组 6kV 厂用电由备用电源断路器（3BBA03、3BBB03、34BCA04、34BCB04）带，6kV 厂用段 3BBA、3BBB 工作进线断路器（3BBA02、3BBB02）在工作位置，且操作电源在断开位置。其 6kV 厂用段接线方式见图 14-1。

## 二、事件经过

2005 年 1 月 4 日 11 时 50 分，机组长令切换厂用电运行方式（厂用电由启动变压器倒为高压厂用变压器自带），根据操作命令和操作步骤，于 11 时 56 分，在将 6kV 厂用段 3BBA、3BBB 工作进线断路器（3BBA02、3BBB02）恢复热备用时（即合上操作电源断路器），6kV3BBB 段工作进线断路器 3BBB02 自动合闸，备用断路器 3BBB03 自动跳闸，约 4min 后，工作进线断路器 3BBB02 也自动跳闸，而备用断路器 3BBB03 因逻辑闭锁未自投，造成 6kV 厂用 3BBB 段失电。

厂用电部分失电，导致机组主要辅机设备跳闸，难以维持机组运行。同日 12 时 02 分，汽轮机打闸，锅炉灭火，发电机逆功率保护动作，解列 3 号发电机。

## 三、原因分析

（1）3BBB02 断路器自动合闸原因分析。

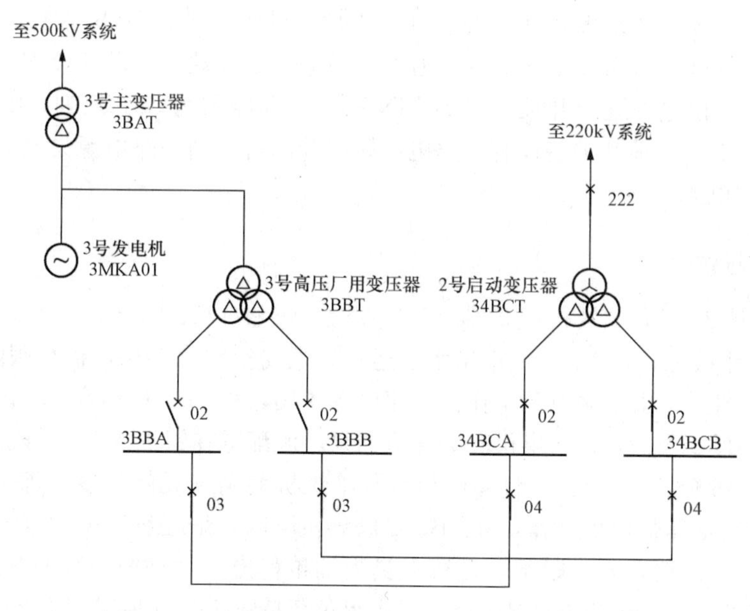


图 14-1 故障前 3 号机组 6kV 厂用电系统运行方式

1）3 号机组厂用电快切装置采用 MC-2000 型快切装置，由 DCS 控制，此次事故就是由于 DCS 系统逻辑回路组态不合理造成的。

2）DCS 系统中快速切断装置 3BBB 段的逻辑回路（CBQ02）RCM 模块合闸指令发出后一直保持，但受其他条件（3BBB02 断路器的断位信号、3BBB03 断路器的合位信号、高压厂用变压器分支有电、启备用变压器分支有电等信号）的闭锁，当送 3BBB02 断路器的操作电源时，由于合闸指令一直存在，满足合闸条件，使 3BBB02 断路器合闸，由快速切断装置动作使 3BBB03 断路器自动断开。

同样，快速切断装置 3BBA 段的逻辑回路（CBQ01）也存在以上问题。

（2）3BBB02 断路器跳闸原因分析。

3BBB02 断路器跳闸原因为 3BBB02 断路器机构有问题，引起偷跳。

## 四、整改措施

（1）在 DCS 控制系统逻辑回路增加 TD-DIG 延时模块，设置为 5s。5s 后，信号返回 RCM 模块，将合闸指令断开，并增加传动试验项目。

（2）全面认真检查其他 DCS 控制系统逻辑回路的组态，对发现的问题及时处理。

（3）规范运行人员操作行为，禁止不送操作电源将断路器送至工作位。

# 案例112 锅炉 MCC 电源失电导致停机异常事件

## 一、设备简介

某电厂 1 号机组锅炉 MCC A 段电源进线工作电源取自锅炉 PC A 段（Ⅰ路电源），备用电源取自锅炉 PC B 段（Ⅱ路电源）。锅炉 PC A 段进线取自厂用 6kV A 段锅炉变压器，锅炉 PC B 段进线取自厂用 6kV B 段锅炉变压器，锅炉 PC A 段、B 段两段之间设联络隔离开关。锅炉 MCC A 段电源进线开关型号为 MNS-0.4，断路器为 MT 系列，电源切换负荷开关型号为 VE630A，负荷开关装设有双路电源智能控制器，当一路电源失电或缺相运行时自动切换至另一路电源。

## 二、事件经过

2006 年 5 月 22 日，1 号机组负荷 470MW，总煤量 172t/h，给水量 1740t/h，A、B、C、E 四套制粉系统运行，A、B 汽动给水泵运行，电动给水泵备用，锅炉跟随协调投入；1 号锅炉 MCC A 段正常由Ⅰ路电源工作，Ⅱ路电源备用，A、B、C 给煤机和磨煤机油泵电源均配置在锅炉 MCC A 段，E 给煤机和磨煤机油泵电源配置在锅炉 MCC B 段。

同日 10 时 18 分，A、B、C 磨煤机油泵及给煤机跳闸（无停指令，停反馈返回）。A、B、C 磨煤机润滑油压低保护动作，A、B、C 磨煤机跳闸，炉膛负压突增至－1230Pa，之后很快恢复正常。E 制粉系统未跳闸，运行人员投油枪稳燃，手动减负荷，4min 后，主蒸汽压力稳定在 11.8MPa，机组转入湿态运行，机组负荷持续下降，最终到 152MW。

同日 10 时 28 分 34 秒，由于调整原因，省煤器入口流量低低保护动作，锅炉 MFT 动作，炉跳机、机跳电保护正确动作，机组解列。

## 三、原因分析

（1）同日 10 时 18 分，1 号炉 A、B、C 给煤机和磨煤机油泵同时跳闸，等离子冷却水泵 A 和冷却风机 A 也同时跳闸（2 台设备的电源均配置在锅炉 MCCA 段）。就地检查锅炉 MCC A 段，发现电源自动转换开关控制器面板上的运行状态显示为“AUTO”位，电源由正常工作的Ⅰ路电源切换到了备用Ⅱ路电源，确定锅炉 MCC A 段在电源转换开关运行中有切换动作，并在切换过程中 MCC A 段母线瞬间失电，造成本段所带包括 A、B、C 磨煤机油泵（控制回路电源为交流，无瞬间上电自启功能）在内的电气设备跳闸。经过检查发现，锅炉 MCC A 段电源转换开关控制器上电压检测回路的保险松脱，此智能控制器将断路器从工作电源自动切换到备用电源，在切换的过程中 MCC A 段母线瞬间失电，造成本段所带负荷失电，这是造成本次机组停运的直接原因。

（2）A、B、C 磨煤机油站和给煤机均在锅炉 MCC A 段负荷上，其控制电源与动力电源一体，当动力电源发生切换时，控制电源亦失去，保持回路断开，而启动指令为短时脉冲，这样电源恢复时电动机不能自启。MCC 电源负荷分配不合理，这是造成本次停机的间接原因。

（3）当燃料量从 172t/h 下降到 41t/h，负荷由 470MW 降到 152MW，运行人员没有掌握好省煤器入口流量（给水流量）和主蒸汽温度之间的制约关系，未协调处理好，导致锅炉 MFT 动作，机组解列。

## 四、整改措施

（1）1 号锅炉 MCC A 段电源转换开关控制器上电压检测回路保险松脱，在基建时安装质量存在问题，针对类似问题举一反三，进行隐患排查。

（2）A、B、C 磨煤机油站和给煤机均在锅炉 MCC A 段负荷上，MCC 电源负荷分配上不合理，采取措施对锅炉 MCC A、B 段上的负荷进行合理分配，必要时对重要负荷控制回路进行改造，确保开关能够躲过电源切换时瞬间失电的过程。

（3）制订并落实自动转换开关防误动措施，优化电气系统配置，完善控制连锁回路。

## 案例113 循环水泵跳闸出口蝶阀失电未关导致循环水中断停机异常事件

### 一、设备简介

某电厂 4 号机组为 600MW 亚临界湿冷汽轮发电机组，循环水系统配置两台循环水泵，循环水泵为立式斜流泵，型号 88LKXA-24，流量 36 000m$^3$/h，扬程 23.6m，转速370r/min，出口门为液压蝶阀。循环水泵出口液压蝶阀控制箱电源取自循环水泵房 MCC B 段，MCC B 段电源取自消防泵房 PC B 段。

### 二、事件经过

2005 年 8 月 11 日 09 时 50 分，A、B 循环水泵运行，运行人员巡检发现 A 循环泵出口压力偏低，现场检查泵的振动、温度等参数没有明显变化。

同日 11 时 30 分，运行人员发现循环水泵房 MCC B 段进线断路器及消防泵房 PC B 段进线断路器同时跳闸。循环水泵出口液压蝶阀控制箱失电，无法操作。查找发现循环水泵房 MCC B 段上级电缆三相对地及相间绝缘均为 0MΩ，确认是电缆单相接地短路造成三相对地短路，引起断路器跳闸。该段电缆的短路故障点在电缆沟内且电缆损坏较严重。此电缆修复时间较长，为了尽快恢复液压蝶阀的电源，决定先敷设一根临时电缆。于 12 时 30 分，临时电缆运到现场，由维护队组织 50 多人同时进行敷设临时电缆，做试验等工作。在此过程中对循环水系统再次进行巡查，发现水塔配水有所减少。经分析认为，A 循环水泵此时出力存在不足，需在液控蝶阀油站电源恢复后立即停止 A 循环水泵运行。

同日 13 时 44 分，敷设临时电缆的所有工作结束，具备送电条件。随即通知运行值长进行送电。在等待送电过程中，于 14 时 09 分 A 循环水泵跳闸，47s 后机组低真空保护动作跳闸，跳闸后，循环水泵房 MCC B 段电源送上，运行人员远方操作关 A 循环水泵出口液控阀。

### 三、原因分析

（1）A 循环水泵跳闸原因。

8 月 12 日下午，检修人员发现 A 循环水泵上、下主轴脱开，循环水泵叶轮掉落，叶轮与泵筒体卡住，导致循环水泵过流跳闸，同时检查发现循环水泵外筒体中间三通下法兰焊口大范围开裂。

（2）消防 PC 至循环水泵房 MCC B 段动力电缆故障原因。

在对电缆进行检查的过程中，发现电缆没有放在缆沟桥架上，有 20m 左右电缆敷设于缆沟底部，放炮之处的电缆外皮已经鼓起。所使用的电缆为 YGC-F46R 铜芯聚全氟丙烯绝缘硅橡胶护套软电缆，此类电缆外皮的特点为脆软，易损坏。在放炮之处有破损痕迹，再加上电缆沟内原来积水（当时已无积水），使电缆外皮腐蚀，原来的电缆芯外皮也有不同程度的老化现象，主要是剖开后发现电缆芯外皮有分阶段的断裂现象，导致电缆破坏之处与水接触，使水进入电缆内部而直接接地造成短路。其次，检查发现此电缆在剖开后，电缆绝缘层厚度存在不一致的现象。

## 四、整改措施

（1）类似消防水 PC 段至循环水泵房 MCC 动力电缆，均更换为铠装电缆，液动阀等重要设备的电源改由主机组两路带切换的保安段电源供给。

（2）对于类似设备的缺陷，应采取可靠的临时措施，做好事故预想。

# 第十五章 其他故障导致停机异常事件

## 案例114 灭磁电阻相关器件烧毁导致停机异常事件

### 一、设备简介

某电厂发电机是由东方电机厂生产的型号为 QFSN-300-2-20，采用水氢氢冷却方式的发电机，励磁系统为自并励静止晶闸管励磁系统。

### 二、事件经过

事故前工况：机组有功负荷 260MW，无功负荷 80Mvar，励磁系统正常运行方式。

2002 年 6 月 14 日 23 时 58 分，励磁系统灭磁电阻过热，引起发电机灭磁控制柜内灭磁电阻相关器件烧毁（英国 R-R 公司设备），电缆着火，后向调度申请停机。

15 日 12 时，对励磁系统进行现场检查，其结果为：灭磁控制柜内灭磁电阻相关器件烧毁，部分电缆损坏，1 号功率柜 1 只脉冲板绝缘降低，1 号功率柜 IPU 异常，三根 CAN 通信线烧损。更换了灭磁电阻柜、1 号功率柜 IPU 装置和一块脉冲板。

### 三、原因分析

从故障现象和设备情况分析，故障点起始是在灭磁控制柜中的灭磁电阻，其过热引起线缆和灭磁组件起火并烧毁。

从故障录波器波形分析，在转子电压达到 526V 时，转子电流畸变，说明转子电压达到 526V 时灭磁组件被投入，由于功率柜输出是锯齿波形，峰值在正常运行时可能达到并且超过 526V，从而引起灭磁组件的频繁投入，灭磁组件发热，导致起火。正常运行时，转子过电压保护启动值是额定电压的 4～5 倍，由于英国 R-R 公司的转子过电压保护启动装置定值为内部设定，不对外公开，且通过逻辑三取二实现，无法进行试验。根据现象判断是转子过电压保护启动装置损坏，导致晶闸管频繁导通，使灭磁组件频繁投入。

### 四、整改措施

（1）更换更高耐压等级（15 000V）的脉冲变压器，提高安全裕度。

（2）更换灭磁组件，用非线性电阻代替线性电阻，在原有励磁系统的基础上增加一面灭磁电阻屏。

（3）加强设备进厂验收质量把关。

## 案例115 主励正负极短路，发电机失磁跳闸异常事件

### 一、设备简介

某电厂发电机组为哈尔滨电机厂生产的QFSN-200-2型、水氢氢冷汽轮发电机，主励磁机型号为ZLW182-2B，副励磁机型号为ZLW28/16。

### 二、事件经过

2007年4月9日15时42分，检修人员在维护完各级碳刷后，发现主励磁机滑环碳刷有轻微冒火现象，便摘下碳刷在外边进行处理。在回装过程中，碳刷上的小弹簧掉下，正好掉在正、负极滑环之间卡住，造成短路，发电机失磁保护动作跳闸。

### 三、原因分析

（1）碳刷上的压簧和铁板衔接不好，铁板上翻边太小，压力弹簧装上后又没重新翻边，致使压簧可以随便取下。

（2）工作人员对危险点分析不全面，采取措施不全面。

### 四、整改措施

（1）工作人员在做碳刷维护工作时，应加倍小心，做好危险点分析，防止类似事故发生。

（2）在现有的碳刷架上加装压板固定弹簧，对于新购的碳刷架，向厂家提出改进要求。

## 案例116 发电机定子线棒空心导线裂纹漏水导致停机异常事件

### 一、设备简介

某电厂发电机型号为QFSN-300-2-20，采用水氢氢冷却方式。

### 二、事件经过

2006年8月30日，机组有功负荷300MW，无功负荷85Mvar，氢压0.292MPa，1号定子冷却水泵运行，2号定子冷却水泵备用。

同日15时50分，2号定子冷却水泵联启，定冷水压力流量大幅摆动，定冷水放出大量气体，定冷水持续放空气。迅速投A层油枪，停5、4、3、2号制粉系统，减无功负荷由75Mvar降至10Mvar，有功负荷由300MW降至20MW。氢压由0.292MPa降至0.28MPa，定子绕组温度最高至62℃。于18时33分，打闸停机。

停机后检查：发电机内冷水系统有气堵现象，打开发电机汽侧下部人孔盖，发现在39号线棒汽侧的接线盒处有裂纹漏水。拆下发电机第39号定子上层线棒，打开线棒主绝缘检查发现：定子线棒直线段距励端1910mm左右位于第三层的空心导线有一条长80mm的裂

纹，经对该水管做通水试验，发现在裂纹处漏水严重。

### 三、原因分析

经与发电机厂家有关技术人员分析认为：空心导线裂纹是在制造过程中产生的，由于厂家无检验手段，不能发现空心导线的缺陷，制成线棒后，经过模压固化，线棒绝缘把导线密封起来，虽然在出厂交接和检修中做了定子绕组的水压试验，没有发现渗漏点，在运行中绝缘和线棒温度也没有异常变化，所以，这是一个缓慢的过程。经过十年的运行后，情况逐渐变恶劣，发展为大的裂纹，由于氢压高于水压，氢气由裂缝处进入内冷水系统，造成异常运行。

### 四、整改措施

（1）发电机在大、小修时，应加强对定子绕组的外观检查，严格按规定做好各项检测试验工作。

（2）运行人员要加强巡回检查和异常分析工作，做好对内冷水汇水管定期排放气体及定期对油水继电器进行排污的工作。

（3）运行人员加强监盘，注意发电机系统各参数的变化。

## 案例117 发电机引线出水汇流管过细导致定子接地保护动作停机异常事件

### 一、设备简介

某电厂1号机组发电机型式为三相交流隐极式同步发电机，型号为QFSN-600-2YHG。发电机采用整体全封闭、内部氢气循环、定子绕组水内冷、定子铁芯及端部结构件氢气表面冷却、转子绕组气隙取气径向斜流的冷却方式，发电机定、转子绕组均为F级绝缘。

### 二、事件经过

2006年9月8—10日，因系统线路检修，接调度命令1号机组停机备用。9月10日11时14分按调度指令并网，18日07时36分，机组负荷330MW，接调度指令升负荷，08时05分负荷升至600MW。

9月18日09时25分，DCS单元报警系统报“励磁系统报警”，就地检查励磁柜“励磁接地”报警。于09时30分，发电机解列，汽轮机跳闸，锅炉MFT动作。发电机及励磁保护A屏定子$3U_0$接地保护（定子接地保护定值：零序电压10V，时间2s）及启停机保护动作；发电机及励磁保护B屏定子零序电压保护及频率段保护动作。

机组跳闸后，该电厂对发电机进行了全面检查，9月23日完成抽转子，经检查发现：

（1）发电机励磁侧：W相并联环空心导线W2（上层）在195.14°和212.29°绝缘夹板之间，并包括贯通195.14°绝缘夹板的部分空心导线烧断，烧断的部位长约300mm，与此故障部位相邻的2根并联环空心导线V1（上层）、V2（下层）外形保持虽完好，但外绝缘被烤坏，已经炭化。在故障点周围区域有铜颗粒和炭化的绝缘杂质等。W相并联环空心导线 W2（上层）在通过 178°、160.86°、143.71°绝缘夹板处有过热现象，并有黑色物质流出，但这 3 个绝缘夹板间的空心导线外观相对完好。从 126.57°绝缘夹板至 35.75°相主引出线柔性连接片处手包头的空心导线、绝缘板等，外观均无过热损坏现象。V 相并联环空心导线 V1（上层）在通过 188°绝缘夹板处有过热现象；V2（下层）在通过 188°和 178°绝缘夹板部位有过热现象。U 相并联环空心导线 M1（下层）在 308°绝缘夹板部位有过热现象；U 相主引出线从柔性连接片处手包头处至下部出线套管手包头之间的空心导线有过热现象，V、W 相主引出线及中性点引出线和 U 相中性点引出线的外绝缘目视完好，无过热现象。

（2）发电机汽侧：检查发现 1、42、41、40、39 号槽下线棒，即 W 相并联环空心导线 W2（下层）所带的分支绕组（发电机绕组为双 Y），在槽口处有过热现象，并有黑色物质流出。

（3）发电机转子：转子抽出后检查，外观励侧护环有熏黑的痕迹，转子大齿等部位正常，未见有过热烧灼等痕迹。

## 三、原因分析

（1）故障前后参数对比。故障前时间 18 日 09 时 24 分，故障后时间 18 日 09 时 25 分，其参数对比如表 15-1 所示。

表 15-1　故障前后参数对比

| 参数 | | 故障前后时间 | | 参数 | 故障前后时间 | |
|---|---|---|---|---|---|---|
| | | 09 时 24 分 | 09 时 25 分 | | 09 时 24 分 | 09 时 25 分 |
| 发电机定子电压(kV) | AB | 20.06 | 20.07 | 定子冷却水泵电流(A) | 74 | 78 |
| | BC | 20.05 | 20.07 | 定冷水流量(t/h) | 93 | 93 |
| | CA | 19.96 | 19.73 | 氢压(MPa) | 0.4 | 0.402 |
| 发电机定子电流(A) | A | 17 668 | 18 195 | 16-22 槽下层出水(℃) | 58 | 50 |
| | B | 17 679 | 18 219 | 33-39 槽上层出水(℃) | 58 | 50 |
| | C | 17 727 | 16 615 | 12-18 槽上层出水(℃) | 57.8 | 80.4 |
| 有功负荷(MW) | | 600 | 600 | 37-01 槽下层出水(℃) | 58 | 96 |
| 无功负荷(Mvar) | | 117 | 97 | 16-22 槽线棒层间(℃) | 68 | 68 |
| 励磁电压(V) | | 329 | 333 | 33-39 槽线棒层间(℃) | 68 | 69 |
| 励磁电流(A) | | 3363 | 3398 | 12-18 槽线棒层间(℃) | 68 | 76 |
| 零序电流(V) | | 0 | 0.06 | 37-01 槽线棒层间(℃) | 68 | 84 |

因发电机差动保护、三次谐波未动作，只有零序电压保护动作，因此初步判断未发生相间短路，定子铁芯也没有损伤。根据保护动作情况和冷却水温变化分析，发电机出现了过热情况。

（2）发电机故障原因经检查试验分析后，确定为发电机引线出水汇流管过细，内径

$\phi20\sim\phi32$，见图 15-1。导致引线出水流速慢，冷却效果差，若引线的上部积聚有气泡时，气泡将很难被水带走，造成汽塞。运行中，W 相分支 C2 的引线局部过热熔断，熔渣掉下，进入发电机转子通风道，转子一点接地报警。C2 分支熔断瞬间，电磁力不均衡，7 瓦振动瞬间增大至 150μm，随后电磁力达到新的平衡，振动降至 83μm。C2 分支承担 W 相全电流，当时为满负荷，分支通过电流为额定电流的 1.725 倍（单支额定电流 9.62kA），导致 C2 支路（上层 12-18 线棒，下层 37-01 线棒串联）共 14 根线棒严重过热。其中 7 根下层线棒由于散热条件不如上层线棒，线棒出水温升尤其迅速，事故发生仅 1min 后，下层线棒出水温度升至高限 90℃；上层 7 根线棒，温升稍慢。C2 引线熔断约 5min 后，C2 下层线棒因过热破坏主绝缘，造成 W 相对地短路，发电机零序电压动作，跳主断路器。

图 15-1 发电机引线出水汇流管

## 四、整改措施

(1) 按照设备厂家出示的材料对水回路进行改造。改造后，发电机出线汇流管改为内径为 $\phi38$ 的管道，拆除汇流管阀门，汇流管接至汽侧汇水环底部，而非先前直接接入出水母管。避免了引线出水流速较慢、散热性能差和发生汽塞。

改造前后的水回路如图 15-2、图 15-3 所示。

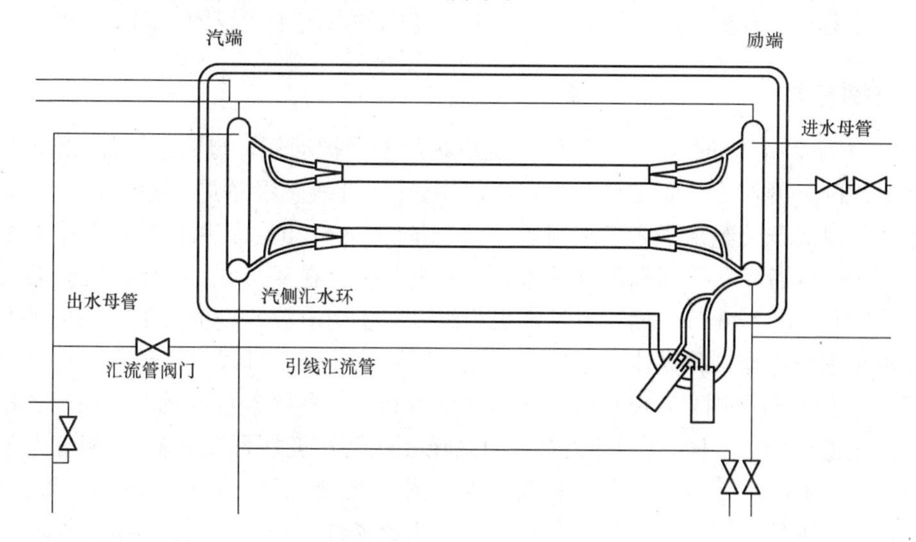


图 15-2 改造前的水回路

(2) 电厂应针对此类故障，加强监造时的引线材质化验，安装时检查引线出水汇流管及中间阀门的内径，改造不符合尺寸要求的管路和阀门，检查该汇流管的安装位置，并严格遵守内冷水的相关规程，防止内冷水回路发生汽塞等故障。

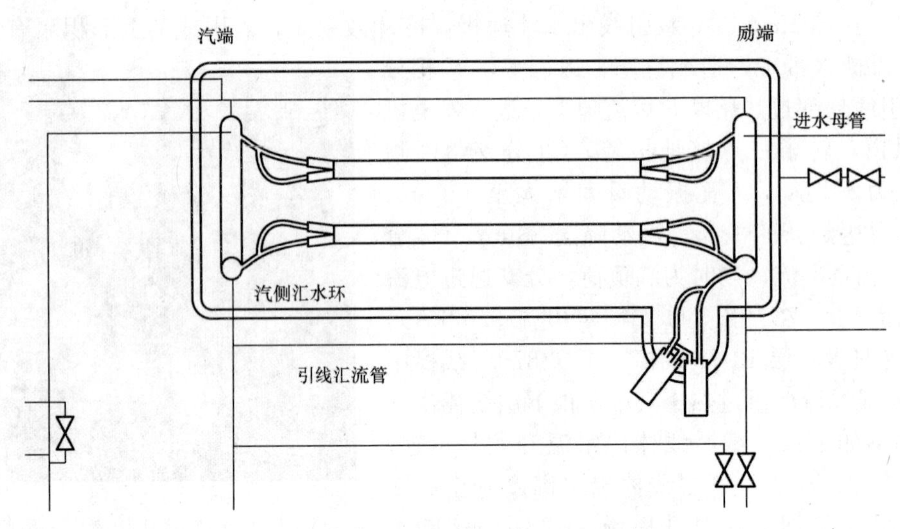


图 15-3　改造后的水回路

## 案例118　事故处理不当导致变电站母线全停异常事件

### 一、设备简介

某电厂 220kV 变电站双母线运行，母联 2245 断路器投入，6 母线备用，4 母线带部分线路断路器及两台机组断路器、高压厂用备用变压器断路器（断路器断开备用），5 母线带部分线路断路器和两台机组断路器。220kV 升压变电站系统主接线图见图 15-4。

### 二、事件经过

2005 年 4 月 7 日 11 时 35 分，220kV 变电站母差保护动作，母联断路器 2245 及 4 母线所有断路器跳闸。网控班长令主值对 220kV 变电站 4 母线及设备进行检查，主值检查 4 母线及断路器、隔离开关绝缘子未发现问题，于 11 时 39 分，值长将跳闸情况向中调汇报。

由于厂用高压备用变压器高压开关电源侧隔离开关合在 4 母线，4 母线跳闸后机组失去备用电源。同日 11 时 46 分，网控班长汇报机组没有备用电源，副值长下令保厂用电。由网控班长监护，副值操作，将高压厂用备用变压器断路器倒至 5 母线，拉开 2200-4 隔离开关，当合上 2200-5 隔离开关时，5 母线所有线路断路器和机组断路器全部跳闸。在现场检查隔离开关拉合的主值发现 2200-5 隔离开关合入时高压厂用备用变压器断路器 U 相有火球。同日 11 时 50 分，拉开 2200-5 隔离开关，检查发现 U 相有烧蚀现象，并对 5 母线一次系统检查，未发现其他异常现象。同日 12 时 01 分，根据中调命令合上一条线路断路器，4 母线充电正常，并向中调申请各机组分别并网，系统恢复正常。

### 三、原因分析

高压厂用备用变压器断路器 2200U 相内部存在故障，母差保护动作 4 母线停电，值班人员在母差保护动作后的故障处理过程中，网控值班人员未及时向单元值班人员询问由单元

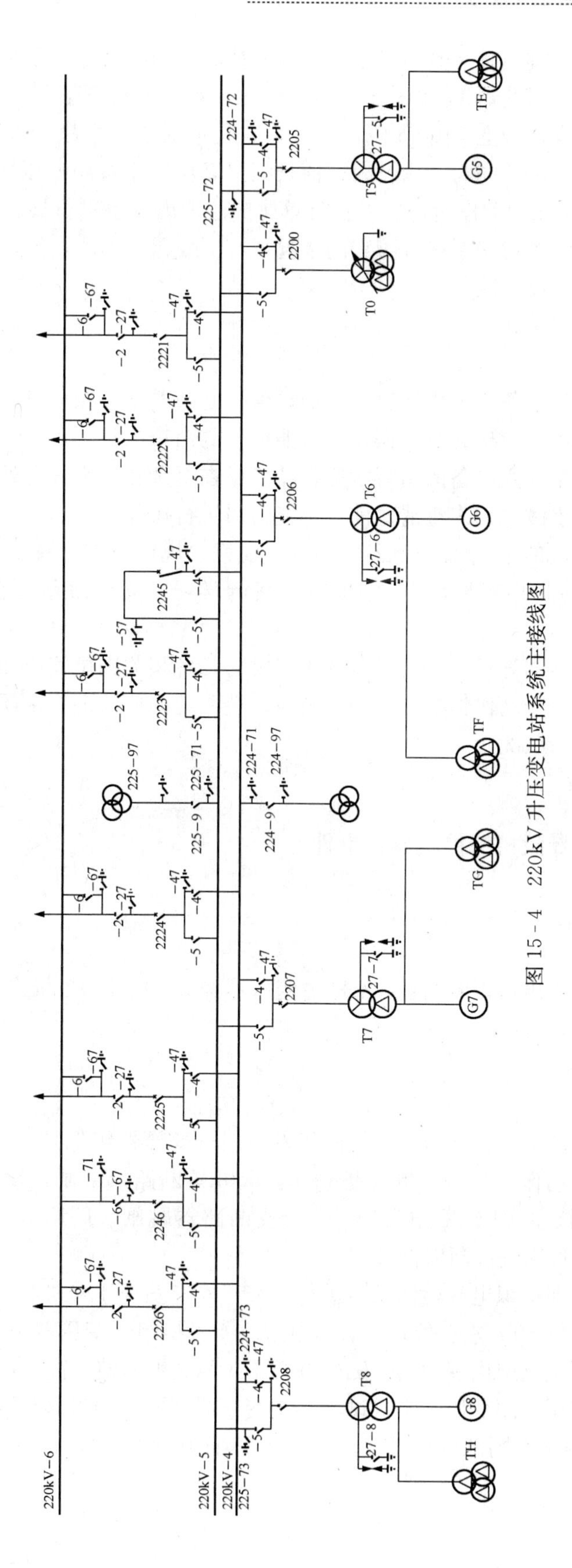


图15-4 220kV升压变电站系统主接线图

负责监视的母差保护范围内有无其他设备异常报警情况。网控班长在不掌握母差保护范围内的高压厂用备用变压器断路器U相内部存在故障点，且又未得到值长明确的操作命令的情况下，指挥值班人员操作合上2200-5隔离开关，这是造成这次事故扩大的主要原因。机组电气值班人员在机组跳闸的同时，未及时向值长汇报高压厂用备用变压器T0差动保护动作的情况，且在T0差动保护动作后，也未及时对保护范围内设备进行检查，这是造成事故扩大的次要原因。值长在不清楚系统故障点的情况下，下令保厂用电，但操作命令不具体，这也是造成事故扩大的次要原因。

### 四、整改措施

（1）由中调调度的设备，改变运行方式前，值长必须严格按照《电网调度规程》的有关规定，执行中调的命令；值班人员的操作应按照值长的命令执行。

（2）值长应掌握全厂主设备的运行状况，特别是在复杂和重大异常处理中，起到统一指挥、协调的作用。在事故原因未查清楚前，不能盲目进行操作。

（3）加强运行人员的培训工作，运行人员对规程、规定应充分理解，冷静处理异常情况。特别是值长应加强对各种规程、制度、预案的学习，充分理解，在生产指挥上正确使用。

（4）由两个岗位共同管理的同一设备发生异常时，各相关岗位间应加强联系，全面了解系统、设备的保护、信号动作情况；班长应及时、全面地向值长汇报主要设备的故障及保护动作情况、设备的运行状况。

## 案例119 雷击导致机组停机异常事件

### 一、设备简介

某电厂4号发电机出口设断路器，4号主变压器经5041、5042断路器接入500kV升压变电站。

### 二、事件经过

2011年7月26日14时22分，4号机组发电机—变压器组保护A、B屏主变压器U、V、W三相差动保护动作、差动速断保护动作。500kV断路器跳闸，发电机机端断路器跳闸，灭磁断路器跳闸，厂用6kV电源A、B分支断路器跳闸，厂用电快速切断装置动作，厂用电源A、B分支备用进线断路器合闸。

机组跳闸后，立即组织电气检修人员进行检查，检查发现4号机组主变压器出线侧距4号机组主变压器高压侧80m左右位置，有雷电造成4号机组主变压器A、C相间放电现象，故障点位置导线表面氧化层出现脱落。随后进行了4号主变压器、高压厂用变压器绕组变形试验，主变压器、高压厂用变压器常规试验，主变压器高压侧避雷器常规试验。各项试验均合格。7月27日申请调度同意机组启动，于7月28日04时43分机组并网。

## 三、原因分析

4 号机组主变压器出线侧距 4 号机组主变压器高压侧 80m 左右位置，有雷击造成 4 号机组主变压器 U、W 相间放电，造成机组跳闸。

## 四、整改措施

（1）对全电厂防雷接地系统进行接地电阻排查。

（2）对水塔顶部避雷针金属连接部位进行检查。

（3）利用停机检修机会，对发电机定子绕组端部进行松动、变形检查，对发电机定子端部进行模态试验，对发电机汽侧、励侧转子连接螺栓进行检查，对发电机转子表面、转子端部护环及线棒进行检查。

（4）利用停机机会，对 4 号机组主变压器高压侧输电线路故障点进行损伤检查，必要时进行更换。

（5）利用停机机会，对主变压器高、低压绕组进行检查。

# 第四篇

# 继电保护部分

# 第十六章 差动保护动作停机异常事件

## 案例120 高压厂用变压器差动保护动作停机异常事件（一）

### 一、设备简介

某电厂5号变压器为保定变压器厂1998年生产的三相风冷强迫油循环有载调压电力变压器，型号为SFPSZ-180000/220，额定容量为180 000/180 000/120 000kVA，额定电压为230/121/10.5kV。

### 二、事件经过

2月20日8时20分，5号机有功负荷升至30MW，按现场规程规定倒换厂用电。同日8时25分，当合入9号高压厂用变压器高压侧509断路器时，单元事故喇叭响，马上切断509断路器。查2205断路器、5号发电机励磁断路器跳闸。5号发电机信号盘发出“A柜保护动作”、“励磁系统故障转子过电压”信号，查9号高压厂用变压器“差动保护”信号发出。

当班将9号高压厂用变压器系统退出备用，测绝缘高、低压侧通路均正常。对发电机系统及9号高压变压器一、二次系统进行检查，未发现问题。

继电保护人员查看动作报告及定值。从保护动作报告分析计算，可以看出V相差流大(已超定值)，二次谐波制动电流小，引起差动保护动作。核对定值正确。

电话联系厂家说明动作情况，厂家研究确定将二次谐波制动系数由0.15改为0.13。

### 三、原因分析

经电科院、设备制造厂和该电厂有关专业人员分析，分析结果如下：

(1) V相差流大，已超定值（涌流造成，与合闸角有关，不可控），二次谐波制动电流小，引起差动保护动作。

(2) 根据整定大纲，二次谐波制动系数应整定在0.15～0.2，原保护整定在0.15，符合规程要求。

结论：9号高压厂用变压器空投时涌流达到差动保护启动值，而二次谐波制动值不够大，9号高压厂用变压器差动保护动作，非选择启动总出口，5号机出口2205断路器跳闸。保护装置及回路没有问题，本次保护动作属于差动电流达到定值动作。

### 四、整改措施

(1) 经电科院专家、厂家技术人员和该电厂专业人员讨论决定，停机时由厂家将谐波制动方式由原来的分相制动改为三相中有任意一相达到制动值就闭锁差动保护，以提高变压器差动保护的可靠性，并做试验验证。举一反三，并对其他机组保护装置进行排查，有类似问题即统一安排整改。

（2）断路器跳闸原因查明后，考虑到再次并网的可靠，曾向厂家咨询有无增加可靠性的方案，经与厂家和调度局保护处协商，认为将二次谐波制动系数改到 0.13，会增加制动比例，此项措施虽然改善了变压器差动保护的制动特性，也经调度部门同意，但对保护动作速度有一定的影响。

**附件：5 号发电机—变压器组保护型号及原理**

5 号发电机—变压器组于 2004 年 3 月进行双套保护改造。

保护装置更换为：保护 A 柜为国电南京自动化股份有限公司 DGT801A 型保护装置；保护 B 柜为南京南瑞继保电气有限公司 RCS-985B 型保护装置。

保护 A 柜（DGT801A 型）差动保护原理逻辑见图 16 - 1。

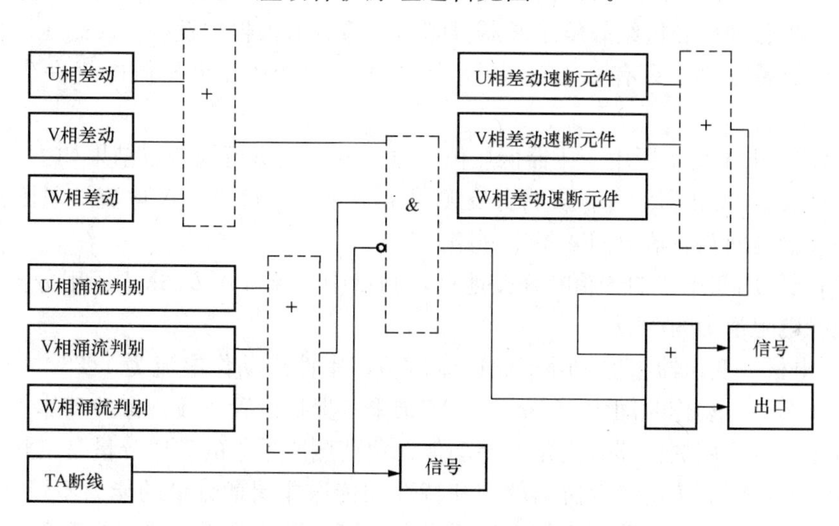


图 16 - 1 差动保护原理逻辑

涌流制动原理说明：在三相差流中，只要某一相差流中的二次谐波电流对基波电流之比大于整定值，便将三相差动元件闭锁。

## 案例121 高压厂用变压器差动保护动作停机异常事件（二）

### 一、设备简介

某电厂 1 号机组为 600MW 亚临界湿冷汽轮发电机组，高压厂用变压器为 40 000kVA 三绕组分裂式变压器，无载调压，型号为 SFF-40000/22，额定容量 40/20-20MVA，额定电流 1050/1833/1833A，接线方式 Dyn1-yn1。

### 二、事件经过

2003 年 7 月 8 日，1 号机组稳定运行，A、B、C、D 磨煤机运行，A、B 汽动给水泵运行，电动给水泵备用，负荷330MW。8日15时23分，按照设备定期轮换制度，运行主值进行电动给水泵启动试验。于15时23分06秒（电动给水泵启动后450ms），机组高压厂用变压器SR745继电器面板跳闸灯亮，A高压厂用变压器A分支零序差动保护动作，发电机跳闸，汽轮机联跳，锅炉MFT动作灭火。

## 三、原因分析

（1）事件发生后对该机组A高压厂用变压器低压侧电气一次系统进行检查，结果如下：

1）A高压厂用变压器低压侧A、B分支绕组与共箱母线对地绝缘电阻均为14 000MΩ。

2）A高压厂用变压器低压侧断路器断口间、相间及对地绝缘电阻均无穷大。

3）A高压厂用变压器低压侧进线TV对地绝缘电阻无穷大。

4）未发现对地放电痕迹和异物。

5）A高压厂用变压器本体无异常。

（2）从保护管理机和机组故障录波器打印出故障波形报告中发现：A高压厂用变压器高压侧零序电流分量很小，只有0.1A。表明A高压厂用变压器低压侧电气一次系统设备无异常。

（3）对该机组A高压厂用变压器低压侧电气二次系统进行检查，结果如下：

1）在发电机—变压器组保护屏将分支侧电流端子及中性点TA电流端子断开，分别测量TA回路及盘内回路直流电阻，均未开路。

2）在高压厂用变压器端子箱断开接地点，测量中性点TA及6kV厂用分支断路器TA二次绕组绝缘电阻值为80MΩ。

3）在发电机—变压器组保护屏上做通流试验，中性点动作电流为1.25A，6kV分支侧动作电流为0.25A，动作时间为100ms。检查结果与保护设置一致，保护动作正确。

（4）由于高压厂用变压器分支零序差动保护负荷侧所采集的零序分量是三相电流互感器的合成零序分量，因3个电流互感器的饱和特性和传送非周期分量的能力不可能完全一致，在大负荷启动时，其差动回路中必将产生不平衡电流，为了保证保护的灵敏度，该保护的整定值又很低，在设计上，就存在该保护异常动作的可能性。跳闸前450ms，运行定期试验启动电动给水泵，高压厂用变压器电流增大，产生很高的非周期电流分量，使6kV分支侧TA饱和，由于TA饱和特性不一致而产生不平衡电流，造成A高压厂用变压器A分支零序差动保护动作，最终启动发电机出口继电器，这是此次发电机组跳闸的直接原因。而设计单位设计计算的保护定值过于保守，电厂专业人员未及时发现设备存在的安全隐患，这是此次发电机组跳闸的根本原因。

## 四、整改措施

（1）对公司所有机组保护定值进行重新核定、校验。对一些重要定值，包括外国专家的推荐值，要创造条件进行实际测量。

（2）将A高压厂用变压器A分支零序差动保护动作时间改为1000ms，机组启动后实测启动电动给水泵时不平衡电流，根据实测情况，重新整定A高压厂用变压器A分支零序差动保护动作定值。

## 案例122 人员误动差动保护导致发电机跳闸异常事件

### 一、设备简介

某电厂3号发电机是TQN-100-2型，1966年制造，为哈尔滨电机厂生产。

### 二、事件经过

2005年1月8日，全电厂6台机组正常运行，3号发电机有功负荷85MW。8日19时57分，3号发电机—变压器组“差动保护”动作，3号发电机—变压器组103断路器、励磁断路器、3500断路器、3600断路器跳闸；3kV 5段、6段备用电源自投正确；OPC保护动作；锅炉安全门动作；维持汽轮机转速3000r/min。立即检查3号发电机—变压器组微机保护装置，查为运行人员在查看3号发电机—变压器组微机保护A柜“保护传动”功能时，造成发电机—变压器组差动保护出口动作。立即汇报领导及调度，经检查3号发电机—变压器组系统无异常，零压升起正常后，经调度同意，于20时11分，将3号发电机并网，机组恢复正常。

### 三、原因分析

运行人员在机组正常运行中，到3号发电机—变压器组保护屏处学习、了解设备，进入3号发电机—变压器组保护A柜WFB-802模件，当查看“选项”画面时，选择了“报告”，报告内容为空白，又选择了“传动”项，想查看传动报告，按“确认”键后，出现“输入密码”画面，再次“确认”后进入保护传动画面，随后选择了“发电机—变压器组差动”选项欲查看其内容，按“确认”键，造成3号发电机—变压器组微机保护A柜“发电机—变压器组差动”出口动作。

### 四、整改措施

（1）在全电厂范围内进一步深入开展吸取事故教训和反违章工作。

（2）电厂内各有关单位逐条对照《防止二次系统人员三误工作规定》和《电厂防止二次系统人员三误工作实施细则》，认真落实、整改，进一步完善制度。

（3）加强对运行人员安全教育和遵章守纪教育及技术培训，并认真吸取此次事故的教训，不要越限操作。

（4）继电保护人员普查所有保护设备，凡有密码功能的一律将空码默认形式改为数字密码，并定期更换密码。完善警告标志，吸取教训。完善管理制度，加强设备管理。

## 案例123 主变压器反充电导致差动保护动作停机异常事件

### 一、设备简介

某电厂4号变压器为保定变压器厂1998年生产的三相风冷强迫油循环有载调压电力变压

器，型号SFPSZ-180000/220，三相50Hz，户外使用，额定容量180 000/180 000/120 000kVA，额定电压230/121/10.5kV，电气一次系统接线图见图16-2。

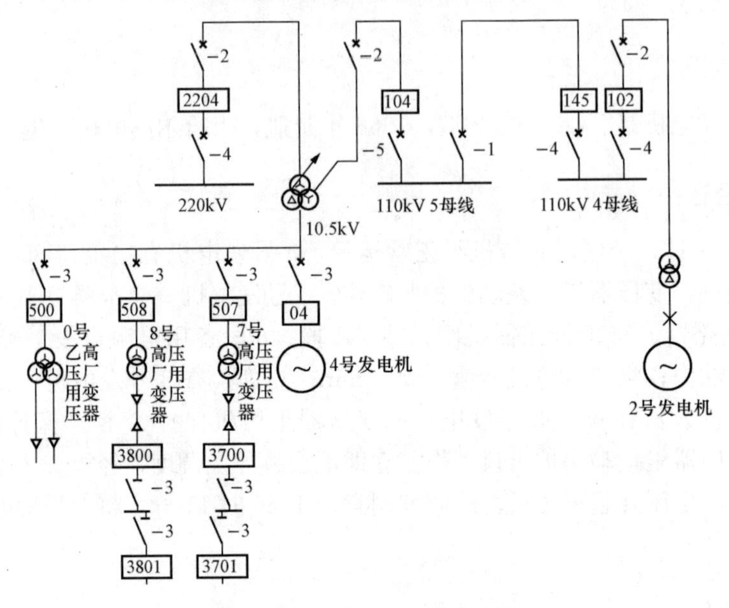


图16-2 电气一次系统接线图

## 二、事件经过

2005年6月11日，按计划做2号主变压器反充电试验，于12时35分，合上102断路器后，事故喇叭响，104、2204断路器跳闸，绿灯闪光，“4号主变压器差动”、“4号主变压器重瓦斯”光字牌发出信号，104、2204、04断路器表记指示到零，同时“4号主变压器保护动作”（2个）、“3kV 7段备自投动作”、“3kV 8段备自投动作”、“4号机录波器动作”共5个光字牌发出信号，2204、104、04、MK、3700、3800、300乙、3B00断路器均跳闸，3701、3801断路器自投成功，3kV 7、8段，380V 4段电压正常。4号主变压器跳闸，4号机组停运。

## 三、原因分析

（1）进行主变压器及断路器、隔离开关等一次设备外观检查，没有发现问题。做变压器油色谱、变比、直流电阻、介质损耗、空负荷试验、变形试验，也没有发现问题。

（2）查4号主变压器保护故障报告，主变压器W相差动保护动作。查故障录波报告，104断路器在102断路器合闸261ms后跳闸，没有明显的故障电流。从谐波分析看，104断路器侧直流分量为2.1A，二次谐波为0.41A，有直流分量，造成差流达到保护动作定值，而二次谐波量又达不到制动值，差动保护动作。保护原制动系数整定在0.2，经与专业人员讨论，并经华北电力调度中心保护处专业人员同意，将制动系数整定到0.18。

（3）4号主变压器跳闸时“重瓦斯”曾经掉牌，经查，由于10kV侧断路器（04、507、508、500）遮断容量不够，回路设计为主变压器保护动作跳104、2204断路器和发电机、高压厂用变压器。机组和高压厂用变压器保护动作后反过来又启动主变压器全停。这样，机组保护动作后，分不清是不是瓦斯保护动作造成的，又因为瓦斯保护不允许启动失灵，所以 3 个厂用变压器的重瓦斯和机组保护动作后启动主变压器全停保护回路都并接在主变压器重瓦斯回路。这样，当主变压器差动保护动作跳发电机时，发电机保护反过来接通主变压器保护的重瓦斯回路，重瓦斯信号发出，实际主变压器重瓦斯没有动作。此逻辑已经传动试验证实。

结论：因为 2 号主变压器反充电合 102 断路器时在 4 号主变压器 110kV 侧产生直流分量，使 4 号主变压器差流达到差动保护定值，而二次谐波值太小，不足以制动保护，造成差动保护出口跳 4 号主变压器，4 号机停机。主变压器“重瓦斯”信号是机组保护动作后返回到主变压器重瓦斯回路，实际重瓦斯没有动作。

根据继电保护评价规程，保护装置评价为“不予评价”。一次设备无故障。

## 四、整改措施

（1）变压器反充电对系统影响太大，以后机组大修后定相工作可在开机时，用发电机带 110kV（220kV）空母线零起升压的方法进行。不再采用变压器反充电的方法。

（2）4 号主变压器“重瓦斯”光字牌实际是 4 种保护并接在一起，都可以发出，影响了事故分析速度。应立即同保护装置生产厂和设计院、电科院协商，制订出切实可行的改造方案。

（3）将 4 号主变压器差动保护二次谐波制动系数从 0.2 改到 0.18，提高了保护装置对系统扰动的制动能力，但降低了保护的灵敏性。

**附件：1、4 号主变压器保护型号及原理**

4 号主变压器于 1999 年 6 月更换微机保护；型号：WFBZ-01；制造厂：国电南京自动化股份有限公司。

4 号主变压器差动保护原理逻辑见图 16 - 3。

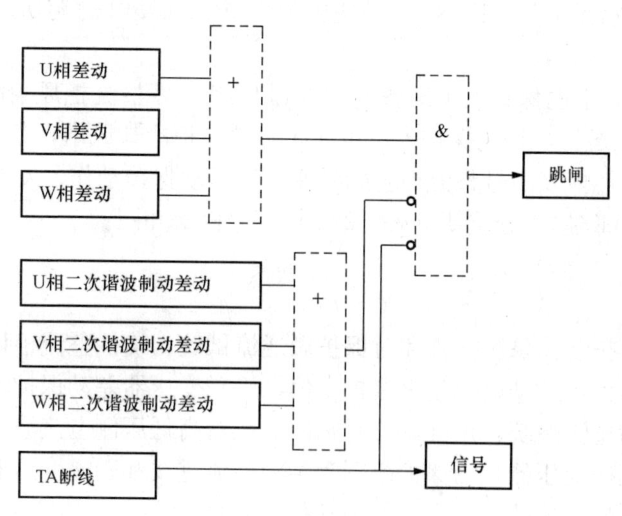


图 16 - 3　4 号主变压器差动保护原理逻辑图

二次谐波制动动作方程为

$$K_c I_d > I_{d.2w}$$

式中 $K_c$——二次谐波制动比；

$I_d$——基波差电流；

$I_{d.2w}$——二次谐波电流。

原理说明：任一相差动保护动作即出口跳闸。条件：TA 断线瞬时闭锁差动保护（根据需要投退此功能）；二次谐波动作满足动作方程。

4 号主变压器动作分析：2005 年 6 月 11 日 12 时 34 分，2 号主变压器由 110kV 空负荷充电时，穿越涌流引起 4 号主变压器差动动作（当时 4 号主变压器 110kV、220kV 侧均为接地方式）。

2007 年 9 月，4 号主变压器进行双套保护改造，保护装置更换情况：保护 A 柜为 DGT801 型保护装置；保护 B 柜为 RCS-978H 型保护装置。

## 案例124 励磁变压器差动保护动作停机异常事件

### 一、设备简介

某电厂 3 号机组为 600MW 亚临界湿冷汽轮发电机组，发电机为三相隐极式同步交流发电机，型号为 QFSN-600-2-22B。采用静止晶闸管，机端自励励磁方式。结构为全封闭、自通风、强制润滑、水氢氢冷却、圆筒型转子。励磁变压器为无励磁调压单相树脂浇注干式变压器，型号 DCB9-2000/22/$\sqrt{3}$，接线方式 Yd11，绝缘等级 F 级。

### 二、事件经过

2006 年 11 月 8 日 09 时 29 分，机组负荷 570MW，AGC 投入，主蒸汽压力 16.48MPa，主蒸汽温度 533℃，励磁电压 318.8V，励磁电流 3691A，发电机无功出力 152.7Mvar，出口电压 22.1kV。

8 日 09 时 30 分，继电保护人员准备处理 3 号机组 1 号整流柜风扇故障缺陷。于 09 时 55 分退出 1 号整流柜运行，继电保护人员更换 1 号整流柜冷却风扇，11 时 02 分更换完毕。

同日 11 时 04 分，恢复 1 号整流柜时励磁变压器差动保护动作，发电机解列，汽轮机联跳，锅炉 MFT。于 11 时 34 分重新点火，22 时 20 分机组并网。

### 三、原因分析

（1）通过分析保护动作录波报告和对保护做通流试验，确认整流柜切换的暂态过程引起保护的不平衡电流增大，差动电流超出保护定值，励磁变压器差动保护动作。

（2）由于励磁为整流系统，正常运行时励磁变压器高低压侧电流波形含有大量高次谐波和直流分量，虽然励磁变压器差动保护范围为励磁交流进线和励磁变压器低压侧两组 TA 部分，但对于区外穿越性电流的突变导致保护动作的可能性很大。从此次动作波形曲线来看，整流柜切换时，电流波形畸变严重，致使高低压侧不平衡电流增加，励磁变压器差动保护没有躲过由整流柜切换引起的暂态过程，造成励磁变压器差动保护动作。

## 四、整改措施

（1）将同型机组励磁变压器差动保护改为速断保护。

（2）布置安全措施时要结合机组运行状况，认真开展危险点分析，全面、细致地查找出工作中存在的危险点、关键点，采取可靠的防范措施。

# 第十七章 励磁系统保护动作导致停机异常事件

## 案例125 励磁 AVR 通道发生故障失磁保护动作停机异常事件

### 一、设备简介

某电厂发电机由东方电机厂生产，型号为 QFSN-300-2-20，采用水氢氢冷却方式，励磁系统为自并励静止晶闸管励磁系统。

### 二、事件经过

2004 年 4 月 26 日，机组有功负荷 150MW，无功负荷 35Mvar；炉侧双套引风机、送风机、一次风机运行，2～4 号制粉系统运行；机组 AGC 投入。

26 日 01 时 10 分，励磁断路器跳闸，发电机—变压器组全停。检查 AVR 报辅助通道 1 和 3 有故障信号，整流辅助柜 TRIP1、TRIP3 动作。在此之后，将 AVR 通道 1～3 电源和辅助通道 1～3 电源断开后复位，故障信号消除。

### 三、原因分析

从装置的原理讲，AVR 一个通道发生故障应不影响正常运行，两个以上通道发生故障，装置应自动切换至“整流柜手控”方式继续运行。跳闸原因有以下两个方面：

（1）在辅助通道 1 和 3 发生故障时，逻辑判断整流柜手控方式异常，导致机组灭磁。

（2）在辅助通道 1 和 3 发生故障时，辅助通道和整流柜手控通道之间通信可能出现故障。没有按装置逻辑自动切换到“手控方式”。

### 四、整改措施

（1）联系厂家，在机组停备时对装置软件进行检查。

（2）制订励磁系统发生通道故障时的处理方案，逐步对 R-R 励磁系统进行改造，对于其他短时间内不能改造的机组，落实增加手动旁路励磁系统的方案。

## 案例126 励磁断路器 MK 跳闸导致停机异常事件

### 一、设备简介

某电厂发电机组为哈尔滨电机厂生产的 QFSN-200-2 型水氢氢冷汽轮发电机，MK 断路器为 DMS-3000-2/1 型，额定电流 3000A。

### 二、事件经过

2007 年 12 月 3 日 07 时 20 分左右，值班员检查发现 GX 励磁断路器盘门上部励磁断路器 MK 红灯不亮，进一步检查发现，盘门上部由于穿丁脱落，二次线头部分拉掉，门上端子排位移造成励磁断路器控制回路无正电，检修人员在上好拉掉线后，在压紧端子排过程中 203 软线毛刺与 201 端子（跳闸线）相碰，造成励磁断路器 MK 跳闸，机组失磁跳闸。

### 三、原因分析

（1）励磁盘门结构有问题，由下部向上穿过，容易掉下，使盘门上部脱落并拉坏与之相连的端子排。

（2）二次线工艺不合标准，不规整紧固，正电与跳闸线端子紧挨在一起。

（3）工作前准备不充分，没有制订出应采取的防范措施，由于端子排为 D 型，端子排位置不合适，线头不甩到外面看不到松动，加之工作人员安全意识薄弱，工作不细心，造成机组跳闸。

### 四、整改措施

（1）利用停机机会，对所有机组的该类问题进行隐患排查，对二次回路接线做一次调整。

（2）在主要运行设备上消缺要考虑周到，先看好图纸，制订安全措施，经批准后进行。

## 案例127 励磁设备故障引起保护动作停机异常事件

### 一、设备简介

某电厂发电机组为 600MW 机组，2005 年投入运行，励磁系统采用自并励运行方式，励磁系统设备采用的是美国 GE EX2100。发电机—变压器组保护采用双套保护配置。装置型号分别为 DGT801（A 柜分 A1、A2）、RCS-985B（B 柜）。非电量保护装置型号为 RCS-974AG（C 柜）。励磁系统故障信号分别给发电机—变压器组保护屏 DGT801（A1 柜）屏、RCS-974AG（C 柜）屏一个励磁系统故障开入信号。两套保护装置收到开入信号后都动作于机组全停跳闸，并且分别给故障录波器一个开入变位故障录波信号。

### 二、事件经过

2009 年 5 月 4 日 0 时 39 分，机组有功负荷 370MW，无功负荷 85Mvar。励磁系统故障保护及其他发电机—变压器组保护均正常投入。于 0 时 40 分机组跳闸。主控室报“励磁系统故障跳闸”、“热工保护跳闸”光字。

故障发生后，对设备进行如下检查：

（1）励磁系统一次设备检查无异常。

（2）励磁调节器检查。动作信息时序为：44ms 收外部跳闸信号；85ms 机组并网但励磁系统退出；110ms 励磁系统故障循环跳闸。此信息是保护跳闸后励磁系统的正常反应。

（3）保护检查。检查发电机—变压器组保护 C 柜，信息显示：0 时 40 分 19 秒 207 毫秒，励磁系统故障跳闸；0 时 40 分 19 秒 280 毫秒，热工保护开入变位；0 时 40 分 19 秒 380 毫秒，热工保护动作跳闸。

（4）热工 SOE 检查。首出为发电机高压侧出口断路器跳闸，之后是跳汽轮机信号。

（5）故障录波器信息检查。故障录波器开关量变化趋势见图 17 - 1。

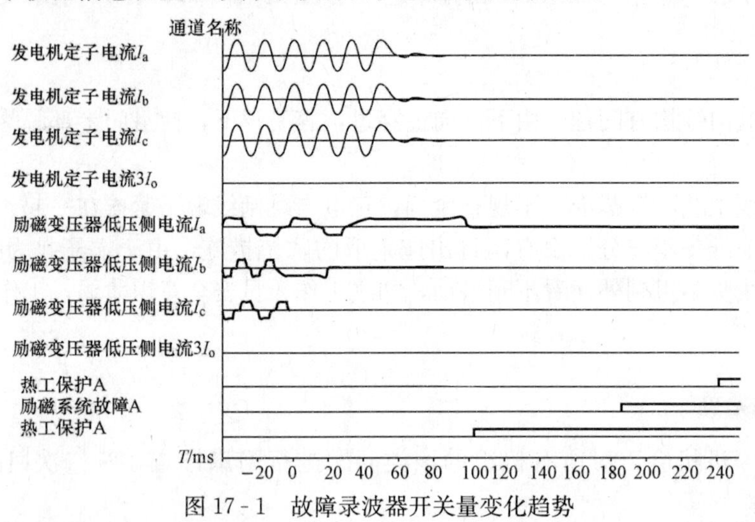


图 17 - 1 故障录波器开关量变化趋势

故障录波信息：灭磁断路器跳闸，约 40ms 后 500kV 断路器跳闸，再约 60ms 后发电机—变压器组保护 C 柜热工保护动作信号发出，再约 80ms 后发电机—变压器组保护 A1 柜励磁系统故障信号发出，再约 60ms 后发电机—变压器组保护 A1 柜热工保护动作信号发出。

（6）检查发电机—变压器组保护 A 柜“励磁系统故障”开入量电缆绝缘正常；发电机—变压器组保护 C 柜“励磁系统故障”开入量电缆绝缘正常；检查励磁调节器发电机—变压器组保护动作跳励磁信号开入电缆绝缘正常。

（7）检查过程中，在机组停机状态下，模拟了多次故障，其中短接发电机—变压器组保护 C 柜“励磁系统故障”开入量，对照录波器波形，波形与事故动作时的波形有相似之处。初步分析认为是发电机—变压器组保护 C 柜误收到“励磁系统故障”信号动作，或励磁系统故障信号在输出回路部分误发。故暂时将 C 柜“励磁系统故障”保护连接片退出，机组于 5 月 4 日 07 时 20 分并网。

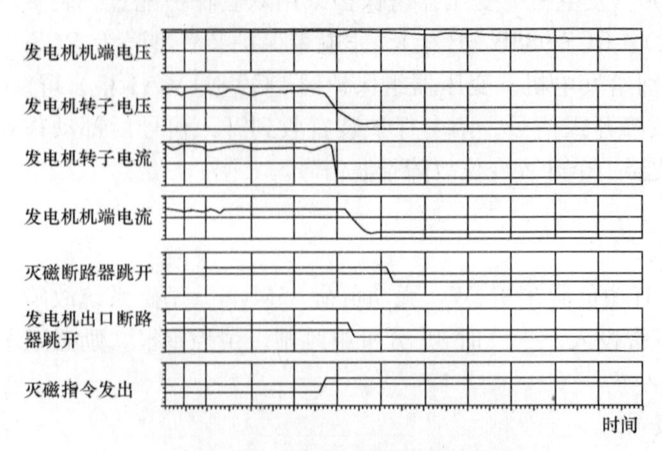


图 17 - 2 故障录波器停机波形图

（8）并网后设备部保护室组织电科院专家和设备厂家人员到现场召开分析会。进一步对故障进行深入分析，判断故障源头应在励磁系统，需要停机对设备进行进一步检查。于

2009 年 5 月 6 日向调度申请停机进行试验和设备检查。5 月 6 日 22 时 30 分，由保护人员短接保护跳励磁系统出口，解列停机，保护人员录取停机波形（图 17-2）。

利用模拟量变化趋势进行分析，EX2100 励磁调节器的故障波形中首先消失的是励磁电压，15ms 后励磁电流消失，再过 33ms 后机端电流消失。这是励磁系统故障后发出灭磁指令的正确动作行为，与故障录波器模拟量波形分析的动作时序一致。

## 三、原因分析

从 2009 年 5 月 6 日 22 时 30 分，停机录取的波形和故障时的波形进行比较，发现两次波形完全吻合，热工 SOE 时序也一致，分析故障源头在励磁系统误收到发电机—变压器组保护跳闸信号。

进一步检查励磁设备，发现励磁系统 ETAB 板（励磁系统接口端子板）上的发电机—变压器组保护跳闸信号的动合、动断继电器动作较为灵敏，经多次短接动合、动断触点后，出现即使无保护跳闸信号，AVR 仍然收到跳闸信号的现象，且无法复归（即使断电重启后仍无法复归）。至此，机组事故跳闸的原因已查明，为励磁系统接口端子板 ETAB 板内部存在问题，保护动作入口开入电子元件故障，误判发电机—变压器组保护跳闸信号，从而发出“励磁系统故障”信号，由发电机—变压器组保护动作跳闸停机。

## 四、整改措施

（1）更换 ETAB 板，并经各项传动验证无误。

（2）提高日常维护和检修质量，保证板件良好的运行环境。增加空调，保证运行温度稳定在 20～25℃。

（3）加强对进口设备的了解，提高技术分析水平。

# 案例128 励磁系统 AVR 转子过电压保护定值偏低导致发电机失磁停机异常事件

## 一、设备简介

某电厂 2 号机组为 600MW 亚临界湿冷汽轮发电机组，发电机励磁系统为自并励励磁方式，励磁设备由调节柜＋ER、晶闸管功率柜＋EG、灭磁设备＋EE 及励磁变压器组成，励磁电源直接取自发电机出口，设有励磁变压器，启励电源取自本机直流 220V 母线。励磁变压器出来的交流电由自动电压调节器调整，经晶闸管整流为直流，通过电刷和滑环接触装置引入到转子上并通过导电杆直接供发电机的转子绕组，导电杆装于转轴中心孔中。

## 二、事件经过

2003 年 10 月 13 日 17 时 30 分，电厂 2 号机组有功负荷 518MW，无功负荷 130Mvar，发电机出口电压 21.762kV，电流 14.080kA，转子励磁电压 283.64V，励磁电流 3101.44A，自带厂用电，备用变压器为热备用状态。

同日 17 时 35 分，机组故障警铃响，“发电机—变压器组保护动作”光字牌亮，灭磁断路器跳闸，发电机失磁跳闸，汽轮机跳闸，锅炉 MFT 动作。运行人员就地检查发现励磁调节器 PLC 上有励磁过电压报警。

### 三、原因分析

（1）专业技术人员对励磁系统各回路和各整定值进行了详细的检查，发现 AVR 装置中双通道转子过电压保护定值不一样，1 号通道定值为 110V（当时投入），2 号通道定值为 200V（当时备用）；调试时，给定的整定值为 200V。

（2）经判定，机组正常运行中跳闸原因为 1 号通道的整定值偏低，在外界因素干扰时此保护值不能躲过感应扰动电流。

### 四、整改措施

（1）对机组励磁系统试验结果进行分析计算后，将 AVR 中转子过电压定值均改为 200V。

（2）设备部电气室、热控室必须对所有保护定值进行试验验证，针对该类问题排查隐患。

## 案例129 励磁系统故障造成过激磁保护动作停机异常事件

### 一、设备简介

某电厂发电机为哈尔滨电机厂生产的型号为 QFSN-300-2 三相隐极式交流同步发电机，发电机励磁方式为自并励静止晶闸管有刷励磁，采用某电气有限公司生产的 GEC-31X 型励磁控制系统，其由一台励磁变压器、两套自动电压调节器、三台智能功率装置、起励装置、灭磁及过电压保护等装置组成。

### 二、事件经过

2007 年 1 月 30 日 17 时 08 分，1 号发电机 DCS 画面发出 1～3 号整流柜通信异常报警；于 17 时 48 分，励磁系统 AVR 发出故障信号，励磁调节柜“A 套为主”、“B 套为主”发出信号，励磁调节器及整流柜发“异常报警”信号。于 18 时 01 分，过激磁保护动作（定值 $U/f$ 为 1.1 倍，20s），发电机解列、灭磁。

### 三、原因分析

检查发现 1 号机组励磁系统 3 号智能整流柜 IPU 的光纤转换器接收端 Rx 接触不良，导致励磁调节器 AVR 与三台智能整流柜 IPU 之间的 CAN 总线通信中断。三台智能整流柜 IPU 脱离励磁调节器 AVR 控制，三台智能整流柜 IPU 独立运行（恒励磁变压器二次侧电压运行），电压的调整以脱离控制时的跟踪电压进行闭环调节，维持稳定，1 号机组在此情况下维持运行了 53min。

在 CAN 总线通信故障情况下，励磁调节器 AVR 的控制仍在电压闭环调节，智能整流柜 IPU 转独立运行，不接受 AVR 指令。同日 18 时 00 分 50 秒时，因智能整流柜 IPU 的光纤接收端 Rx 故障瞬间消失，AVR 恢复控制功能。此时 220kV 系统电压小范围（229～226kV）波动，导致机端电压下降，AVR 向 IPU 下发调节指令，三台智能整流柜 IPU 接收励磁调节器 AVR 的控制指令后励磁电流输出突升，导致机端电压上升至 23kV。此时又发生通信故障，三台智能整流柜 IPU 又转独立运行方式，维持机端电压 23kV 运行，时间持续 20s，过激磁保护动作跳闸。

IPU 由于出现 CAN 通信故障转独立运行后，即使此过程有通信中断恢复，也不再接收 AVR 的数据指令，只有人为进行干预，确认 AVR、IPU 及 CAN 通信总线正常后，进行“信号复归”，IPU 才接收 AVR 数据指令。出现 CAN 总线中断后，励磁系统在额定工况以下进行，不会出现发电机保护动作情况，在智能整流柜 IPU 独立运行时，对 CAN 总线中断进行及时处理后，能安全切换至励磁调节器运行。

## 四、整改措施

（1）对接触不良的光纤转换器进行更换，保证光纤转换器光纤接口接触良好，避免 CAN 总线通信异常发生。

（2）对智能整流柜 IPU 程序进行升级，提高智能整流柜 IPU 在 CAN 总线通信中断时的限制能力，增加 CAN 总线中断时的限电流功能，即 CAN 总线通信出现异常后，把智能整流柜 IPU 的励磁电流限制在 60%。

（3）针对励磁系统出现的问题，制订相应的事故处理预案，同时加强人员技术培训，避免事故扩大。

（4）机组出现异常报警信号时，运行人员应及时汇报，并联系专业人员查找原因。

# 第十八章 人为原因造成灭火停机异常事件

## 案例130 查找直流接地造成失步保护动作停机异常事件

### 一、设备简介

某电厂发电机为哈尔滨电机厂制造的 QFSN-300-2 型三相、二极、隐极式转子同步发电机；机组保护 A 屏采用保护装置 RCS-985A，B 屏采用保护装置 WFB-805A/F；升压变电站为 220kV 双母线带母联，机组采用单元接线方式。

### 二、事件经过

2009 年 9 月 17 日，电厂发电机负荷 270MW，协调投入，主蒸汽压力 17.1MPa，汽动给水泵运行，电动给水泵备用，A、B、D、E 磨煤机运行，C 磨煤机备用，主蒸汽温度 537℃，再热蒸汽温度 536℃。脱硫系统运行，其余参数正常，升压变电站及厂用电源系统正常运行方式。

同日 18 时 00 分，1 号机组直流 220V 系统发生接地故障，绝缘监察装置显示 1 号发电机—变压器组保护 A 屏、B 屏、热控直流接地（绝缘监察装置接地支路显示为 8、10、41 号热控直流接地报警）。

同日 19 时 00 分，设备工程部继电保护人员办理查找直流接地工作票，分析直流系统故障报警原因，当时装置接地报警显示为：

（1）母线绝缘：正母—绝缘降低（正极直流母线对地绝缘降低）。

（2）母线电压：正对地欠压。

（3）支路绝缘（对地电阻）：

8 号正：6.02kΩ，负：99.99kΩ（1 号机组 A 屏）；

10 号正：6.34kΩ，负：99.99kΩ（1 号机组 B 屏）；

41 号正：2.21kΩ，负：99.99kΩ（热控直流）。

用万用表实测直流母线正对地电压：15V；负对地电压：210V，证实直流系统正极实接地。

核实去热控、发电机—变压器组保护电源无误，经与热控人员、值长请示并经同意后，用对讲机及座机与主控间保持联系，进行拉路查找。同日 21 时 17 分，在继电保护人员断开直流屏至 1 号发电机—变压器组保护 B 屏两路电源断路器后，1 号发电机跳闸，1 号发电机—变压器组保护 A 屏发“外部重动 4”动作信号，大连锁动作，汽轮机跳闸，锅炉 MFT。

## 三、原因分析

（1）经查找发现，在失步解列装置跳1号发电机组接线回路中，按照设计院设计，将失步解列保护同一跳闸触点同时接至跳发电机—变压器组保护A屏和B屏两个外部重动4回路，使A屏、B屏两套保护装置直流回路发生了电的联系，在查找直流接地断开B屏直流电源后，由于B屏寄生回路的存在，构成跳闸回路，引起A屏外部重动跳闸出口动作，造成1号发电机组跳闸。失步解列保护直流回路见图18-1。

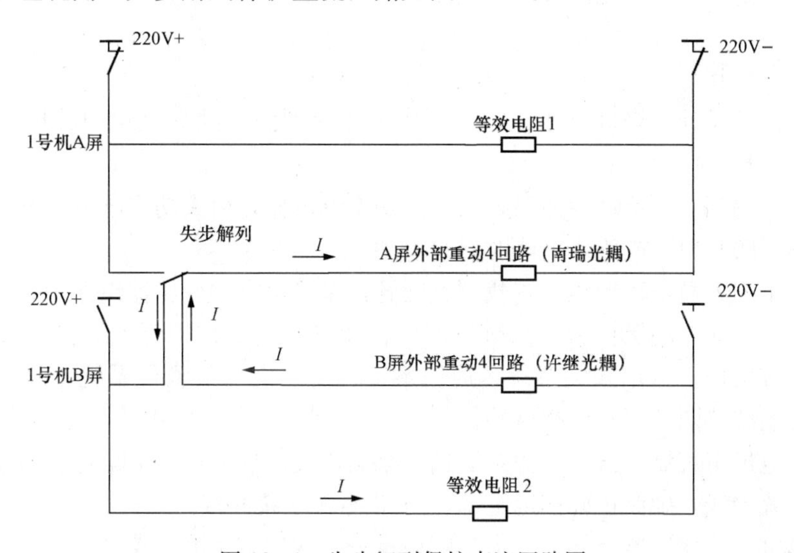


图18-1　失步解列保护直流回路图

对图18-1说明如下：

1）1号发电机组保护A屏采用保护装置RCS-985A，B屏采用保护装置WFB-805A/F。图18-1中等效电阻为直流母线间GPS、机组测控、PMU等负载等效电阻，等效电阻1阻值为7.1kΩ，等效电阻2阻值为25.5kΩ。

2）设计院设计为失步解列跳发电机，触点为A、B屏保护共用。

3）在查找直流接地过程中，拉开B屏直流电源，A屏220V正电源、等效电阻2、B屏外部重动4回路、A屏外部重动4回路、A屏220V负电源便形成回路，A屏外部重动4回路电压达176V（80%），大于55%～70%动作电压，A屏外部重动4回路动作。

（2）直流接地原因为1号发电机—变压器组保护屏A内积尘接地，对保护屏内接线及装置进行检查，吸尘干燥处理，直流系统绝缘恢复正常。

（3）暴露出的问题：

1）设计院在设计中将失步解列的同一个跳闸触点同时接入跳A、B屏两套保护回路，将两套保护直流回路连接在一起，设计违反了华北电网反措要求中“两套保护装置之间不应有电气联系”的规定，设计中存在着严重的错误。

2）调试过程中试验项目不全，未做微机保护直流的拉合及相关传动试验。曾发现施工中失步解列触点问题，但只是问了施工方，回复是设计方案，就没深入研究，也未通知设备部继电保护专业人员，监理也没有把好监督关，暴露出各方管理不到位。

3）设计上失步解列开出的一个触点同时启动1号发电机—变压器组A、B柜保护装置，造成两组直流并联，对这一图纸变更，施工方与主设计确定方案后未通知保护专业人员，没经过图纸的审核就急于施工，也未在施工前及时提出联络单，通知甲方，暴露出施工管理上存在着漏洞。

4）设备部继电保护专业人员对电气二次回路设计、接线审查存在漏洞，基建竣工验收把关不严，未能发现用同一触点同时启动两套保护的错误设计接线。

5）继电保护人员在查找直流接地的过程中，危险点分析不到位，未认真分析危险因素，没有采取必要的防止保护误动的技术措施。

## 四、整改措施

（1）对错误的设计接线进行改正，分别用失步解列两个独立触点回路启动 A 屏、B 屏保护回路。

（2）在失步解列启动重动 4 回路，加装大功率继电器，由大功率继电器开出的触点再启动重动 4 回路，防止串电或绝缘下降时保护误动。

（3）积极组织人员审核图纸，查找同类问题：对发电机—变压器组保护、备用变压器保护、出线保护、母线差动保护、失步解列保护、NCS 系统、ECS 系统、厂用电快速切断装置、厂用电系统保护、电量采集系统、通信系统、发电机功角测量系统、故障信息管理系统、故障录波系统等图纸逐一检查试验。

（4）对发电机组直流、交流电源系统进行全面检查，规范现场电源标牌标志，规范直流方式，掌握系统接线，确保正确投退电源，防 止电源系统并接。

（5）对发电机—变压器组保护、失步解列保护、网控室、综合控制楼直流设备、电缆夹层、沟道进行清扫、吸尘，并制订定期清扫制度，专人负责，每星期清扫一次。

（6）运行中查找直流接地工作应由值班的运行人员负责操作，继电保护人员应配合做好防止保护误动的安全措施。

（7）检修人员要全面掌握设备情况，扎实开展“三讲一落实”活动，认真开展危险点分析与控制工作。进行任何一项工作前，针对不同的情况，提前制订并落实控制措施，做好事故预想。

# 案例131 查找直流接地导致锅炉灭火异常事件

## 一、设备简介

某电厂汽轮机系东方汽轮机厂制造，为超高压、三缸三排汽、单轴、一次中间再热、凝汽式汽轮机，额定功率为 200MW，1988 年 1 月 24 日投产。配用哈尔滨锅炉厂制造的 670t/h 超高压煤粉锅炉。

## 二、事件经过

2008 年 5 月 14 日 10 时 02 分，值长电话通知单元长，电气将断开 6kV Ⅲ段控制电源查找接地，要求单元长从 CRT 上调出电动机状态监视画面。于是，10 时 02 分，电气运行切

6kV Ⅲ段控制电源自动开关9Z。10时03分，集控室事故喇叭响，锅炉CRT燃烧画面全部给粉机跳闸，甲乙引风机、送风机均红闪，锅炉跳闸首出显示“失去燃料”，MFT动作。运行人员进行强制吹扫，调整炉膛负压至正常值。10时10分，锅炉吹扫完毕，投油点火成功。10时35分，负荷升至140MW，机组各项参数恢复正常。

## 三、原因分析

该机组甲乙引风机、送风机自动断路器送至DCS系统的信号设计不合理。在跳闸回路中扩展了中间继电器ZJ，利用它的触点当做合闸、跳闸反馈信号。如果断路器在运行状态则ZJ带电，当直流控制电源消失后ZJ返回，送至DCS系统的信号变成自动开关在跳闸状态，但自动开关实际在合闸位置，见图18-2。

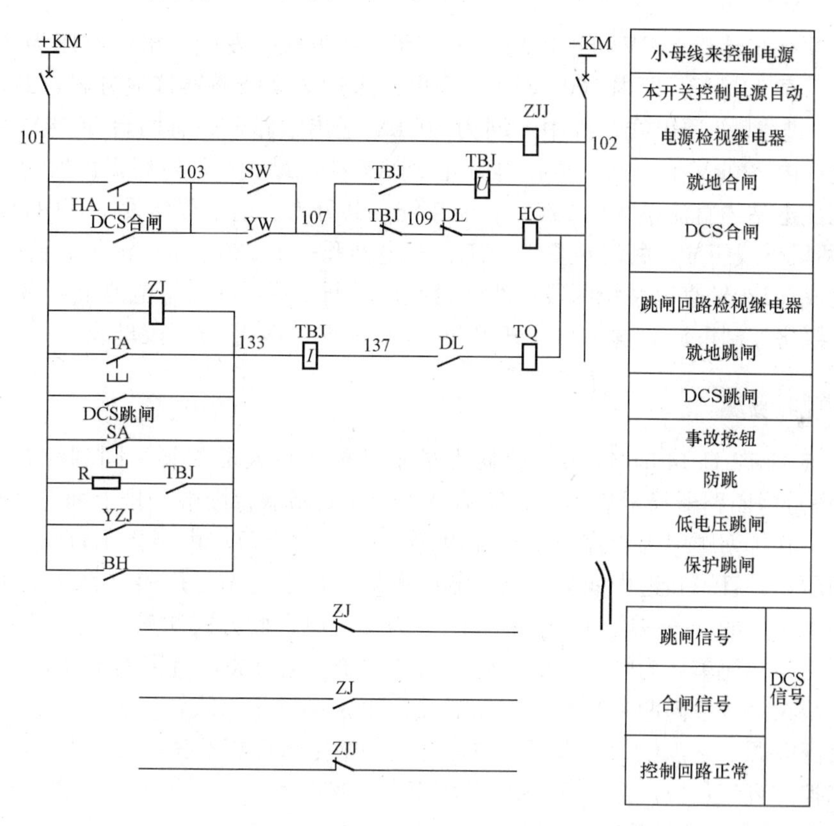


图18-2 甲、乙送风机控制回路图

在查找机组直流Ⅰ段接地过程中，断开直流9Z（6kV Ⅲ段控制电源）空气开关时，致使6kV Ⅲ段所有断路器控制电源消失。此时甲、乙送风机控制回路中扩展中间继电器ZJ返回，送至DCS的信号显示甲、乙送风机已停（实际在运行状态）。在锅炉大连锁投入条件下，发出排粉机和给粉机跳闸命令，所有排粉机和给粉机全停，锅炉“燃料中断”报警，MFT保护动作，锅炉灭火。

## 四、整改措施

（1）在机组大修中，结合断路器改造工作对6kV ⅢA、ⅢB段断路器控制回路进行改造，取消扩展继电器，使用断路器原动触点作为断路器位置指示。

（2）6kV ⅢA、ⅢB段控制直流采取分段供电方式：9Z给6kV ⅢA段断路器控制供电，14Z给6kV ⅢB段断路器供电，6kV ⅢA、ⅢB段之间控制电源联络自动开关断开。

（3）继电保护专业加强对二次回路隐患的排查治理工作。

（4）利用机组检修机会，对直流系统进行改造，采用对断路器柜单独供电的方式。

## 案例132 网控直流系统串入交流电导致停机异常事件

### 一、设备简介

某电厂共有6台600MW机组，均采用单元接线方式，发电机出口电压为22kV，经主变压器后升压至500kV。厂内500kV升压变电站采用3/2断路器接线方式，共安装有6个完整串，6回进线，6回出线，其中4回为500kV送出线路，另有两台500kV/220kV联络变压器给电厂内220kV变电站供电，再由此220kV变电站为全厂机组提供启动、备用电源。500kV升压变电站内直流系统为220V直流系统，共分为三期工程建设，其中每期工程均由220V直流两段母线组成，每段设置一套工作充电器和一个220V蓄电池组。蓄电池组由103只蓄电池组成，220V直流系统两段母线间设有母联断路器，两组蓄电池组互为备用。其中，综合给排水泵房控制电源取自500kV升压变电站一期220V直流Ⅰ段母线。

### 二、事件经过

2005年5月12日14时40分，检修人员王某与运行人员刘某一同到综合水泵房检查0.4kV PC段母联断路器指示灯不亮的缺陷。该母联断路器背面端子排上面有3个带熔断器的电源端子，其排列顺序为直流正、交流电源（A）、直流负。由于指示灯不亮，王某怀疑是电源有问题，并且不知道中间端子是交流电源端子，于是用万用表（直流电压挡）测量，测得3个端子中间的端子没有电（实际上此线为交流电，此方式测量不出电压），其他两个端子有电。王某便简单认为灯不亮的问题与第二端子无电有关，就用端子排旁线束上的一段导线（此导线在该线束内两端悬浮）一端插接到第三端子上（直流负极），另一端插到第二端子上（交流电源A）以给第二端子供电，并问刘某指示灯亮不亮，实际上这时已经把交流电源通入网控的直流负极。造成500kV升压变电站断路器5011、5012、5022、5023、5041、5042、5043相继跳闸（继而造成1号、4号机组跳闸）。

1号机组于12日14时52分甩负荷；14时53分发电机跳闸，汽轮机跳闸，锅炉MFT。4号机组于12日14时53分汽轮机跳闸，发电机跳闸，锅炉MFT。检查主变压器跳闸，备用变压器失电，快切装置闭锁未动作，6kV厂用电失电，各低压变压器高、低压侧断路器均未跳开，手动拉开。

经专业技术人员对现场设备试验，确认主设备没有损坏，机组可以运行后，经网调批准，4号机组于26日17时43分并网，1号组于28日16时15分并网。

### 三、原因分析

（1）检修人员王某在检查缺陷过程中，随意扩大工作范围，且工作不规范，凭主观想象，随意动手试接线，致使交流电串入网控直流控制系统。

（2）直流系统设计不完善，外围设备的直流电源由 500kV 升压变电站的 1 号网控直流电源直接供给。

（3）综合水泵房 0.4kV 母联断路器盘柜中，交直流端子交叉布置并紧挨在一起，存在事故隐患。

## 四、整改措施

（1）交直流电源在同一盘柜中必须保证安全距离，交流和直流必须分开，必须做到可靠隔绝，要有明显的提示标志。

（2）加强对直流系统的管理，按照机组、网控、机组之间、机组与网控之间独立配置直流、双路或多路供电，外围附属设备的直流必须单独设置，不得与网控或主机组直流相连。对电厂内不符合上述配置原则的地方逐项进行整改，切实降低直流系统事故风险。

（3）加强直流系统图册管理，必须做到图纸正确、完整，要按档案管理的标准存档，有关作业人员要人手一册。图纸不全的要及时组织专业人员查清系统并尽快完善，接线有变更的要及时修改图纸。

（4）制订相关管理制度，凡是在电气二次或热工、热控系统回路上的工作，必须使用图纸，严格照图工作，没有图纸则严禁工作。

（5）制订测量、查线、倒换端子等二次系统工作的作业程序，逐项监护，防止差错。

（6）检查各级直流熔断器实际数值的正确性，真正做到逐级依次配置，防止越级熔断，扩大事故。

# 案例133 检修措施不到位引起发电机解列停机异常事件

## 一、设备简介

某电厂 2 号发电机型号为 QFSN-220-2，为哈尔滨电机厂生产，额定容量 258 800kVA，额定电压 15.75kV，定子额定电流 9488A，转子额定电流 1884A，定子绕组接线方式为 2-Y，1996 年投产发电。

## 二、事件经过

2008 年 7 月 3 日 14 时 46 分 22 秒，2 号发电机励磁机过负荷反时限保护动作，发电机与系统解列。

解列前机组负荷为 184.8MW，发电机无功负荷为 32.289Mvar，频率 50Hz，发电机机端电压为 17.29kV，发电机定子电流为 12 204A，转子电压为 654.93V，转子电流为 2742.29A，主励磁机励磁电压为 54.55V，主励磁机励磁电流为 177.76A，主励磁机定子电流为 2068.85A。

在此之前，检修人员已开票在对该机组同期装置进行检测。3 日 14 时 45 分 22 秒，集控室发电机立屏上“发电机转子过负荷 T1”和“发电机定子对称过负荷 T1”光字牌信号报警。运行人员立即到立屏后将情况告诉正在对该机组同期装置进行检测的检修人员，并询问是否与检修工作有关，检修人员回复：正在进行的检测工作不会对运行机组造成任何影响。

同日14时46分22秒，发电机出口断路器突然跳闸，励磁调节器输出断路器（AK、BK、2K）跳闸，灭磁断路器（LMK）跳闸，发电机与系统解列灭磁。机组同时发出如下光字信号："V/F报警"、"V/F限制"、"励磁调节器限制动作"、"励磁调节器运行工况报警"、"励磁调节器装置异常报警"、"备励过压限制"、"给定回零"、"920断路器事故跳闸"、"AK事故跳闸"、"BK事故跳闸"、"LMK断路器事故跳闸"；相邻机组同时发出如下光字信号："调节器A欠励限制"、"调节器B欠励限制"。

事故发生后，电气人员立即对所有电气设备进行了全面检查，特别对发电机—变压器组一次设备、发电机出口TV及其二次回路、励磁调节器装置进行了重点检查，并调出故障录波图进行了分析，在排除发电机—变压器组一次设备及其励磁系统存在故障的可能性后，向中调进行了详细的汇报。在得到中调的同意后，机组零起升压，于7月3日16时22分重新并网运行。

## 三、原因分析

（1）检修人员在对机组同期装置调频回路进行检查的过程中，安全隔离措施不到位，特别是电气二次回路的隔离措施不到位，引起向励磁调节器误发持续的"增磁指令"，最终引起"励磁机过负荷反时限保护"动作出口使发电机灭磁解列。因此，检修人员安全措施不到位，在对同期装置进行测试的过程中误发持续的"增磁指令"是这次事故的直接原因。

事故发生后，电气专业召集检修当事人，对当时的现场安全措施及检测工作内容进行了逐一描述，完全再现了当时的事故情况。当事人的描述与运行人员的反映及事故发生的现象非常吻合。具体情况为：7月3日上午，检修人员办理完"302号机组同期装置调频回路检查"的工作票手续后，甩开了该装置频率调节出口继电器至热工调速系统的二次线，但检修人员认为与调压回路工作无关，故没有甩开同期装置电压调节出口继电器至励磁调节器的二次线。7月3日下午14时左右，检修人员检查上午做的安全措施后，还拔掉了同期装置调节继电器对外连接的航空插头（编号为JK4），接着就模拟实际状况，用继保测试仪对同期装置加入不同的交流电压进行测试。于14时40分左右，检修人员为了测量方便，将拔掉的航空插头（JK4）再次插回。14时43分左右，当检修人员用继保测试仪对同期装置加入交流电压后，同期装置立即向励磁调节器发出"增加励磁"的指令。14时45分22秒左右，集控室302号发电机立屏上"发电机转子过负荷T1"和"发电机定子对称过负荷T1"光字牌信号，当运行人员询问检修人员的时候，检修人员并没有意识到自己正在向励磁调节器发出持续的"增加励磁"指令。直到14时46分22秒"励磁机过负荷反时限保护"动作，使发电机解列灭磁。

（2）运行人员的处理不果断、不到位，这是引起这次发电机解列灭磁的间接原因。同日14时45分22秒左右，集控室发电机立屏上发出"发电机转子过负荷T1"和"发电机定子对称过负荷T1"光字牌信号后，在长达1min的时间里，运行人员没有引起足够重视，没有果断采取切换励磁等有效办法来阻止励磁电流的进一步增加，错过了避免发电机解列灭磁的最佳处理时间。

## 四、整改措施

（1）加强运行人员的技术培训，提高运行人员的事故分析判断和处理能力，在运行参数发生异常时，能正确判断并快速作出反应。

（2）出现发电机无功负荷及其他励磁系统参数有异常变化的情况时，立即派人到励磁调节器处，观察电压给定（$U_r$）及其他运行参数的变化情况，进行必要的减磁操作，尽量将励磁参数调整在正常运行范围；如调整无效，励磁参数还持续增加并危及机组的安全运行时，应迅速果断地将励磁切至备励运行。

（3）与励磁调节器厂家联系，要求对装置进行一次全面的检测，并优化有关参数的设置。如有可能，增加断路器量输入的录波功能，给以后的事故分析带来方便。

（4）严格执行“两票三制”，规范“继电保护措施票”和危险点分析工作的管理，提高检修工作的安全管理水平。

（5）今后凡涉及主设备二次回路上的工作，必须有主任工程师及以上管理人员到现场对有关安全措施进行全面检查确认、监护，方可进行检修工作。

（6）对可能影响机组安全运行的类似工作，都必须在机组停运后进行，在机组并网运行后，一般不安排在同期系统上进行检修工作。

（7）当运行人员发现机组参数有异常报警时，应立即检查有无相关工作，并要求检修人员立即停止工作，撤离工作场所，在异常报警原因查明或消除异常后，确认与相关检修工作无关时再恢复原检修工作。

# 案例134 发电机—变压器组保护B柜突加电压保护动作停机异常事件

## 一、设备简介

某电厂5号发电机—变压器组保护配备有南自DGT-801A型和许继WFB-800系列双套电气量保护柜，一套南自DGT-801A型非电量保护柜。

## 二、事件经过

2005年1月10日10时06分，5号发电机与系统并列，发电机—变压器组出口主断路器205在合闸位，5号机组逐渐增加发电机有功负荷，于10时20分当发电机有功增加到20MW时，发电机—变压器组出口主断路器205跳闸，灭磁断路器MK联跳，所有抽汽止回门及高排止回门关闭，检查5号发电机—变压器组保护B柜（许继产品）突加电压保护动作。

## 三、原因分析

事发前一天下午，技术服务人员对5号发电机—变压器组B柜保护存在的问题进行了处理，同时按工程部安排新增GPS对时功能，此工作需更换插件并将GPS对时线引上端子排。因前日工作未完，当日上午，许继技术服务人员继续进行工作，但不清楚5号机组已并网，并逐渐增加负荷。由于许继技术服务人员线未接完，5 号发电机—变压器组出口主断路器 205、灭磁断路器 MK 位置触点未接入保护，不能将突加电压保护闭锁，导致机组增加负荷时引起保护误动，发电机跳闸。

## 四、整改措施

（1）加强电子设备间的管理，严格控制人员出入，禁止无关人员进入。在电子设备间工作需严格执行工作票制度，厂家技术服务人员进行工作要有工程部相应专业班组人员陪同，办理工作票并经许可后方可进行工作。

（2）机组启动前，继电保护专业人员要对保护及自动装置的投入进行全面检查确认，确保保护及自动装置具备投入条件并按规定正确投入。

（3）发电部编制的机组启动标准操作票中应包含发电机—变压器组保护投入的标准检查项目，运行中要加强巡回检查工作，及时发现设备及保护装置存在的隐患，提高机组运行的可靠性。

# 案例135 收导线不当弹到避雷器导致停机异常事件

## 一、设备简介

某电厂 3 号发电机是 TQN-100-2 型，1966 年制造，为哈尔滨电机厂生产。103 系统避雷器型号为 Y10W5-100/248W。

## 二、事件经过

某日，继电保护班长、工作人员在 220kV 6 母线 TV 二次端子箱处工作，另两位工作人员在机房 8m 线轴处看守，测试 TV 二次电压降工作于 11 时结束。同日 11 时 21 分，工作成员在回收测试导线过程中，因导线用 200mm×200mm 地砖压住，工作成员站在 8m 桥上直接拽导线，使导线弹起，碰到 110kV 103 系统 W 相避雷器顶端，致使 110kV 系统 W 相瞬间接地（事故现场见图 18-3），110kV 5 乙母线差动保护动作，5 乙母线上 103、104、114～116 断路器跳闸，5 乙母线停电，3、4 号机只带厂用电负荷，通过 220kV 并 4 号发电机，于 11 时 25 分网控合 2204 断路器，11 时 27 分 4 号发电机通过 04 断路器并入电网。因 103 系统 W 相避雷器顶端有放电痕迹，11 时 35 分厂领导决定停 3 号机检查避雷器，11 时 36 分 5 号炉灭火，3 号机组打闸，11 时 36 分中调令用 155 断路器给 5 乙母线充电，正常后汇报中调，11 时 40 分合上 114、115、104 断路器，切断

图 18-3　事故现场

2204、155 断路器。11 时 57 分合上 116 断路器，至此 110kV 系统恢复正常。同日 12 时 30 分，对 103 断路器避雷器进行检查试验无问题，12 月 5 日 13 时 20 分 3 号机组并入电网。

### 三、原因分析

（1）测试工作走仪表线不合理。

（2）工作结束后，收线工作人员不应该站在高处拽线。

### 四、整改措施

（1）对职工加强安全教育，提高安全意识。

（2）在升压变电站工作使用导线要合理布置，做到通道安全。

（3）收线工作要两人进行，并注意远离带电设备。

## 案例136 励磁调整不当造成励磁系统保护动作停机异常事件

### 一、设备简介

某电厂发电机组为国产 600MW 机组，励磁系统采用自并励运行方式，励磁系统设备采用的是美国 GE 公司 EX2100。发电机额定有功功率 600MW，额定无功功率 290.6Mvar，额定励磁电流 4128A，额定定子电压 20kV。

### 二、事件经过

2006 年 3 月 24 日 16 时 26 分，中调 AGC 发出指令，机组负荷由 500MW 升至 600MW。在涨负荷过程中，运行人员多次调整发电机无功以提升 500kV 母线电压。于 16 时 43 分，光字牌发“励磁系统故障 2”报警（发电机过励限制报警），励磁装置 COI 中也发励磁装置异常报警和 OEL 限制动作。但是，运行人员没有发现该报警，未能及时采取手段降低励磁电流。同日 16 时 46 分，机组跳闸。跳闸前，机组有功负荷 599MW，无功 328Mvar，发电机出口电压 21.732kV。

经趋势曲线和事件追忆系统查询，运行人员连续 6 次手动增加发电机励磁电流，发电机转子电流从 3850A 上升到 4292A，最高到 4419A（额定电流为 4128A），无功最大值达 328Mvar。同日 16 时 43 分，励磁系统发过励限制动作后，励磁系统由 AVR 调节方式转为 FCR 磁场电流模式，将发电机励磁电流降到额定值运行。此时运行人员仍未进行减磁操作。于 16 时 46 分，发电机励磁电流出现突然升高，励磁变压器过电流保护动作，将发电机出口两个断路器跳开，机组与系统解列。

### 三、原因分析

当值运行人员过于追求 500kV 系统的电压，忽视了对发电机重要运行参数的监控，无功超过额定值，光字牌报警后，运行人员未及时降低发电机励磁电流，造成励磁变压器过电流保护动作，这是机组跳闸的主要原因。

发电机励磁装置自动由 AVR 转为 FCR 磁场电流模式后，发电机励磁电流突然升高，引起励磁变压器过电流保护动作，这是本次发电机组跳闸的直接原因。

### 四、整改措施

（1）加强运行人员培训，提高运行人员对设备额定参数的掌握水平和参数调整水平。完善运行技术管理工作，完善运行规程和有关技术措施。

（2）本次跳闸事件中，发现励磁变压器过电流保护定值为 1.3 倍额定电流延时 1s 跳闸，不满足强励 2 倍额定电流 10s 的要求，应重新核定励磁变压器过电流保护定值和延时与强励的要求相匹配。

（3）DCS 画面中增加电气参数超限后变色警示，有利于运行人员发现参数异常和及时采取措施。

## 案例137 继电保护定值设定错误导致停机异常事件

### 一、设备简介

某电厂发电机为东方电机厂生产的 QFSN-300-2-20B 型三相、两极、隐极式转子同步汽轮发电机。数字式发电机—变压器组保护配备有南京南瑞 RCS-985A、北京四方 CSC-300 双套保护和南京南瑞 RCS-974 数字式非电量保护。

### 二、事件经过

2005 年 10 月 15 日，7 号机组负荷 300MW，主蒸汽流量 1010t/h，主蒸汽温度 540℃，给水流量 973t/h，双套送风机、引风机、一次风机运行，1～4 号磨煤机运行，1、2 号汽动给水泵运行，电动给水泵备用。同日 10 点 56 分，7 号机组报“发电机故障”，207 断路器跳闸，7 号发电机与系统解列。对发电机—变压器组保护装置报警和记录进行检查，发电机—变压器组保护 B 柜报“负序过流保护动作跳闸”，动作值 0.4512A，动作时间 31ms，进一步检查故障录波器、相邻机组发电机—变压器组保护装置、母线及线路保护装置，均记录三相电流发生突变。

同日 11 点 30 分，联系中调，询问 220kV 电网未发生任何故障。因保护动作原因未明，电气一、二次专业人员检查 220kV 升压变电站避雷器、支柱绝缘子等户外设备，未发现放电痕迹；对发电机进行绝缘测试，也显示正常；检查封闭母线外观也未见异常，6kV 设备未发现异常现象，二次回路绝缘正常；电话联系对侧变电站，得知：当地电网有一条 220kV 线路发生单相故障保护动作后，重合闸成功，故障消除。

综上分析，确定因电网干扰保护误动造成 7 号机组跳闸。

### 三、原因分析

通过对 7 号机组保护装置的故障记录、发电机—变压器组故障录波器所录波形、电科院 7 号发电机—变压器组保护调试报告的综合分析，以及厂家技术人员现场检查，分析得出：

7号发电机—变压器组保护B柜（北京四方继保CSC300）“发电机复合过流保护”过流延时$T_G$设置错误，这是导致7号机组跳闸的直接原因，详见图18-4。

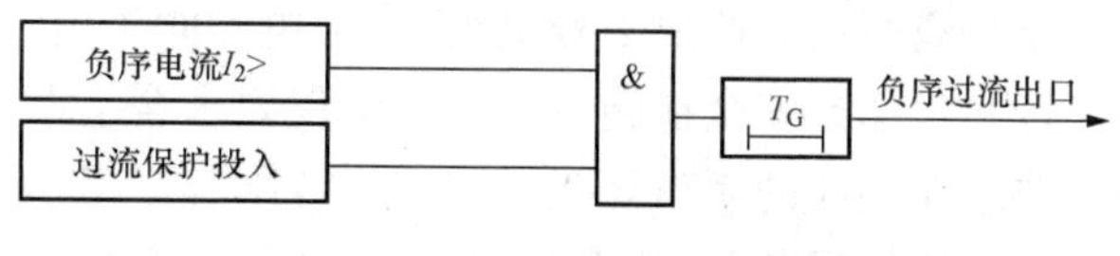


图18-4　负序过流保护逻辑图

## 四、整改措施

（1）继电保护和热控专业要针对二期保护逻辑和定值，认真组织专业人员对保护逻辑和定值逐项进行检查核实，完成保护逻辑、定值的检查校对工作，对检查中发现的问题制订出整改计划。

（2）工程设备部进一步加强对继电保护和热控二次人员专业技术的培训工作，采取集中讲课和交叉培训方法，对人员全面培训，并有效利用激励机制，营造学习专业知识的氛围。

（3）发电部人员要加强与当地中调、地调、对端变电站的调度沟通，及时获取电网运行情况信息，便于机组运行调整以及对异常和事故的分析。

（4）发电部要加强运行人员的专业技术培训工作，使运行人员熟悉设备系统，提高处理应急事件的能力。

# 案例138　检修人员误拉220V直流母线联络隔离开关使直流母线失电导致停机异常事件

## 一、设备简介

某电厂2号机组220V直流系统双母线运行，每条母线配置一组蓄电池和充电机，正常运行时两条220V直流母线分裂运行。

## 二、事件经过

2011年7月25日9时30分，继电保护专业办理电气第二种工作票“2号机组220V直流蓄电池组充放电”，工作票措施：“把2号机组220V直流Ⅱ段母联络柜联络隔离开关2QS2打至直流Ⅰ段母线处，断开2号机组220V直流Ⅱ段充电机隔离开关2QS1”，进行2号机组220V直流蓄电池组放电、充电定期工作。同日12时57分，蓄电池组放电工作完成，工作负责人在没有其他人员在场的情况下，拉开了放电自动开关，在合上蓄电池充电自动开关时走错间隔，误拉2号机组220V直流母线联络隔离开关，发现错误后又立即合上，造成2号机组220V直流母线短时断电，使2号机组ETS双路电源、两台给水泵汽轮机METS双路电源、MFT双路电源断电，导致2号机组AST电磁阀1～4号全部失电，给水泵汽轮机METS电磁阀失电，2号机组及A、B汽动给水泵跳闸。经事故分析，并向当事人核实后，2号机组于14时20分恢复并网发电。

## 三、原因分析

（1）工作负责人在工作班成员均不在场的情况下，擅自操作运行设备，且走错间隔，误拉联络隔离开关，造成2号机组AST电磁阀失电，这是此次事件的主要原因。

（2）工作票安全措施不全，措施仅要求合上联络隔离开关、拉开2号充电机自动开关，没有要求在相应的隔离开关上挂禁止合闸牌，工作许可人做安全措施时也未挂牌，且未将运行设备和检修设备可靠隔离和标识（如装设围栏、运行盘柜挂红布幔等），并且直流盘柜标识不清、没有双重编号，因此安全措施不全是造成此次事件的次要原因。

（3）机组保护直流电源供电回路不合理，机组ETS、汽动给水泵ETS、MFT均为双路直流供电，但双路供电均来自同一直流220V母线，且机组ETS、汽动给水泵ETS等6路直流电源取自同一分支。在机组220V直流母线失电时，机组因ETS双路电源失去而误跳闸。

（4）事故当事人在事故发生后未主动汇报误操作情况，这是导致机组恢复并网时间延误的原因。

## 四、整改措施

（1）加大对违反十条禁令的查处力度和两票动态检查力度，对工作票措施不全、危险点分析不到位、擅自扩大工作范围、非运行人员操作运行设备等违章行为，一经发现严肃处理。

（2）按照事故调查规程的规定，各相关人员必须在事故发生后如实向值长和公司汇报情况，不得迟报或隐瞒，对迟报或瞒报者将从重处罚。

（3）严格执行“三讲一落实”工作，各生产部门、班组不仅在班前、班后会上要“三讲”，在每天到达现场开工前、收工后也要“三讲”，在研究生产任务、编制工作票及操作票时也要“三讲”，切实分析清楚、讲得明白、充分领会、落实到位。

（4）严格工作票许可的三道关口，工作负责人、签发人、工作许可人要切实履行审查职责，电气母线类设备检修（包括需要母线倒换的其他工作）都要履行设备检修审批程序。

（5）明确蓄电池充放电工作由运行人员负责操作，发电部出台标准操作票；由发电部出台机组220V直流母线倒换“防止直流母线断电”的技术措施，并提高操作监护等级，严防操作失误造成机组220V直流母线断电，引起机组误跳闸。

（6）继电保护、热控专业立即完善所辖设备的双重编号及标识。

（7）设备部组织专业人员完成MFT、ETS、汽动给水泵ETS双路直流电源改造的方案，并安排在机组检修时实施整改。

（8）责成设备部对全厂各类电气、热控保护装置电源进行深入的隐患排查，并制订整改方案，在机组检修时完成整改。

# 案例139 人员误切励磁电源断路器导致机组停机异常事件

## 一、设备简介

某电厂发电机型号为SQF-100-2，为北京重型电机厂生产，额定功率为100MW，额定电压 10 500V，额定电流 6470A，功率因数为 0.85。

## 二、事件经过

3 月 31 日 02 时 50 分左右，一单元 1 号机副值、主值两名人员前往 3kV 4 段做 4 号炉尾部烟道清灰工作票安全措施。两人进入 3kV 4 段后，副值私自去复查“2 号发电机励磁调节器校验及二次回路检查”中的相应措施时，误把 380V 2 段间隔内 1 号发电机励磁调节柜当成 2 号发电机励磁整流柜，发现设备未停电，未加思考，随即切开 1 号发电机励磁调节柜 A、B 柜上的 1SW、2SW、3SW、4SW、5SW 电源断路器，造成发电机失磁保护动作，1 号机组跳闸。

## 三、原因分析

（1）发电部运行乙值一单元 1 号机副值在进行 3kV 4 段 4 号炉 1、2 号送风机停电操作时，擅自扩大操作范围，在复查“2 号发电机励磁调节器校验及二次回路检查”工作票安全措施时，误切 1 号发电机励磁调节柜 A、B 柜上的 1SW、2SW、3SW、4SW、5SW 电源断路器，造成发电机失磁保护动作，这是造成 1 号机组非停的直接原因。

（2）1 号机组励磁系统于 2000 年进行改造，当时 1 号机励磁调节柜安装在 1 号机励磁间，位于 1 号发电机下 0m。由于此位置日常振动较大，对励磁调节柜继电器触点有损害，影响调节柜的正常运行。2005 年，在 1 号机组 DCS 改造中安排调节柜移位，当时一单元及 1 号机侧没有位置，只有 380V 二段有合适空间可以安装（380V 二段位于机房 8m 处，一单元外靠 2 号机侧），故 1 号机励磁调节柜安装在 2 号机侧的 380V 二段内，之间加门进行隔离。由于设备安装位置不合理，又没有采取有效的防误措施，这是造成 1 号机组非停的原因之一。

## 四、整改措施

（1）严抓操作票的执行和监督环节，提高操作票执行的严肃性、严谨性。加强现场动态检查和“两票”月度分析，发现和纠正操作票执行中存在的问题，到位做实。

（2）吸取事故教训，认真开展安全作业环境普查工作，对可能影响安全操作、安全生产的作业环境进行彻底整改，重点是设备位置与机组不对应，设备命名、编号、标识不清、不全、不对应、不明确等容易出现误操作、误判断的情况，对于不能立即整改的要采取有效的防范措施。

（3）在安全生产管理活动中，充分重视人的因素，尤其是人员思想动态的分析和控制，提前发现和控制安全风险，杜绝类似事故重复发生。

（4）组织人员学习防止人员误操作管理规章制度，落实防止误操作职责和要求。

# 第十九章　TV 回路异常停机异常事件

## 案例140　发电机 TV 二次熔断器松动过激磁保护动作停机异常事件

### 一、设备简介

某电厂发电机型号为 QFSN-300-2-20，采用水氢氢冷却方式。

### 二、事件经过

2006 年 10 月 10 日，机组有功负荷 270MW；炉侧双套引风机、送风机、一次风机运行，1～5 号制粉系统运行；机组 AGC 投入。

同日 11 时 35 分，报“发电机—变压器组保护预告”光字，发电机—变压器组保护 B 柜 CPU2 发“TV1 断线”信号。继电保护人员检查发电机—变压器组保护 B 柜，测量 A602-B602 线电压在 45V 左右摆动，A602-C602 线电压在 70V 左右摆动，B602-C602 线电压 98V，确认发电机—变压器组 B 柜的电压回路 A602 缺电，准备做进一步检查。

同日 11 时 51 分，发电机—变压器组过激磁保护动作跳闸，汽轮机跳闸，锅炉灭火。

跳闸后检查发电机—变压器组保护 B 柜动作信号，有“过激磁（反时限）”、“程跳逆功率”。

事故后检查情况如下：

（1）在 0m 励磁小间检查：甲 TV 柜 U、V 相检查一次熔断器无异常，熔断器直阻正常；TV 二次绕组直阻为 0.5Ω，TV 无异常现象。

（2）对 6.5m 发电机端子箱检查：甲 TV A602 熔断器直阻测量值为 130Ω，熔断器在座内松动。

（3）检查过激磁保护装置：

1）在发电机—变压器组保护 B 柜 2X 端子排 1、4（U、V 相）端子加 50Hz、134.8V 交流电压，过激磁倍数显示为 1.35 倍，过激磁反时限保护瞬时动作、发信。

2）在发电机—变压器组保护 B 柜 2X 端子排 1、4（U、V 相）端子加 50Hz、100V 交流电压，打印采样值为 100.58V。

3）在 6.5m TV 端子箱模拟甲 TV 的 U 相断线，保护装置发信正确。

4）模拟 U 相电压端子接触不良，过激磁装置倍数显示在 0.05～1.05 倍之间波动，同时 TV1 断线信号发信。

### 三、原因分析

因甲 TV 二次 U 相熔断器底座卡片软，熔断器在座内松动，造成二次电压回路 A602 缺电，频率检测变化，导致过激磁反时限保护的累计数据达动作值，保护动作跳闸。

## 四、整改措施

（1）针对暴露出的问题，更换质量好、可靠性强的熔断器座。

（2）继保维护人员要加强对TV回路的日常巡检工作，发现问题及时处理。

（3）继电保护处要尽快联系厂家，从元件保护上讨论、研究防止同类事故发生的措施。

（4）发电部制订运行人员操作保护连接片、上熔断器的检查措施，确保保护连接片和熔断器接触可靠。

# 案例141 TV一次熔断器熔断发电机高频保护动作停机异常事件

## 一、设备简介

某电厂600MW机组发电机型号为QFSN-600-2-22C，生产厂家为东方汽轮机厂，机组于2009年4月1日投产；发电机—变压器组配置A、B两套电气量保护，分别为南瑞继保RCS-985A和国电南自DGT-801B保护装置。其中B套发电机—变压器组保护DGT-801B的“发电机高频保护”动作逻辑见图19-1。

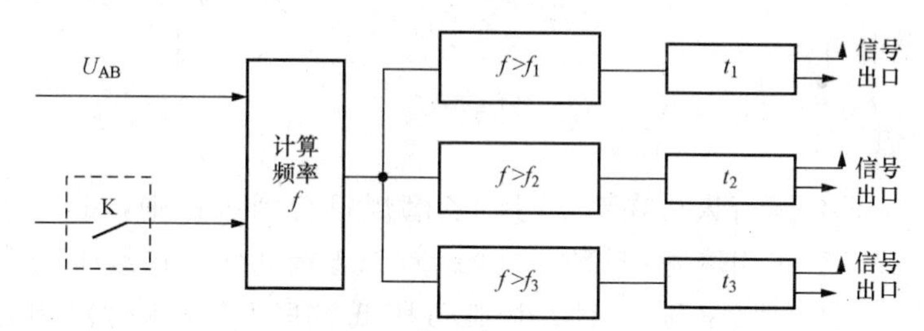


图19-1 发电机高频保护逻辑图

## 二、事件经过

2009年8月13日01时49分，机组报“发电机—变压器组保护动作”，主断路器跳闸，发电机与系统解列。立即组织继电保护专业人员对发电机—变压器组保护装置报警和记录进行检查，发现发电机出口第三组TV V相一次熔断器熔断，该组TV用于发电机—变压器组保护B柜。发电机—变压器组保护B柜DGT-801B保护装置先报出“TV断线动作”，后报出“CPU A发电机高频动作”和“CPU B发电机高频动作”，保护经延时后动作出口跳闸。高频保护定值为51.5Hz，延时0.5s；CPU A动作值为52.4023Hz，CPU B动作值为52.4863Hz。

## 三、原因分析

（1）由于发电机高频保护频率采样回路抗扰动能力较差，再加上保护动作逻辑无电压波形畸变闭锁判据，受 TV 一次熔断器熔断时熔丝拉弧的影响，传变到二次的电压波形发生畸变，造成装置采样和频率计算发生错误，无法正确计算发电机频率，这是造成此次事故的直接原因。

(2) 由于出线的特殊性，网调要求发电机高频保护投入跳闸。发电机高频保护投入程跳，这是造成此次事故的间接原因。

### 四、整改措施

(1) 对发电机—变压器组 B 套保护进行保护软件版本升级，完善电压波形畸变闭锁高频保护动作的逻辑判据，整改后对 B 套保护逻辑进行校验合格。

(2) 加强与其他使用同型号设备的发电公司之间的联系，以及与设备厂家之间的联系，及时发现设备上存在的缺陷，积极主动查找本公司设备是否存在其他类似问题。

## 案例142 6kV 系统铁磁谐振过电压导致停机异常事件

### 一、设备简介

某电厂机组大修中，6kV 开关柜内断路器更换为 EVH1 系列户内高压交流真空断路器和 JCZ16-12J/D400-4.5 高压交流真空接触器，共计 46 面柜。母线消谐方式为 TV 二次开口角加装有微机消谐装置。

### 二、事件经过

2005 年 6 月 7 日，运行人员在对 2 号炉乙磨煤机合闸过程中，6kV 系统发生铁磁谐振，造成 6kV 母线 TV 三相熔断器熔断，6kV 消谐装置动作。母线上带低电压保护的运行设备动作跳闸，于 12 时 28 分 27 秒，炉膛负压低 MFT 动作锅炉跳闸后，运行人员处理过程中，汽包水位高四值保护动作，机组跳闸。同日 12 时 37 分 06 秒，运行值班人员启动乙送风机，吹扫结束复归 MFT，锅炉重新点火，汽轮机冲转，请示调度机组并网，逐渐升负荷至正常。

### 三、原因分析

由于机组关停、供热改造等原因，造成机组 6kV 母线系统变化较大，系统参数与原系统变化较大，存在谐振隐患。2 号炉乙磨煤机合闸瞬间，引入电气参数，系统电容与母线 TV 电感匹配，造成谐振过电压，TV 三相熔断器烧毁。母线上带低电压保护的运行设备动作跳闸，运行值班人员对汽包水位控制不当造成机组跳闸。

### 四、整改措施

(1) 联系设计院、电科院专家，设备厂技术人员，以及消谐装置厂家共同制定防谐振措施。

(2) 改变运行方式，待问题解决后，恢复正常运行方式。

（3）在电压互感器开口三角形侧并联200W电灯泡。

（4）在电压互感器一次侧中性点与地之间串接电阻，合理选择电阻阻值、容量，在备用TV上试装，保证随时具备安装条件。

（5）完善发电厂所带外围设备零序保护、消谐装置。

# 第二十章　其他故障造成停机异常事件

## 案例143　发电机主断路器跳闸导致停机异常事件

### 一、设备简介

某电厂5071断路器是500kV系统第七串Ⅰ母侧断路器，为4号机组其中的一个主断路器，接线图见图20-1。

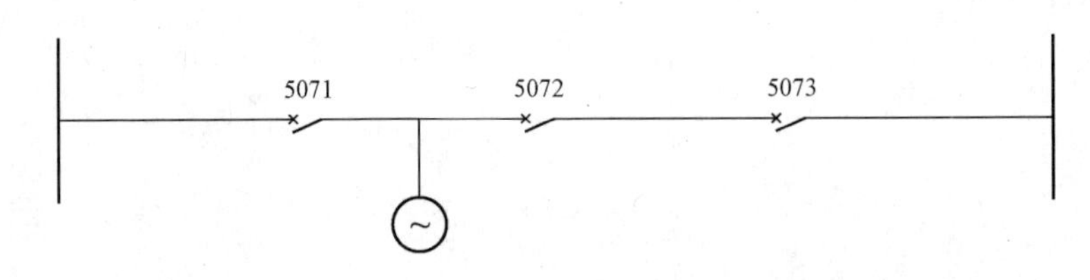


图20-1　主系统接线图

### 二、事件经过

2006年5月14日，1、2、4号机组（负荷500MW）正常运行，厂用电自带，连锁投入。3号机组C级检修，某某Ⅰ回线停电检修，其他设备正常运行。4号发电机—变压器组高压侧5071断路器运行，5072断路器检修。

同日10时57分，5071断路器突然跳闸，机组负荷突甩至24MW带厂用电运行，主蒸汽压力超限，锅炉安全门动作，汽动给水泵转速下降，分离器水位低，锅炉紧急灭火，汽轮机跳闸。厂用电自投成功，汽动给水泵跳闸，主机转速最高至3230r/min。

### 三、原因分析

通过多次检查，一次运行设备没有发生任何故障，5072断路器操作与事故没有关系，因此怀疑故障点应该是二次回路的某些异常现象引起。经过对二次回路原理及接线进行核查，所有二次电缆的绝缘良好，接线正确，没有能够造成断路器跳闸的问题，只发现5072断路器操作箱中的一个电压继电器2YJ被烧坏，该继电器为手加速板测量主变压器高压侧电压继电器（见图20-2）。

技术人员分析认为：因2YJ继电器额定电压为57V，而设计接入的电压为100V，长期运行引起过热，导致2YJ与绕组发生黏连，烧坏后导致其触点与绕组连接，从而使图20-2中的交流电源与图20-3中的直流电源发生混合（见图20-3）。

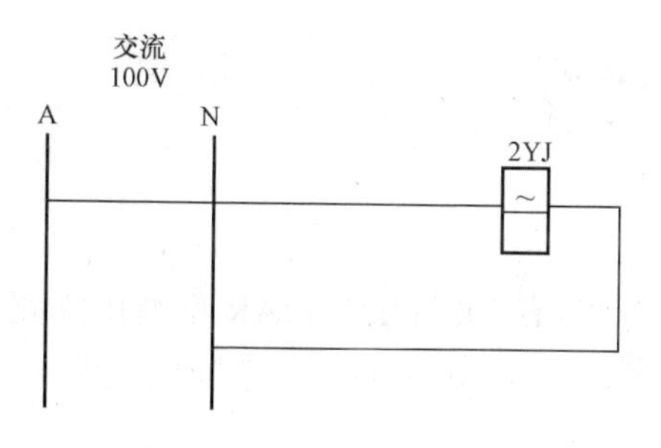


图 20-2 交流电源示意图

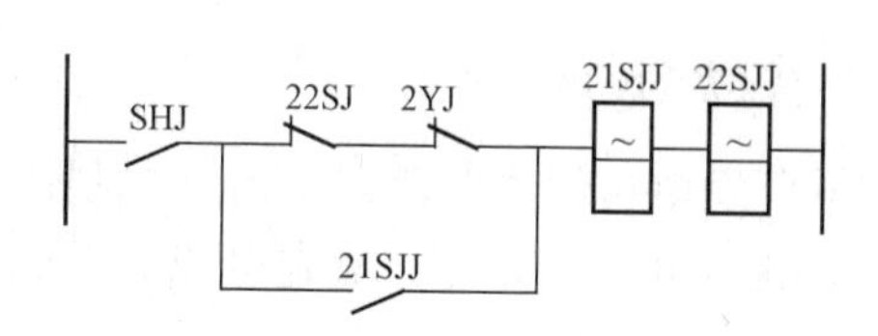


图 20-3 交流混入直流电源示意图

当发生上述故障后，通电对操作箱出口继电器进行试验，发现出口继电器绕组电流达到 5.62mA，出口继电器动作，而所有跳闸电缆在通入交流电时，电容电流也较大，所以 100V 交流电源经负电源、STJ 绕组（手跳继电器第二回路）、4ZJ（为第二跳闸回路）绕组以及网控室到 4 号机发电机—变压器组保护柜之间的电缆对地分布电容构成回路，在交流混入直流后因电容电流增大，从而导致 STJ、4ZJ 动作。

如图 20-4 所示，STJ 或 4ZJ 动作，跳 5071 断路器，导致 4 号机组停机。

4 号机组 5072 断路器（当时为检修状态）保护柜操作继电器箱第 14 块插件的“机组侧电压采集”继电器因设计原因（AC57V 继电器设计接入 AC100V 回路），过压引起继电器过热，使插件损坏，因当时传动 50.2 断路器，5072 控制电源有电，造成继电器内交直电源流混合，初步认定“交直电源流混合”且 4 号机组至网控电缆较长，电容电流相对较大，这是引起 5071 断路器跳闸的主要原因。5072 没有跳闸，原因为当时断开机组跳 5072 断路器的连接片，与现场实际相符，见图 20-5。

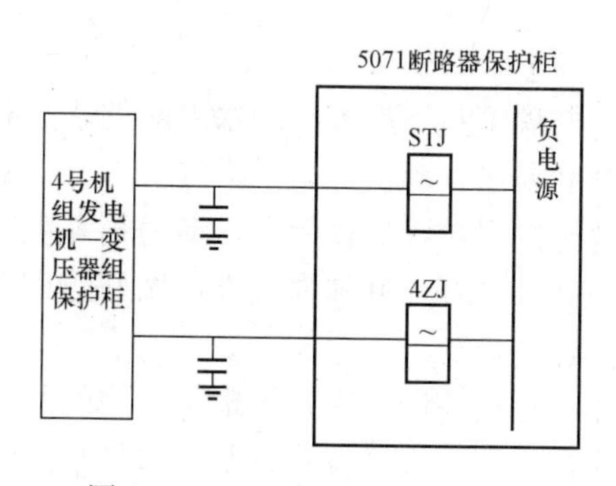


图 20-4 STJ、4ZJ 动作示意图

图 20-5 烧毁的继电器图片

## 四、整改措施

（1）对 5072 操作箱的第 14 号手动后加速插件进行更换，将进入插件的交流电压断开。

（2）在 5071、5072 断路器保护柜内加装记忆继电器，接入故障录波器，用于区分网控和集控所发断路器跳闸指令。

## 案例144 主断路器非全相保护误动停机异常事件

### 一、设备简介

某电厂发电机组主断路器是由日立制作生产的 TVB-200-50LA-HAR 型高压断路器，室外设备。额定电压 252kV，额定电流 3150A，遮断容量 17 000MVA，遮断电流 50kA。

### 二、事件经过

2005 年 5 月 27 日 19 时 00 分，地区突发强降雨。同日 19 时 33 分，立盘光字牌“主断路器非全相”报警，主断路器跳闸。主断路器跳闸后，主值冒雨跳过栏杆进入 220kV 站就地对主断路器分控箱进行检查，发现三相已分开，打开主断路器总控制箱盘门进行内部检查，发现控制箱进水，在打开盘门检查过程中造成控制箱大量进水。因总控制箱内进水后需要清扫、烘干，无法短时消除，于 20 时 08 分汽轮机打闸，锅炉熄火，发电机—变压器组系统恢复到简易停机状态。经检修人员抢修处理后，机组冲转，发电机自动并列，次日 04 时 45 分负荷至 140MW，机组恢复正常。

### 三、原因分析

主断路器总控制箱内进入雨水，雨水溅到非全相继电器 47Y 的接点上，造成 47Y 继电器触点短路，中间继电器（AUXRY）启动，造成主断路器非全相保护动作，主断路器跳闸。主断路器跳闸后，运行人员在未采取防护措施的情况下，冒雨打开主断路器总控制箱盘门，造成控制箱大量进水，延误了故障处理时间。

### 四、整改措施

（1）对室外各控制箱、动力盘的盘门进行检查，发现密封不严及有漏水可能的，及时填写缺陷，及时消除。盘门必须锁好、关好并加强检查和要求，落实好防汛措施。

（2）举一反三，加强对厂房、开关室门窗，以及室内保护盘、控制盘、动力箱等盘门的检查，室内保护盘、控制盘、动力箱等的盘门必须锁好、关好，并加强检查，做好防小动物进入的工作。

（3）增强管理人员的责任意识，加强对各项工作的过程控制，弥补管理工作中的漏洞。

（4）加强人员安全教育培训，提高工作人员的安全知识、安全技能以及异常处理能力。

（5）运行人员下雨前要对室外各控制箱盘门进行检查，关好门窗；下雨时加强对开关室、保护盘、电缆沟、排污坑等的检查，发现异常情况时及时采取处理措施。

## 案例145 发电机功率变送器故障停机异常事件

### 一、设备简介

某电厂发电机功率变送器配置在 13.7m 电子间的机组测控柜内，共有 6 个功率变送器，输入为三相电压，两相电流，工作电源为220V交流，输出电流4～20mA，其中3个用于协调控制系统，另外3个送入DEH系统，均经硬接线接入。

## 二、事件经过

2008年4月26日01时，机组负荷315MW，机前压力12.74MPa；双套引风机、送风机、一次风机运行；A、B、C、D制粉系统运行；A、B汽动给水泵并列运行，电动给水泵备用；AGC投入，汽轮机调门综合阀位开度61%，总燃料量165t/h。

同日01时00分，机组DCS画面显示负荷突降至201MW；锅炉主控跳至手动，AGC解除；调门综合阀位开度由61%开至77%，机前压力由12.74MPa降至11.26MPa，总燃料量上升至181t/h；汽包水位开始大幅波动。

同日01时01分，汽轮机主控跳至手动，但DCS画面显示负荷没有维持，仍在继续下降。综合判断当时现象，锅炉热负荷明显大于机组电负荷，选择降低锅炉热负荷以缩小与电负荷的偏差，于是紧急切除D、C制粉系统，限制总燃料量。

同日01时03分，汽包水位低保护动作，锅炉MFT，两台一次风机及所有制粉系统跳闸。

同日01时05分，炉膛吹扫并检查机组负荷下滑的原因。

同日01时08分，机组负荷降至发电机逆功率保护动作值，主断路器跳闸。

## 三、原因分析

（1）原设计存在缺陷，继保柜内6个功率变送器的输入电流回路串接在同一组电流互感器回路中，其中3个用于协调控制系统，另3个送入DEH系统，均经硬接线接入。由于2号功率变送器电流回路烧坏，致使其他5个功率变送器电流回路输出数值突变。

（2）DCS系统对功率变送器输出采用三取中逻辑处理后，作为协调控制系统负荷反馈信号及画面显示。由于3个DCS功率变送器故障，导致协调控制系统负荷反馈大幅下降，总燃料量上升，调门综合阀位上升，机前压力下降，蒸汽流量增大，汽包水位大幅波动，汽包水位低保护动作，锅炉MFT，机组负荷下降至逆功率保护动作，发电机解列。

（3）继保检查经过：①对功率变送器电流互感器4TA及电压互感器2TV一、二次回路进行了检查，摇测绝缘、测直阻，均正常。②对变送器电源及回路接线进行了检查，未发现异常。③分别对6个功率变送器通入相同的电流和电压，进行校验，发现第二个功率变送器输出的数值不正常，仔细检查发现已损坏。

## 四、整改措施

（1）优化发电机有功功率变送器的输入电流回路，使之取至不同的电流互感器。

（2）加强发电机有功功率回路的检查和试验工作。

（3）运行人员做好事故预想，加强对突发事件的判断能力，提高事故处理水平。

# 第五篇

# 热工控制部分

# 第二十一章　因保护误动导致停机异常事件

## 案例146　汽轮机振动大保护误动作停机异常事件

### 一、设备简介

某电厂2号机组型号N200-130/535/535，为哈尔滨汽轮机厂生产的超高压、一次中间再热、三缸两排汽凝汽式200MW汽轮机组，1996年投产发电。

### 二、事件经过

2006年1月1日00时08分，机组突然发"主蒸汽门关闭"、"瓦盖振保护动作"、"ETS保护动作"声光报警，汽轮机跳闸，发电机未解列。跳闸前机组负荷98MW，主蒸汽压力12.02/12.08MPa、温度513/517℃，高、中、低压胀差分别为2.09mm、1.7mm、3.4mm，4、5号瓦盖振为38.6μm、40.2μm，其他参数都正常。跳机后运行人员进行全面检查，机组正常后，得值长令于00时13分挂闸，机组接带负荷。当天09时18分该机组再次发生类似现象。

### 三、原因分析

此次机组跳机是因为5号瓦盖振动大，进一步检查确认为5号瓦盖振保护误动作。从该机组保护设备装置系统回路的检查结果分析，5号瓦盖振峰值的错误信号产生原因为：

(1) 系统回路接线接触不良。

(2) 就地至盘侧端电缆屏蔽层和单点接地存在问题。

### 四、整改措施

(1) 针对该机组保护系统装置回路（尤其是就地至本特利3300设备端）接线接触不良及就地至盘侧电缆屏蔽层和单点接地存在的事故隐患，立即进行整改。

(2) 为防止热工保护误动作，将机组振动信号中任一信号达到停机动作值，即向主机保护系统发出停机信号，改为相邻轴承振动大相与后延时3s发出停机信号。

## 案例147　汽轮机轴振大保护误动作停机异常事件

### 一、设备简介

某电厂汽轮机为东方汽轮机厂制造，为超高压、三缸两排汽、单轴一次中间再热、凝汽式汽轮机，额定功率为 200MW，1988 年 1 月 24 日投产。

### 二、事件经过

2005 年 12 月 25 日 20 时 11 分，机组负荷 145MW，汽轮机“轴振大”、“主蒸汽门关闭”信号发，机组有功负荷到零。20 时 16 分，“发电机逆功率”光字发出。经热控人员检查确认，汽轮机轴振保护误动，退“汽轮机轴振”保护。20 时 33 分，锅炉进行炉膛吹扫，投油点火。21 时 37 分，机组重新并网。

### 三、原因分析

检查 DCS 历史趋势显示，2005 年 12 月 25 日 20 时 11 分，汽轮机 5 号瓦 5*X* 方向、5*Y* 方向，6 号瓦 6*X* 方向，6*Y* 方向轴振同时达到 305μm，保护定值为 250μm，轴振保护动作关闭汽轮机主蒸汽门，机跳炉保护动作，锅炉 MFT 动作，停炉。

经检查发现，汽轮机轴承振动保护装置 VM600 4 号板件故障（红灯闪烁）。检查板件输出电压为 0V，探头间隙电压为 0V（正常时输出电压为－24～－27V，间隙电压为－10～－11V）。综合上述检查情况，可以判断为 VM600 4 号板件故障，导致轴振动大信号误发停机。主蒸汽门关闭后，于 20 时 16 分发电机有功功率达到－23.25W（二次值，保护定值为－22.85W），发电机逆功率保护动作，机组解列。

### 四、整改措施

（1）全面检查 VM600 装置和汽轮机轴振保护系统，更换损坏的板件，消除隐患。

（2）论证新的汽轮机轴振、瓦振、胀差等保护逻辑，彻底消除因单一板件故障可能引起保护误动的隐患。

（3）加强对机组重要保护设备的定期检查，发现异常及时处理。

## 案例148 真空试验电磁阀误动造成真空低保护动作停机异常事件

### 一、设备简介

某电厂机组真空试验电磁阀每个低压缸设置有 3 个，可在线进行真空传感器试验。每个低压缸的真空低保护由三路取样信号经三取二后发出。

### 二、事件经过

2009 年 1 月 15 日 10 时 13 分，机组负荷 320MW，汽轮机 1、2 号低压缸真空－83.38kPa、－86.03kPa。AGC 投运，机组正常运行。

同日 10 时 13 分 11 秒，机组发“主机真空低”保护动作，汽轮机跳闸，锅炉 MFT，发电机逆功率保护动作，机组解列。

### 三、原因分析

（1）真空试验电磁阀 MAG20AA303 误动造成真空低保护误动。

（2）三路真空信号取样管路是一个母管分出三路支管，结构上不是互相独立。

## 四、整改措施

（1）为了防止误动，临时甩开低压缸真空试验电磁阀控制绕组插头，并将就地试验电磁阀的排空口用堵头堵死。

（2）利用机组检修机会，将三个真空压力开关独立取样。

# 案例149 检修措施不到位导致水位高保护误动作停机异常事件

## 一、设备简介

某电厂7号锅炉为武汉锅炉厂生产的WGZ1100/17.5-1型亚临界自然循环锅炉。

## 二、事件经过

2006年6月5日，机组检修启动后，因汽包水位高（+300mm跳机），机组跳闸。期间，因热控办理了热控一种工作票，配合厂家上票调试7号锅炉汽包水位，工作票需执行的安全措施只有解除汽包水位保护，热控人员办理了保护投退单。6月5日09时55分，运行人员同意并办理了工作票开工手续。但是热控人员在执行解除水位保护安全措施时，只将锅炉汽包水位高MFT保护解除，未将ETS中水位高保护解除。

## 三、原因分析

热控专业冲洗汽包水位计造成汽包水位大幅波动，且解除水位保护时，安全措施执行不全，这是导致水位高跳闸的直接原因。运行人员在机组启动过程中，允许热控人员上票调试锅炉汽包水位变送器，但未与热控人员进一步确认汽包水位保护退出安全措施执行情况，这也是导致汽包水位高跳闸的原因。

## 四、整改措施

（1）热控人员技术力量不足，要加强专业人员的技术培训工作。

（2）加强对运行人员专业知识的培训工作，加强对危险点分析与预控措施的掌握，确保机组安全运行。

（3）各级人员要严格执行两票管理规定，加强对两票执行过程的管理，切实做好审核和把关作用。

（4）汽包水位高跳汽轮机保护应改为：汽包水位高信号与锅炉MFT信号发汽轮机跳闸信号。

# 案例150 汽动给水泵调节失常导致锅炉分离器水位低保护动作停机异常事件

## 一、设备简介

某电厂4号机组汽动给水泵控制系统采用德国西门子公司的PLC系统，2005年7月1

日随本体设备投入运行。

汽动给水泵汽源由五段抽汽和七段抽汽、厂用减压汽源组成。进汽机构分为五段调节阀、五段关断阀和七段调节阀、七段关断阀。在功能设计上，当关断阀关信号（实际阀位）发出时联关相对应的调节阀。正常运行时采用五段汽源，机组启动阶段采用七段汽源。

## 二、事件经过

2009年1月9日10时11分01秒，4号机组负荷406MW，41、42、43、44、45号磨煤机运行；AGC投运，1、2号分离器水位为18.2m、16.8m；汽动给水泵在炉控运行方式，转速为4063r/min；电动给水泵备用。

同日10时11分02秒，汽动给水泵转速开始突降。10时11分06秒，汽动给水泵由炉控跳至机控，且汽动给水泵转速继续下降，电调给定转速跟踪实际转速下降，1、2号分离器水位逐步下降。当值运行人员立即手动增加汽动给水泵给定转速，发现汽动给水泵转速不升反而继续下降，主值班员立即手动抢启电动给水泵并增加其出力，并相继紧急停运43、45、41号三台磨煤机。10时13分40秒，锅炉“分离器水位低”主保护动作，锅炉灭火，汽轮机跳闸，发电机逆功率动作，机组解列。

## 三、原因分析

（1）汽动给水泵转速逐步下降，导致分离器水位连续下降直到保护定值，保护动作，锅炉灭火，汽轮机跳闸，发电机逆功率动作，机组解列。

（2）汽动给水泵转速突降的原因是：汽动给水泵五段供汽关断阀关传感器频繁误发“关状态”脉冲信号，使调汽门的2个电磁阀动作，就地调汽门出现关闭打开的反复动作，导致汽动给水泵转速持续下降。

## 四、整改措施

（1）更换汽动给水泵五段供汽关断阀关传感器。

（2）利用停机机会，对汽动给水泵五段供汽关断阀的“关位返装置”进行更换。

（3）利用机组检修机会，对电调系统一次设备进行测试，对发现的问题进行及时处理。

# 案例151 汽动给水泵电调控制系统“转速通道故障”导致保护误动停机异常事件

## 一、设备简介

某电厂汽动给水泵电调控制系统采用西门子的PLC控制系统。转速三路，经三选二后形成系统转速信号送转速控制、超速保护、转速故障保护、转速数显表等回路。转速故障信号由任一路转速信号故障和任一路转速信号加速度大超限相或后形成。

## 二、事件经过

2005年3月16日16时27分前，机组负荷500MW，1、2、3、5、6号磨煤机运行，汽动给水泵带负荷运行，电动给水泵备用。

同日16时27分，机组立盘发“汽动给水泵汽轮机保护”信号，汽动给水泵跳闸。运行值班员发现汽动给水泵跳闸后，迅速抢启电动给水泵，紧急停运2、3、6号磨煤机，投14支油枪助燃，进行调整。16时29分，电动给水泵发“工作油温高”保护跳闸（电动给水泵冷油器冷却水门开不了）。16时35分锅炉分离器水位无法控制，“分离器水位低”保护信号发，锅炉灭火，汽轮机跳闸，发电机逆功率保护动作，机组解列。

## 三、原因分析

（1）经查，汽动给水泵跳闸原因为“转速通道故障”保护信号发。热控人员对给水泵汽轮机电调的三路转速通道的就地柜内接线端子、信号线屏蔽、插头紧固等检查无异常，逻辑图在线监测三路转速通道信号正常。初步判断为信号干扰造成保护信号误发。

（2）进一步检查分析给水泵汽轮机“转速通道故障”逻辑，其保护形成原理是由实际转速之间偏差大和任一转速通道加速度大相或后形成，“实际转速之间偏差大”并未发出，导致“转速通道故障”的触发信号只有转速通道加速度大信号。

## 四、整改措施

（1）将给水泵汽轮机“转速通道故障”逻辑回路原“加速度大”保护出口由动作跳闸改为报警信号。

（2）重新优化保护回路，将转速故障由现在的一路故障，即触发保护改为三选二后触发保护。

# 第二十二章 DCS故障及操作失灵导致灭火停机异常事件

## 案例152 DCS控制器误发跳闸信号导致停机异常事件

### 一、设备简介

某电厂4号机组为600MW亚临界湿冷汽轮发电机组，锅炉型式为亚临界、一次再热、单炉膛平衡通风、单锅筒自然循环锅炉。型号为B&BW-2028/17.5-M。汽轮机型式为亚临界、一次中间再热、单轴、三缸四排汽、冲动凝汽式。型号为N600-16.7/538/538-1型。

### 二、事件经过

2006年11月3日10时48分01秒，4号机组负荷367MW，AGC投入。10时48分09秒，机组跳闸。

检查跳闸首出为：DEH系统跳汽轮机和发电机—变压器组保护动作。SOE记录顺序为：汽轮机保护动作，发电机—变压器组保护动作，发电机出口断路器断开，主蒸汽门关闭。发电机—变压器组保护录波器记录首出条件为热控保护动作。

### 三、原因分析

（1）汽轮机主保护系统（ETS系统）逻辑在DCS控制器DROP16实现，DEH控制逻辑在DROP18实现。

（2）DEH系统跳汽轮机信号包括：机组未并网且两个以上转速探头故障；安全油压低；汽轮机超速（转速判断）；手动打闸；ETS跳闸信号（从DROP16通过硬接线输出至DEH控制器）。

（3）检查DEH系统中跳汽轮机输入信号，只有ETS跳闸信号在10时48分10秒由“0”变为“1”。检查ETS系统所有跳闸信号中有两个信号发生反转：DEH跳闸信号（DI点）在10时48分10秒由“0”变为“1”，发电机—变压器组保护动作信号（SOE点）在10时48分09秒由“0”变为“1”。

（4）对ETS逻辑和DEH逻辑进行检查分析，ETS首出为DEH跳闸信号和发电机—变压器组保护动作信号。根据电气主保护录波器的记录结果，发电机跳闸的原因为汽轮机跳闸，并检查了发电机跳汽轮机信号的电缆，未发现问题，故排除发电机跳汽轮机的可能。汽轮机跳闸的首出原因为DEH跳汽轮机的信号动作引起。

（5）DEH系统跳闸信号送至ETS系统触发汽轮机主保护逻辑，驱动跳闸继电器，同时送至FSSS系统、发电机主保护系统和DEH系统。DEH系统接收到ETS送来的跳闸信号，形成DEH系统跳闸信号，并作为跳闸后将调门指令置为“0%”的条件。DEH系统和ETS系统互送信号构成循环，导致DEH系统和ETS系统的互送信号分辨不出先后顺序。

综合以上分析，汽轮机跳闸原因为DCS系统DROP16控制器故障导致误发信号。

### 四、整改措施

(1) 更换DEH系统和ETS系统相互连接信号的模块。

(2) 将ETS系统中的DEH系统跳闸信号的DI模件更换为SOE模块。

(3) 停机时，对控制系统本身的逻辑运算进行检查测试，防止算法运算出错后引起信号误发。

(4) 停机时，对DCS系统控制器进行初始化，重新下装组态程序。

(5) 完善DCS系统卡件定期检查试验制度。

(6) 将电厂各机组的机炉主保护系统输入信号全部改为SOE卡件。

(7) 停机时，对DCS系统的接地和屏蔽线进行检查。

## 案例153 DCS网络柜内所有交换机电源失去导致停机异常事件

### 一、设备简介

某电厂4号机组为600MW亚临界湿冷汽轮发电机组，DCS网络柜电源的入口来自两路电源（一路UPS电源，一路保安电源），此两路电源经过冗余电源切换装置（APC）送至电源插排，再分配给各个交换机。

### 二、事件经过

2006年6月12日16时32分，4号机组工况：负荷510MW，主蒸汽压力16MPa，机组协调投入，AGC投入。

同日16时33分，DCS系统操作员站画面所有测点显示“T”（即数据刷新超时），控制器状态画面中所有控制显示离线报警。

同日16时54分，汽包水位低，锅炉MFT动作，汽轮机手动打闸，发电机解列。

同日17时33分，热工人员在恢复了DCS系统网络设备的电源后，对系统所有控制器进行了重启动操作，并对网络设备进行了冗余切换试验操作，确认无误后，通知运行人员机组可以正常启动。

### 三、原因分析

(1) 经热工人员检查，网络柜内所有交换机电源失去，导致DCS系统操作员站无法监控机组运行状态。网络柜电源的入口来自两路电源（一路UPS电源，一路保安电源），此两路电源经过冗余电源切换装置（APC）送至电源插排，当时冗余电源切换装置（APC）无输出，检查输入电源正常，判定为冗余电源切换装置（APC）故障，这是导致此次机组非停的直接原因。

（2）在 DCS 系统网络设备故障后，给水自动调节系统退出自动控制方式，汽包水位无法调节，导致锅炉汽包水位低，锅炉 MFT 动作。

## 四、整改措施

（1）重新设计网络柜电源系统，在机组检修过程中实施整改，对存在同样问题的其他机组利用停机机会进行彻底改造。改造前后的系统见图 22 - 1 和图 22 - 2。

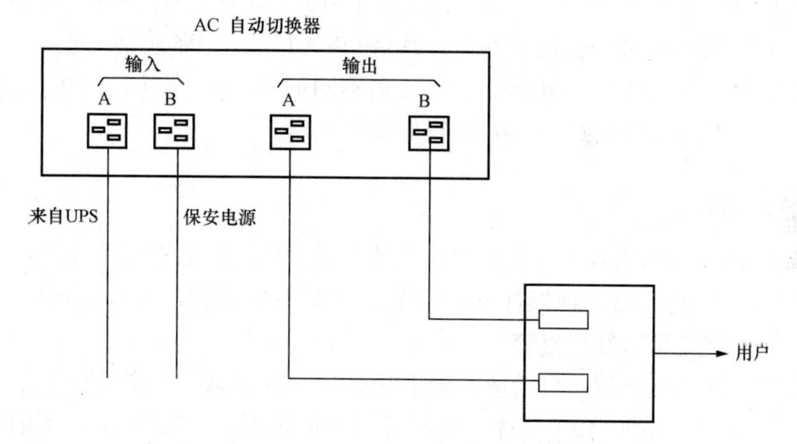


图 22 - 1　4 号机组 DCS 系统网络柜电源改造前接线图

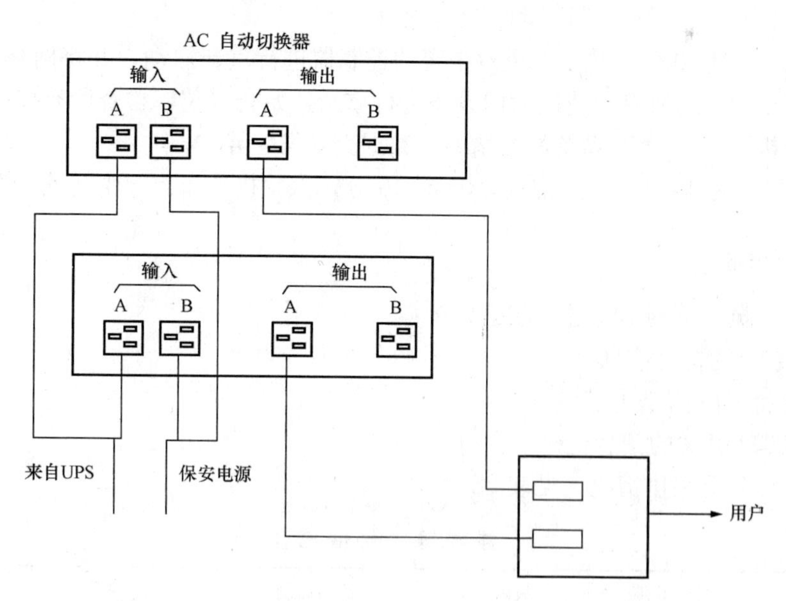


图 22 - 2　4 号机组 DCS 系统网络柜电源改造后接线图

（2）定期检查 DCS 系统网络设备工作情况，加强对网络设备的巡检力度。

（3）在机组检修过程中，对网络柜电源系统存在的隐患进行整改，确保 DCS 系统工作正常。

## 案例154 DCS网络设备工作异常导致停机异常事件

### 一、设备简介

某电厂5号机组为600MW亚临界空冷汽轮发电机组，DCS网络采用快速以太网结构，该机组设置两台root交换机和三对fanout交换机，所有fanout交换机通过固定端口的两根网线分别连接到两台root交换机。互为冗余的两台root交换机通过两根网线互连，互为冗余的每对fanout交换机通过一根网线互连。其余OVATION设备包括工程师站、操作员站、历史站、服务器等设置双网卡，两根网线连接到不同的fanout交换机实现双网通信，其余所有控制器通过一根网线连接到fanout交换机固定端口。

### 二、事件经过

2006年5月20日00时47分，5号机组负荷366MW，主蒸汽压力14.4MPa，机组协调投入，AGC投入。运行人员发现操作员站中部分画面无法操作，数据不再刷新，控制器状态画面中大部分控制器显示红色报警。

同日00时57分，机组所有自动解除为手动控制，DCS画面无法进行操作。

同日00时58分，锅炉MFT动作，跳闸首出为风量低，一次风机、磨煤机跳闸。运行人员就地手动停止两台汽动给水泵。

同日00时59分，运行人员手动打闸停机。

5月21日01时10分，热工人员对报警的控制器进行重新启动，并将网络SWITCH开关进行初始化设置，对所有快速以太网设备进行重新初始化复位，检查所有控制器和工作站工作正常。分析原因为DCS系统网络堵塞，数据交换发生异常。

5月21日02时45分，锅炉点火。06时10分，汽轮机冲车。6时56分，发电机并网。

### 三、原因分析

(1) 热工人员对下列信息进行收集分析：

1) DCS系统的报警信息。

2) 故障控制器的错误信息。

3) SWITCH开关的信息记录。

(2) 检查控制器工作情况，见表22-1。

**表22-1　控制器工作情况**

| 主控制器 | 离线/故障 | 故障时间 | 备用控制器 | 离线/故障 | 故障时间 |
|---|---|---|---|---|---|
| 1 | 否 | | 51 | 否 | |
| 2 | 是 | 00:54:08 | 52 | 否 | |
| 3 | 否 | | 53 | 否 | |
| 4 | 是 | 00:47:47 | 54 | 否 | |
| 5 | 否 | | 55 | 否 | |

续表

| 主控制器 | 离线/故障 | 故障时间 | 备用控制器 | 离线/故障 | 故障时间 |
|---|---|---|---|---|---|
| 6 | 是 | 00：47：47 | 56 | 否 | |
| 7 | 是 | 00：47：47 | 57 | 否 | |
| 8 | 是 | 00：47：47 | 58 | 否 | |
| 9 | 是 | 00：47：47 | 59 | 否 | |
| 10 | 否 | | 60 | 否 | |
| 11 | 是 | 00：47：47 | 61 | 否 | |
| 12 | 是 | 00：47：47 | 62 | 否 | |
| 13 | 是 | 00：47：47 | 63 | 否 | |
| 14 | 是 | 00：47：47 | 64 | 是 | 01：14：48 |
| 15 | 是 | 00：47：47 | 65 | 是 | 00：50：09 |
| 16 | 否 | | 66 | 是 | 00：50：09 |
| 17 | 否 | | 67 | 否 | |
| 18 | 是 | 00：47：03 | 68 | 是 | 00：47：09 |
| 19 | 是 | 00：47：03 | 69 | 是 | 00：47：09 |
| 20 | 是 | 00：48：03 | 70 | 否 | |
| 21 | 是 | 00：48：03 | 71 | 否 | |

（3）结论：此次 DCS 控制器故障引起机组停运的最根本原因是网络设备工作异常。经检查，该机组 DCS 网络交换机端口组态定义与实际连接的端口类型不一致，造成各控制器、工作站数据交换存在混乱现象，引起网络上数据通信量与网络设备的负荷率增加。在一定条件下引起网络数据交换发生堵塞，控制器离线。

## 四、整改措施

（1）重新核对系统的网络设备组态与实际连接不符的情况，并制定出详尽的更正方案。

（2）加强热控人员对 DCS 系统网络知识的培训。

（3）针对该机组出现的网络异常事件，对其他机组进行全面检查，利用机组停运机会进行更正。

# 案例155 DCS 系统 DEH 控制器电源烧毁导致停机异常事件

## 一、设备简介

某电厂 4 号机组为 600MW 亚临界湿冷汽轮发电机组，DCS 网络采用西屋公司的 OVATION 系统。每对控制器配有 2 个冗余的电源模块，电源模块输出经电源分配板切换后供给控制器和 I/O 卡件使用。

## 二、事件经过

2005 年 6 月 19 日 18 时 48 分，机组负荷 440MW，主蒸汽压力 15.47MPa，主蒸汽温度 540℃，机组 AGC 投入运行。

同日 18 时 48 分 13 秒，汽轮机 DEH 系统 A、B 主跳闸电磁阀动作，高压主蒸汽门和中压主蒸汽门关闭，机组硬光字信号发“汽轮机跳闸”，功率降至 0MW，机组跳闸。

经检查发现，DEH 系统冗余电源模件一路故障，更换新的电源模件后，进行了两路电源切换试验和汽轮机保护传动试验，系统正常。6 月 20 日 03 时 23 分机组并网。

## 三、原因分析

（1）机组跳闸主要原因：DEH 系统 18 号控制柜一路电源模件烧坏，I/O 继电器的 DC 24V 供电电源消失，造成 2 个主继电器跳闸（常带电）失电，闭合的触点断开，A、B 主电磁阀跳闸失电，汽轮机跳闸。

（2）电源模件烧坏原因：经过对电源模件解体检查，发现电源电路板背面严重烧损，且在电源电路板背面与外壳后背之间，存在已经被严重烧黑的螺钉 1 颗，该螺钉为二极管散热片的固定螺钉，经确认，该螺钉脱落是造成电源短路的直接原因。

（3）24V 辅助电源母线失电原因：经过对电源电路板硬件回路检查证实，螺钉造成电源短路的部位为电源模件中直流隔离二极管后，连接出线插头的＋24V 母线处（与另一冗余电源 24V 母线属完全并联关系），该母线的短路，造成 I/O 继电器 24V 总电源失去。

## 四、整改措施

（1）对 DCS 系统电源模件进行剖析和改进，以增强电源装置的合理性和安全性。

（2）该电厂其他机组 DCS 系统均采用该型号电源模件，厂家派技术人员对各台机组 DCS 系统的电源装置进行检查，确保今后不再发生类似事件。

（3）DCS 厂家提供电源模件的工作原理图，以满足用户对电源装置的维护和事故分析需要。

# 案例156 DCS 控制柜故障引起汽包水位高导致停机异常事件

## 一、设备简介

某电厂 DCS 系统的 PCU1 柜内有协调控制器、燃料控制模件、送引风控制器。模件电源监视模件 IPMON01 具有电压检测 PFI（Power Fail Interrupt，电源故障中断）功能。

## 二、事件经过

2005 年 5 月 8 日 19 时 32 分，监盘人员发现 A～F 磨煤机“制粉系统异常”光字报警；所有制粉系统、一次风机系统、引风机系统、送风机系统、协调系统画面上设备状态信号变粉色失去监视。19 时 33 分，锅炉灭火，首出为炉膛负压低。降负荷，调整汽包水位，两台汽动给水泵在DCS上无法调整，紧急停止两台汽动给水泵。19时34分，汽包水位高三值保护动作，汽轮机跳闸。

## 三、原因分析

(1) DCS的PCU1柜内电源监视模件MON01在3min内误发了两次PFI信号（见图22-3），直接致使PCU1机柜内的协调控制器、燃料控制模件、送引风控制模件停止工作，送、引风机动叶无法操作。在PFI信号恢复后，各控制器复位。在控制器复位过程中，燃料指令到零，炉膛负压低保护动作，锅炉MFT。

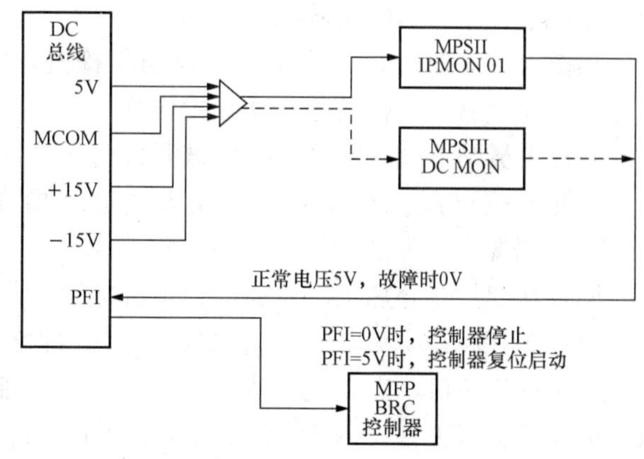


图22-3 PFI信号产生示意图

(2) 当PCU1柜内电源监视模件MON01发出了PFI信号，致使PCU1机柜内的协调控制器停止工作后，协调投入与汽包水位调节系统的联系信号出现坏质量，汽包水位调节被强制手动，运行人员无法操作，给水操作切到转速方式。但是由于DEH和MEH共用一台操作员站，MEH手动调节给水泵转速不及时，汽动给水泵脱扣滞后，造成汽包水位高三值保护动作，汽轮机跳闸。

## 四、整改措施

(1) 将PCU1柜内电源监视模件MON01输出的PFI信号断开（该信号发出时导致柜内所有模件复位），保留其监视功能。强制PFI信号母线为高电平，保证其不动作。

(2) 举一反三，认真研究DCS控制逻辑，对存在的不合理策略和组态及时采取有效的措施（去掉了不合理的坏质量判断逻辑）。

(3) 热控人员加强同设备制造厂和同类型设备使用单位的技术交流和信息沟通，及时掌握设备存在的问题并及时解决。

(4) 加强对运行人员的培训，提高其处理突发事件的应变能力。

# 案例157 DCS网络柜失电导致停机异常事件

## 一、设备简介

某电厂热工DCS网络柜由某电气公司生产，主要负责DCS信号传输。

## 二、事件经过

2008年5月7日08时40分，机组负荷360MW，AGC投入，A、C、D、E磨煤机运行，总煤量224.1t/h，双引、双送风机运行，两台汽动给水泵运行正常，电动给水泵备用，DCS网络交换机主路正常方式运行。

同日08时40分36秒，监盘人员发现所有操作员站画面都显示坏点，所有数据失去监视，水位电视、火焰电视显示正常。

热控人员立即到DCS电源柜、网络柜检查，发现网络柜的全部网络交换机失电，DCS电源柜送往两路网络柜电源自动开关均跳开。

热控人员马上试送网络交换机电源自动开关，主网的网络交换机电源恢复供电，但冗余的网络交换机电源无法恢复，热控人员继续检查该电源回路，一方面启动DCS系统各DPU，并通知运行人员。

同日08时48分热工恢复通信管理机电源，部分参数恢复，就地人员汇报汽包水位高，同时锅炉MFT信号发出（汽包水位高），立即在盘前手打汽轮机，启动汽轮机直流油泵，并就地手打汽轮机，启动汽轮机交流油泵、顶轴油泵。并检查6kV厂用电切换正常，送风机、引风机运行正常；09时45分转子转速到零投盘车。

## 三、原因分析

机组DCS网络通信中断，热控人员就地检查由DCS电源柜送往网络柜的两路电源自动开关跳闸，造成全部交换机失电。检查发现冗余网络交换机电源切换模块的两路电源玻璃管熔断器（8A）均熔断。在更换了两路电源玻璃管熔断器后，发现电源模块监视灯闪烁，模块内部有继电器触点频繁动作声音，随后对此电源切换模块进行了更换。冗余网络交换机送电后恢复正常。

对故障切换模块解体检查，发现内部切换继电器触点发黑。

DCS系统双网的每组网络交换机电源回路中二路电源中的一路来自不停电电源（UPS），另一路来自厂用保安段电源，通过两个电源切换模块对互为冗余的两个网络的网络交换机供电。每个电源切换模块采用两路输入一路输出为单个网络的网络交换机供电。

分析认为：该电源模块内部继电器触点频繁切换，触点拉弧，导致两路不同系统的输入电源并列运行，造成电源系统短路，导致冗余网络交换机电源切换模块熔断器熔断，越级造成送往网络柜的两路电源自动开关跳闸，DCS系统网络交换机全部失电，造成通信中断。

机组DCS系统所配供的电源切换模块内部仍使用带有绕组和触点的机电继电器，而非采用目前先进的固态继电器，此本身即是一个不稳定的故障点。

## 四、整改措施

（1）根据电源切换模块故障分析报告，制订出详细的防范措施。

（2）对主机DCS系统、脱硫DCS系统中使用该型号的电源切换装置进行全面检查，同时采用可靠的固态继电器的电源自动切换装置。

（3）对网络交换机的供电系统进行改进，由原来的两个自动开关供电改进为四个自动开关供电。改进后的供电系统，即使再次发生同样的问题，其只能跳开给自己供电的自动开关，不会影响另外一个电源切换装置的工作，也不会造成网络中断。

（4）取消操作员站电源切换装置，并将2路输入电源改为1路输入电源。5个操作员站，其中3个电源取自UPS，另外2个电源取自保安段电源。如果操作员站失电，手动投入另外1路电源。

（5）加强对热控电源的巡回检查和定期切换试验。制定热控装置的电源巡回检查（点检）路线和方法，重点加强对热工、继电保护电源的运行状态、接线端子的温度和颜色、电源切换器的声音等多种方式的检查。利用机组停运机会，定期做DCS网络、控制器、电源等的切换试验。同时加强对输煤、除灰、化水、氢站等控制系统电源的管理，保证其电源的安全可靠。

（6）制订《DCS故障时应急处理预案》。设备部制定详实可行的控制系统（包括辅网）故障时的紧急处理预案，做好反事故措施。发电部制订控制系统故障时的紧急操作预案。

## 案例158 MCS1软件漏洞导致锅炉灭火异常事件

### 一、设备简介

某电厂机组采用HIACS-5000M控制系统。由7台操作员站（包括2台大屏幕操作站）、1台工程师站、1台历史站、37个控制机柜及4台打印机组成。37个控制机柜包括1个DCS总电源柜、1个DCS公用系统电源柜、1个通信接口柜、4个分布于现场的远程I/O控制柜和I/O模件、控制柜等。

### 二、事件经过

3月24日12时29分，2号机组热工DCS系统MCS1主、从控制器突报故障，由于机组协调、燃料、风量控制逻辑都在该控制器上，故障后锅炉侧大量数据变为坏点，锅炉的风量、煤量、负荷指令等模拟量输出归零，造成锅炉失去燃料和风，因“全炉膛无火”MFT，同时由于汽轮机侧画面打不开，机组失去控制。12时31分14秒，汽轮机手动打闸停机。

### 三、原因分析

（1）2号机组热工DCS系统MCS1主、从控制器均报故障后，大量数据变为坏点，因2号机组协调逻辑及燃料、风量控制等逻辑都在该控制器，当风量、煤量、负荷指令等模拟量输出归零时，造成了锅炉失去燃料和风，导致全炉膛灭火。由于当时热工DCS系统MCS1主、从控制器故障原因不明，不具备停炉不停机的条件，运行人员手动打闸停机。

（2）事后，经厂家技术人员、电科院专家和公司专业人员共同对采集到的控制器异常信息进行分析，得出结论为控制器死机，主要原因是A磨煤机加载油压调节逻辑页中的BMP功能模块数据溢出。

（3）经过对A磨煤机加载油压回路进行自动投切试验，人为设置油压偏差大，切除自动，经过反复试验，发现BMP功能模块后的输出异常增大，直至显示“UPPER”而溢出，继续进行投切试验，控制器报故障停止工作。经调阅报警记录，与24日故障报警信息相同，完全复现了24日的故障。对其他几台磨煤机加载油压控制逻辑的同样试验，问题同样存在。

经过分析，认定BMP功能模块在切换过程中如果目标值发生变化，会造成其输出异常变化，如果此时操作员进行自动的反复投切，反复周期运算后就形成数值溢出，导致主从控制器同时故障死机。问题找到后，各方研究制定了解决方案：将5台磨煤机加载油压控制逻辑中的BMP功能模块用ASW＋RL替换。经过反复试验修改后的逻辑，故障没有再现，隐患被消除。

## 四、整改措施

(1) 将2号机组5台磨煤机加载油压控制逻辑中的BMP功能模块用ASW+RL功能模块替换。

(2) 利用停机机会对其他锅炉DCS系统磨煤机加载油压控制逻辑进行修改。

(3) 完善DCS控制系统控制器异常处理预案，保证故障情况下数据、信息全面及时地被记录。

(4) 加强与使用同类型DCS系统的单位沟通，及时了解其他单位使用过程中发现的问题，借鉴他们的经验，及时对系统进行完善。

# 案例159 全部POC站操作失灵导致锅炉灭火异常事件

## 一、设备简介

某电厂100MW机组DCS系统采用日立HIACS-5000M控制系统。

## 二、事件经过

2007年9月7日15时，热控人员开工作票，处理机组POC1死机缺陷，15时15分运行人员签发工作票，许可开始工作，热控人员重新启动POC1计算机，启动后运行人员切换画面未发现异常，于15时25分结束工作票。

同日15时18分，锅炉停乙号制粉系统后主蒸汽温度偏低，调整二次风时发现二次风上、中、下三排有时能调整，有时不能调整，复位指令有时能执行，有时不能执行。15时20分，调整锅炉乙号送风机挡板开度时反馈不跟踪，紧急调整甲号送风机挡板也不能操作，一次风压由2300Pa下降到1700Pa。15时22分降负荷，负荷设定70MW但指令没有执行，改用DEH阀控降负荷最低到23MW，通过硬手操向空排汽维持汽压，投四角油枪助燃。通知热控人员POC站不能操作。

同日15时23分12秒，历史站记录从POC4发出电动给水泵指令由58%到0%，并且予以确认，1号给水泵转速由2592r/min逐渐下降到1079r/min。15时23分22秒，1号给水泵发润滑油压低0.05MPa报警信号，15时23分24秒，给水泵润滑油压低至0.03MPa，A、B、C三个压力断路器同时动作，1号给水泵润滑油压低三选二动作停泵，备用0号泵自启。0号给水泵自投后，汽包水位迅速升高达到+200mm（电接点水位计），关主给水调整门调节水位，关至10%。汽包水位降至+100mm时开主给水调整门，发现主给水调整门不能操作；改开大旁路调整门，也不能操作。15时36分，1～5号POC站各操作均不能执行。热控人员到现场检查，DCS各子系统、POC站、网络等没有报警信息，后对管理任务的POC3站进行重新启动，各POC站还是不能操作，然后对POC1站重新启动两次，各操作员站仍然无反应。15时38分01秒，水位低三值保护MFT动作，锅炉灭火。15时42分，运行人员手动打闸停机。

## 三、原因分析

2007 年 9 月 7 日 12 时 06 分，POC1 站黑屏，当时数据库的某个在线运行文件已经被破坏，造成 POC1 死机，所以在重新启动后，在线数据库控制文件是一个不完整的文件。在重新启动时，热控人员使用 CTRL+ALT+DELETE，对 POC1 站恢复后，POC1 站与其他的 4 台 POC 站在线数据库不一致，POC1 站主要功能为操作功能，当其启动成功后，就承担起主操作功能。由于其在线数据库控制文件是被破坏的，POC1 站不断地与其他 4 台 POC 站握手访问，以确定其功能的正确性，15 时 18 分至 15 时 36 分，表现在 POC 站上为对设备操作时，有时可以操作，有时拒绝执行，指令不能下发，最后导致在 15 时 36 分以后，指令不能下发，全部操作失灵。

## 四、整改措施

（1）发生单一 POC 站黑屏、死机缺陷时，运行人员要及时录入缺陷，通知热控人员，并详细记录在运行日志中。

（2）在保持原来的正常启动 POC 站步骤的前提下，为了彻底杜绝发生类似故障的可能性，对于死机的 POC 站重新启动的时候，增加重新生成在线文件的步骤，以确保重启的 POC 站和其他 POC 站运行的文件一致。

（3）热控人员在处理缺陷完毕，重新启动成功后，运行人员要切换画面并进行试验性调整操作，以验证系统运行是否正常。在热控人员工作和重新启动 POC 站时，运行人员要加强对运行参数的监视。

# 第二十三章 其他故障导致机组异常及停机异常事件

## 案例160 投入一次调频导致机组甩负荷异常事件

### 一、设备简介

某电厂200MW机组DCS系统采用日立HIACS-5000M控制系统，2003年进行了汽轮机DEH系统改造。

### 二、事件经过

2007年1月10日，接调度部门通知山东电网进行甩1000MW负荷试验，要求该电厂记录一次调频的动作情况。热控专业经与发电部协商后，于1月10日21时22分54秒投入机组一次调频。22分58秒发DEH报警信号，22分59秒协调控制自动切换至阀位控制方式运行，同时主蒸汽压力上升，西侧过热安全门动作，汽轮机顺序阀自动倒为单阀，负荷由190MW骤降至125.68MW。

### 三、原因分析

一次调频功能在逻辑设计上不完善（一次调频功能是由DEH实现的，但频差信号没有直接叠加在汽轮机调速器门指令处，而是加在功率调节器前；一次调频功率信号未经过阀位修正），不符合《华北电网发电机组一次调频运行管理规定》，热控专业培训学习不到位，执行制度不严格，参数设置没有把好关，这是此次机组发生降负荷事故的根本原因。

### 四、整改措施

(1) 进一步修订完善DCS管理制度。在管理制度中，必须明确参数设置管理规定、DCS机柜间出入管理规定、逻辑变更单审批手续管理规定、日常检查项目和记录、检修测试项目和记录。

(2) 在机柜间进行逻辑修改和参数设置时，必须严格执行DCS管理制度中逻辑变更单审批手续；涉及保护设备时，必须严格执行保护投退管理制度中保护投退审批手续。

# 案例161 在线下装逻辑导致停机异常事件

## 一、设备简介

某电厂锅炉型号为HG-1025/17.5-YM33，配有2台上海鼓风机厂生产的PAF16-12.5-2型动叶可调轴流式一次风机。

## 二、事件经过

2005年12月11日08时，该电厂申请调度同意准备做一次风机RB试验和汽动给水泵跳闸RB试验。12月11日10时左右，监理召集调试人员、设备部热工人员和发电部技术人员，进行RB试验交底会，会上电科院调试人员对试验方法和试验中可能出现的问题进行说明，并说明试验前需要对修改后的逻辑进行下装，但是没有谈到下装逻辑可能造成的后果。随后发电部安排相关人员针对试验内容进行了学习和事故预想。

12月12日08时50分，发电部管理人员和技术人员、电科院调试人员、设备部热工人员到达控制室，09时45分中调同意1号机组做RB试验，09时56分开始由150MW涨负荷，此时参数正常，引风机、送风机、一次风机及给水投自动运行，AGC投入。负荷涨至250MW时，炉膛负压报警，炉膛压力达到+2000Pa左右，引风机、送风机、一次风机自动切换为手动方式，1号一次风机出口压力5.3kPa，2号一次风机出口压力10.3kPa左右，两台一次风机抢风，运行人员立即减少给煤机给煤量，调整一次风机风量，申请退出AGC、降负荷，同时投油助燃。由于燃烧工况变化较大，锅炉水位出现大幅波动，造成水位高三值保护动作，10时28分锅炉灭火，水位急速下降。10时29分运行人员手动启动电动给水泵，停止汽动给水泵运行，当时勺管位置在50%，运行人员手动调整勺管无效，汽包水位迅速上升，手动开锅炉底部放水，锅炉水位波动后继续上升，10时34分锅炉水位高四值保护动作引起机组跳闸。12日16时15分，1号机组重新并网。

## 三、原因分析

（1）11月30日，在做1号机组一次风机RB试验时，MFT动作，锅炉灭火，分析原因为一次风机动叶存在动作抑制死区，指令正反动作时，有5s抑制动作时间，影响风机动叶快速做出反应。经讨论将抑制动作时间改为1s，逻辑需要优化，并决定在再次RB试验前进行逻辑下装。

12月12日10时20分左右，电科院试验人员在逻辑在线下装过程中，一逻辑块状态翻转（日立系统存在控制器逻辑下装后功能块进行初始化的问题，当该功能块在逻辑下装前状态为0时，初始化会对该状态进行一次0→1的变化，然后回到正常状态），一次风机动叶开度1s内达到80%，由于1号一次风机失速，造成风机抢风失稳，这是引起事故的主要原因。

（2）事故处理中，运行人员调整水位不及时，高三值保护动作，锅炉灭火。

（3）由于运行人员不了解电动给水泵存在26s内自动将勺管调至66%且不得人员干预的逻辑，增加了锅炉水位调整的难度，导致锅炉水位高四值保护动作引起机组跳闸。

## 四、整改措施

（1）加强DCS工程师站管理，严格执行工程师站管理规定，严格执行出入工程师站登记制度，严禁机组运行期间修改、下装控制逻辑，确实需要修改的逻辑严格执行审批、签字程序，要制订防止下装、修改逻辑时影响机组安全运行的技术措施，防止下装、修改逻辑时调节装置或保护误动，做好危险点分析工作，并告知运行人员，做好事故预想。

（2）修改和完善电动给水泵逻辑，组织热工人员、调试人员、运行人员对其他热工保护和自动装置的在线逻辑进行审核，避免类似情况发生。

（3）加强技术培训和仿真机演练，提高运行人员的事故处理能力。

（4）对转入生产的设备系统认真进行梳理，使其符合正常的运行方式，保证机组安全、稳定、经济运行。

# 案例162 送风机挡板全关导致停机异常事件

## 一、设备简介

某电厂锅炉型号HG-670/140-9，配两台入口挡板节流调节的离心式送风机，配1台全容量电动给水泵（甲泵）、1台全容量汽动给水泵（乙泵）、1台半容量电动给水泵（丙泵），正常时汽动给水泵运行，两台电动给水泵备用。

## 二、事件经过

2005年12月21日，机组负荷199MW，主蒸汽温度537℃，再热蒸汽温度537℃，主蒸汽压力13.5MPa，乙、丁制粉系统及13台给粉机运行。甲、乙引风机挡板全开，甲、乙引风机耦合器投自动运行，甲、乙送风机挡板投自动运行，挡板开度83.42%。乙给水泵运行，甲给水泵投连锁备用，甲给水泵耦合器指令69%（手动跟踪），乙给水泵转速4617r/min，给水流量642t/h。

同日18时41分，因两侧送风机负荷不一致，监盘人员将甲、乙送风机切手动，将乙送风机指令由82.47%减至69.47%，甲送风机指令由80.80%减至69.80%。18时47分25秒，将甲送风机投入自动，18时47分31秒，将乙送风机投入自动。由于投入时两侧送风机挡板略有偏差，18时47分36秒，将送风机偏置由1.20%调整至0%。此时甲、乙送风机挡板指令由69%自动减至0%，甲、乙送风机挡板全关。18时47分52秒，炉膛负压低至−1715Pa，炉膛负压大保护动作，MFT跳闸。

锅炉灭火后，值班人员迅速将机组负荷降至8.1MW。由于锅炉灭火，汽包水位急剧下降，水位自动调节将给水主指令加到82%。随后汽包水位开始回升。21日18时48分16秒，值班人员将水位自动切手动；18时49分49秒，值班人员开始减乙汽动给水泵指令，但由于此时汽水流量偏差太大，水位急剧上升；18时50分26秒，开紧急放水一道门；18时50分27秒，值班人员将甲给水泵开启；18时50分33秒，将甲给水泵停止；18时50分37秒，汽包水位高三值报警，将乙汽动给水泵紧急停止，甲给水泵联启（连锁未解除）；18

时 50 分 47 秒，锅炉汽包水位高四值，汽轮机跳闸，发电机解列。

## 三、原因分析

（1）此次异常发生后，热工车间对送风自动调节系统的逻辑关系进行了检查并试验，确定此次送风机挡板全关，炉膛负压大以致 MFT 动作的原因为：

1）电科院设计的送风自动调节系统内 TP 块宏命令参数设定不正确，应为 2s，而实际设定为 50s。

2）电科院设计的送风机挡板投自动的逻辑输出设计不对，应在 TP 宏命令块后，而不应设计在 TP 宏命令块前。

由于以上原因，运行人员在投入送风机挡板自动时，对送风机挡板来讲已投入自动，但在 50s 内送风主调节器实际未投入自动，仍处于跟踪状态；在此时若对送风偏置进行调整，就会造成乙侧送风机挡板指令关小（或开大）。而此时主调节器信号仍跟踪乙侧送风机挡板输出，并作为送风主指令同时加入甲、乙侧送风机挡板 AC 宏命令块，造成甲乙侧送风机挡板同时关闭（或全开）。

（2）送风自动调节异常，造成炉膛负压大以致 MFT 动作后，运行值班人员对锅炉灭火后的水位变化趋势及汽动给水泵特性认识不清。锅炉灭火后，由于虚假水位的影响，汽包水位必然有一个迅速下降的过程；若自动未切除，自动调节将大量加水，而此时机组负荷已降低，给水流量远大于主蒸汽流量，在虚假水位的影响过后，汽包水位将急速上升。另外，锅炉灭火后，汽包压力降低，汽动给水泵在同样转速的情况下打水能力大大提高，这均会造成汽包水位控制困难。在此次水位处理过程中，运行值班人员开紧急放水门过迟，停泵过迟，错失了控制水位的良机。

（3）运行值班人员操作慌乱，在将汽动给水泵倒为电动给水泵前未将耦合器指令减至零，电动给水泵两次启动均加剧了汽包水位的上升速度。

## 四、整改措施

（1）修改送风自动调节系统的逻辑，使之合理。

（2）加强运行值班人员事故演练，提高值班人员处理事故的能力。

# 案例163 高调门反馈装置故障导致停机异常事件

## 一、设备简介

某电厂 3 号机组为 600MW 亚临界湿冷汽轮发电机组，DEH 系统采用西屋公司的 OVATION系统，高调门反馈装置采用某公司生产的 LVDT，每个高调门安装 2 个冗余的 LVDT，分别接入 2 套伺服卡，伺服卡也互为冗余关系。

## 二、事件经过

2008 年某日 01 时 41 分，3 号机组负荷出现摆动，由 398MW 降至 335MW 后又升至

405MW，协调方式自动切为基本方式，光字报警，CV1调门开度100%，运行人员联系热控、汽轮机专业人员查找原因。

同日02时15分左右，热控人员对各CV阀开度进行检查，发现CV1两个冗余LVDT反馈不一致，工作LVDT反馈显示55%，指令58%，在工程师站内检查备用LVDT反馈显示为100%，判断其中一个LVDT反馈故障；然后就地检查CV1实际开度为全开，判断主LVDT故障，此时协调处在基本方式，即手动方式。由于主LVDT处于故障状态，反馈一直保持在55%不变，当时CV1指令为58%，控制偏差存在，导致CV1全开，负荷上升。

同日02时31分15秒，值长接调度令，要求降负荷，运行人员进行手动降负荷操作，手动将煤量由179t/h减至171t/h，机前压力下降，手动将调门指令由74.82%降至73.72%。

同日02时31分50秒，CV1指令下降至53%，此时CV1全关，负荷突降，汽包压力由13.5MPa上升至15.33MPa，汽动给水泵转速由3787r/min降至3540r/min后上升至4260r/min，汽包水位出现剧烈摆动，负向最大−257mm，正向最大274mm（汽包水位高三跳机定值为228mm，延时8s）。02时34分07秒锅炉灭火，汽轮机跳闸。

## 三、原因分析

经过现场检查，CV1主LVDT其中一根线振断并脱落，主反馈保持在55%位置不变，由于当时CV1指令为58%，指令反馈偏差较小，系统无法进行故障判断，未能切换至备用LVDT上工作（切换条件为指令与反馈控制偏差大于5%或工作LVDT反馈变化率大于10%/10ms），导致CV1按照开指令要求全开。运行人员在CV1阀门反馈装置故障情况下，进行机组减负荷操作，阀门在指令低于阀位后，CV1全关，造成主蒸汽压力摆动，汽包水位快速变化，锅炉灭火，机组跳闸。

## 四、整改措施

（1）热控专业制定措施，将机组的LVDT端子箱进行移位，移到振动比较小的汽轮机平台地面，并且对其他机组存在振动的端子箱进行移位改造，减少因振动造成的线路故障。

（2）利用机组停运机会，对DEH阀门和MEH阀门进行回路接线检查，确保阀门控制系统运行的稳定性。

# 主给水流量表管冻结导致汽包水位高保护动作停机异常事件

## 一、设备简介

某电厂6号机组为600MW亚临界空冷汽轮发电机组，汽包水位采取串级三冲量调节。其中主给水流量测量方式采用喷嘴取压方式，共三对流量取样，采用3051差压变送器进行测量，变送器均安装在流量喷嘴管道下方的变送器保温柜内。保温柜内有三个伴热电源自动开关K1、K2、K3，其中K1为保温柜伴热总电源自动开关，K2为柜内加热器电源自动开关，K3为流量取样管路伴热电源自动开关。

## 二、事件经过

2008年1月23日07时08分，机组负荷476MW，主蒸汽压力16.06MPa，主蒸汽温度540℃，给水流量1242t/h，A、B、C、D、E磨煤机运行，A、B汽动给水泵运行，给水调节系统处于三冲量自动方式运行，AGC投入。

同日07时09分46秒，给水流量第三点（LAB40CF103）由1241t/h突降到977t/h，接着快速升到2538t/h后变为坏点，同时发出“给水系统异常”声光报警。

同日07时50分47秒，给水流量第二点（LAB40CF102）由1490t/h突升到2538t/h后变为坏点；51分28秒由2538t/h突降到0t/h；52分01秒由0t/h突变到2538t/h后变为坏点。

同日07时55分01秒，给水流量第一点（LAB40CF101）由1247t/h突变到1572t/h；55分07秒由1572t/h突降到0t/h；55分16秒由0t/h突变到2538t/h。

同日07时55分34秒，运行人员将给水自动切到手动方式，此时汽包水位为2mm，给水控制指令93%。07时56分15秒给水控制指令92%，汽包水位132mm；07时56分32秒给水控制指令86%，汽包水位146mm。07时56分42秒汽包水位达到200mm，锅炉MFT，延时5s后于07时56分47秒汽轮机跳闸。

## 三、原因分析

（1）给水流量变送器保温柜伴热电源跳闸且气温低导致三台给水流量变送器取样管路相继冻结，造成测量异常，逻辑判断后的给水流量值为零且为好质量点。只有当三台给水流量变送器均为坏质量时，逻辑才将给水控制系统由三冲量切到单冲量运行方式。此时仍处于三冲量控制方式，致使给水调节系统指令由73%上升到93%，汽包水位由−25mm上升，于1月23日07时56分42秒汽包水位达到200mm，锅炉MFT，延时5s后于07时56分47秒汽轮机跳闸。

（2）给水流量变送器保温柜伴热电源开关跳闸是引起三台给水流量变送器取样管路相继冻结，造成测量异常的根本原因。

（3）伴热电源开关为额定电流8A的自动开关，机组跳闸事件发生后该开关仍能正常投入运行，主要是由于控制回路瞬间短路或接地，导致自动开关跳闸。

## 四、整改措施

（1）冬季对处于环境温度较低场所的设备增加夜间巡检次数，并且增设保温措施。

（2）对于给水流量、汽包水位等重要热工设备的区域增加温度测点，实现DCS远方监视和报警。

（3）完善给水控制系统逻辑，增加任一给水流量信号出现坏质量和给水流量与主蒸汽流量偏差达到600t/h时，将给水控制系统由三冲量切至单冲量控制逻辑。

## 案例165 给水泵汽轮机跳闸造成汽包水位低保护动作锅炉灭火异常事件

### 一、设备简介

某电厂锅炉为东方锅炉厂生产的DG1025/18.2-Ⅱ4型中间再热、自然循环、单炉膛、燃煤汽包锅炉。

### 二、事件经过

2001年4月29日18时，机组负荷300MW，两台给水泵汽轮机在“自动”位运行，电动给水泵备用，勺管位置在75%。

同日18时14分，1号汽动给水泵调门突然关闭，控制方式跳至手动；18时14分30秒，2号汽动给水泵因轴位移大保护动作跳闸，电动给水泵联启。18时15分锅炉水位到－280mm，水位保护动作，锅炉MFT，锅炉灭火。

### 三、原因分析

1号汽动给水泵MEH采用美国贝利公司INFI 90型控制系统，该汽动给水泵控制系统曾经发生过类似的事情，1号汽动给水泵在投入CCS控制时汽动给水泵调门开启、关闭的指令控制流程见图23-1。

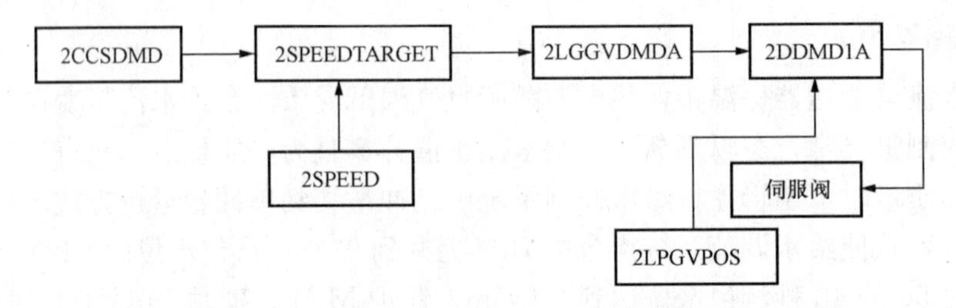


图23-1 汽动给水泵调门开启、关闭的指令控制流程图

图23-1中：

2SPEED：1号汽动给水泵转速；

2LGGVDMDA：1号汽动给水泵由MFP至HSS03卡的调门指令；

2CCSDMD：CCS给定1号汽动给水泵MEH系统转速；

2LPGVPOS：1号汽动给水泵位置反馈；

2DDMD1A：1号汽动给水泵HSS03卡给伺服阀的指令；

2SPEEDTARGET：1号汽动给水泵目标转速（CCS投入时跟踪CCS指令，解除后跟踪实际转速）。

CCS将转速信号（2CCSDMD）送汽动给水泵MEH系统，MEH系统中MFP模件将转速设定信号（2SPEEDTARGET）通过运算，将指令转化成调门开度指令（2LGGVDMDA）发给HSS03卡，HSS03卡再把指令通过±40mA的电流信号传给伺服阀来驱动调门，并和调门位置（2LPGVPOS）反馈信号形成调门位置闭环调节。

同日17时58分35秒开始，汽动给水泵MFP给HSS03卡调门指令2LPGVDMDA与

HSS03 卡给出的指令 2DDMD1A 出现偏差，当时运行在 CCS 方式，转速给定为 5153r/min，汽动给水泵实际转速为 5196r/min，实际转速大于给定转速，MFP 就减小调门指令，而此时 HSS03 卡输出到调门伺服阀的指令（2DDMD1A）并不变化，所以调门位置就不变化，由于此时是转速闭环调节，所以 MFP 的输出（2LPGVDMDA ）指令会持续减小。

同日 18 时 00 分 40 秒—18 时 01 分 20 秒左右，2DDMD1A 曾经断断续续地跟上 2LPGVDMDA 的变化，这样引起调门位置的轻微变化，同时也引起转速的轻微变化。

同日 18 时 01 分 20 秒以后，2DDMD1A 指令开始在 38%左右不动，此时实际转速大于 CCS 给定转速，所以 MFP 给出的指令 2LPGVDMDA 就会持续减小。18 时 11 分 00 秒，2DDMD1A 指令突然跟上 2LPGVDMDA 的指令，引起调门的突然下关，转速下降。

此时 CCS 指令迅速上升，调门指令迅速上升，随后 CCS 指令下降而调门未动，实际转速大于 CCS 给定转速。同日 18 时 13 分 27 秒，CCS 给定转速与实际转速偏差大于 500r/min，汽动给水泵报转速故障，汽动给水泵 CCS 控制方式解除。在此之后调门伺服阀的指令（2DDMD1A）突然又跟上 MFP 的输出指令（2LPGVDMDA 已经输出到零），导致调门突然关闭。

2 号汽动给水泵的仪表显示在事故发生前一段时期的轴位移呈较大趋势，特别是机组满负荷时，轴位移显示已接近报警值 0.38mm，给水量波动导致跳闸。

## 四、整改措施

（1）热控人员解除 1 号汽动给水泵由 HSS03 卡件送至操作员盘上光柱表的接线。

（2）热控人员对汽动给水泵控制逻辑进行修改：在汽动给水泵增加 MFP 发出的指令与阀门实际位置偏差超过 10%时，延时 5s 切为手动控制，同时自动解除 CCS 控制（光字牌有非锅炉方式报警）。

（3）运行监盘发现汽动给水泵由于 MFP 发出的指令与阀门实际位置偏差超过 10%切为手动控制后，及时通知热控人员对系统进行相应检查。

（4）热控采取的处理措施如下：

1）更换 HSS03 卡件（故障没有排除）。

2）把 1 号汽动给水泵 HSS03 卡件由插槽第二层第一个槽移至第一层第二个槽（故障没有排除）。

3）解除 1 号汽动给水泵的 FEED BACK（4～20mA 信号，由卡件至操作员光柱表的接线）和 TRIP BIAS（打闸偏置接线）（故障没有排除）。

4）更换 1 号汽动给水泵背板（故障排除）。

由此判断是由于背板故障导致的 MFP 卡件与 HSS03 卡通信中断，致使 HSS03 不能把指令加在调门上。

## 案例166 主蒸汽温度测点损坏以致给水流量突变造成汽包水位低锅炉灭火异常事件

## 一、设备简介

某电厂锅炉为东方锅炉厂生产的 DG1025/18.2-Ⅱ4 型中间再热、自然循环、单炉膛、燃煤汽包锅炉。

## 二、事件经过

2006年11月20日，机组负荷220MW，双套引风机、送风机、一次风机运行。1～5号制粉系统运行，两台汽动给水泵运行，电动给水泵备用。

同日09时42分，锅炉左侧主蒸汽温度由538℃突降至302℃，1min内恢复正常，之后该温度测点一直时好时坏。

同日09时47分，锅炉给水流量540t/h瞬间突降至245t/h，汽包水位下降至－90mm；09时48分给水流量增至583t/h，汽包水位恢复正常。

同日09时57分，锅炉左侧主蒸汽温度由536℃突降至120℃，汽包水位低一值，发现锅炉给水流量为0，两台汽动给水泵最小流量阀自动打开，立即启动电动给水泵，手动加勺管至85%，同时解除两台汽动给水泵自动，手动加至100%。

同日09时48分汽包水位低三值，锅炉MFT动作。

## 三、原因分析

锅炉左侧主蒸汽温度测点突降，导致补偿后的主蒸汽流量大幅下降，给水流量瞬间大幅突减，虽然启动电动给水泵和手动增加两台汽动给水泵出力至100%，但给水量未能及时增加上去，最终汽包水位低三值，锅炉MFT。

## 四、整改措施

（1）热控人员保证重要测点的可靠性，对单测点补偿进行改进。

（2）提高监盘质量，对重要参数要监视到位，保证及时发现异常变化，并且要认真分析异常变化原因，不要轻易放过异常变化，并做好相应的事故预想。

（3）加强人员技术培训，使之清楚影响调节系统的各参数。

（4）加强有针对性的事故演习和事故预想，保证事故处理过程中的分工合理、职责明确，对于事故处理过程中的关键点要有专人监视、调整、把握。

（5）优化汽包水位三冲量调节逻辑，并及时投入三冲量控制方式。

# 案例167 火检柜失电导致锅炉灭火异常事件

## 一、设备简介

某电厂锅炉为东方锅炉厂生产的DG1025/18.2-Ⅱ4型中间再热、自然循环、单炉膛、燃煤汽包锅炉。

## 二、事件经过

2005年10月20日，机组负荷200MW，AGC投入，1～4号制粉系统运行，双套引风机、送风机运行，电动给水泵备用。09时11分，锅炉MFT保护突然动作，首出为“单元火焰失去”。

事故后检查情况：

10 月 20 日 09 时 11 分 13 秒 69 毫秒—09 时 11 分 14 秒 70 毫秒，油层报“油层火焰故障”（OIL FLAME FAULT），所有制粉系统报“煤层火焰失败”（COAL FLAME FAILURE）；1～4 号制粉系统报“煤层火焰消失”（COAL FLAME NOT EXIT）。

同日 09 时 11 分 15 秒 69 毫秒报“全炉膛灭火”（UNIT FLAME FAILURE）。

同日 09 时 11 分 16 秒 69 毫秒报“锅炉灭火”（ MFT TRIP）。

热控人员检查火检柜，发现来自公用段的 B 路火检供电装置输出的直流 24、15、6V 均没有输出，来自 UPS 的 A 路火检供电装置输出均正常。测量两路电源输入端电压均为交流 220V，各熔断器均没有熔断。合 B 路输入电源开关，B 路供电无法恢复，10min 后重合断路器输出正常，检查接线端子均没有松动现象。后停 B 路电源，由 A 路电源单独供电恢复系统运行。

## 三、原因分析

（1）热控车间进行了试验，测试数据见表 23 - 1。

表 23 - 1　　热控车间试验测试数据　　（V）

| 运行方式 | 供电装置 | | | | 6V 电源卡 | | | | | | | | |
|---|---|---|---|---|---|---|---|---|---|---|---|---|---|
| | 输入 | 输出 DC | | | 输入 | 输出 DC | | | | | | | |
| | AC | 24V | 15V | 6V | AC | 1 | 2 | 3 | 4 | 5 | 6 | 7 | 8 |
| A | 217 | 23.8 | 14.8 | 6.43 | 6.32 | 6.26 | 6.28 | 6.30 | 6.26 | 6.24 | 6.30 | 6.25 | 6.30 |
| B | 213 | 23.8 | 14.8 | 6.94 | 6.55 | 6.52 | 6.53 | 6.54 | 6.53 | 6.52 | 6.52 | 6.52 | 6.53 |
| A+B | 213 | 23.8 | 14.8 | 6.94 | 6.55 | 6.26 | 6.28 | 6.30 | 6.26 | 6.24 | 6.30 | 6.25 | 6.30 |
| B+A | 213 | 23.8 | 14.8 | 6.94 | 6.55 | 6.52 | 6.53 | 6.54 | 6.53 | 6.52 | 6.52 | 6.52 | 6.53 |

从表 23 - 1 数据看，A、B 两路电源输入和输出均没有问题，只是 B 路电源 6V 输出比 A 路输出高 0.5V。

在锅炉点着 4 只油枪后，热控人员在两路电源都投入的情况下，切除任一路电源的 AC220V 输入，系统均运行正常；任一路运行情况下，投入另一路，系统运行正常。两路电源均停掉时，过程报警与 09 时 11 分灭火时的过程报警一致，也就是说，当事故发生时在 B 路电源故障消失 5s 内，A 路电源虽然存在但火焰检测系统并没有运行，在 B 路电源故障失电后 5s，“全炉膛灭火”条件已经成立，锅炉灭火。

（2）对供电装置 B 进行了解体检查及试验：电源风扇线圈已经烧毁。将 B 路电源装置单独投入运行，经过约半小时后，装置发热，自动切断输出电源，合输入电源断路器，仍无输出。经一段时间温度降低时，重新合输入电源开关，系统重新上电。反复几次，现象相同，只是 B 路电源装置投入运行的时间越来越短，说明灭火时 B 路电源装置是由于过热造成内部保护动作切断输出的。

（3）经上述试验结果分析，得出以下结论：

1）380V 公用Ⅳ段故障时，B 路电源装置的风扇烧毁。

2）B 路电源装置在没有通风冷却的情况下发热，自动切断输出。

3）A 路电源装置存在可恢复性缺陷，事故时电源没有及时供至火检微机卡。

## 四、整改措施

(1) 对存在故障的火检供电装置进行更换，并对故障的供电装置进行维修。

(2) 热控车间技术人员进一步分析 A 路电源装置故障原因，并制定防范措施。

(3) 加强巡回检查的效果，对于细小的故障也不能放过，尤其是供电系统。

# 案例168 失去全部密封风机导致锅炉灭火异常事件

## 一、设备简介

某电厂锅炉为东方锅炉厂生产的 DG1025/18.2-Ⅱ4 型中间再热、自然循环、单炉膛、燃煤汽包锅炉。

## 二、事件经过

2006 年 3 月 15 日，机组有功负荷 300MW，AGC 投入，双套引风机、送风机、一次风机运行，1～6 号制粉系统运行，1 号密封风机运行，2 号密封风机备用，汽轮机 1、2 号汽动给水泵运行、电动给水泵备用。

同日 10 时 43 分锅炉 MFT 保护动作，锅炉灭火。锅炉灭火首出原因为两台一次风机跳闸。两台一次风机跳闸原因为 1 号密封风机跳闸，2 号未联启。所有制粉系统跳闸。

事故后检查情况如下：

就地检查两台密封风机正常，测绝缘正常，电气检查两台密封风机开关均正常，“试验”位合、跳正常。

热工检查 1 号密封风机为保护动作跳闸，动作信号为“380V 低电压保护”，2 号密封风机未能联启的原因也是存在同样的保护信号，两台密封风机跳闸，联跳一次风机，锅炉 MFT 灭火。

## 三、原因分析

根据过程报警，判断为 1 号密封风机跳闸，联启 2 号密封风机未成功，两台密封风机全停，联停两台一次风机，MFT 动作。密封风机首出原因为低电压保护动作，但密封风机低电压保护已经被优化，实际在 EMCSU32/33 DPU 也并未发出低电压信号。在线观察密封风机逻辑，发现低电压保护条件反复跳变，且强制该条件后，该条件依然反复跳变。而密封风机的逻辑关指令也反复跳变（实际并无人为操作发出该指令）。又进一步检查程序修改记录，发现机组小修时，对两台密封风机进行低电压保护逻辑优化时，在逻辑修改后只进行了校验而没有编译生成目标代码，因此下装的逻辑实际上并不是优化后的逻辑（没有生成目标代码的逻辑无法下装到 DPU 中）。

这次异常的发生是由于 FSSS DPU32/33 内部的逻辑紊乱，异常反复发出低电压保护信号并且执行了优化前的密封风机保护停逻辑，导致1号密封风机跳闸，联启2号密封风机未成功。

## 四、整改措施

（1）热工人员重新编译了密封风机的逻辑程序，并下装到FSSS DPU32/33中，异常消失，两台密封风机恢复正常。同时也将两台密封风机跳闸时联跳两台一次风机逻辑修改为"两台密封风机跳闸，延时10s后联跳两台一次风机"。

（2）热控成立专门小组，对机组设计连锁、保护的所有程序，进行静态检查，排除其他可能存在的问题，特别要注意DPU内目标代码版本与时间以及涉及设备连锁是否合理地使用了延时。

（3）提高工作质量，不留无用的画面、逻辑，杜绝安全隐患。

（4）热控人员必须严格执行"防三误"的有关规定，在进行保护投退、组态修改、逻辑改进等重大且容易出现失误的工作中，只有在监护人保证做到有效监护的前提下，方可开展工作。

# 案例169 控制气源系统堵塞，机组低真空保护动作停机异常事件

## 一、设备简介

某电厂汽轮机为东方汽轮机厂制造，型号为C300/220-16.7/0.3/537/537型（合缸），型式为亚临界、一次中间再热、两缸两排汽、抽汽凝汽式汽轮机。配备两台水环真空泵，型号为NASH TC-11。

## 二、事件经过

2007年4月23日08时54分，2号机组B真空泵入口真空度低报警。08时55分，A真空泵联启。当时机组真空－90.7kPa，到现场检查A、B真空泵均运行正常。09时10分，停止A真空泵，但B真空泵入口真空度低报警一直未消除。随后找到热控人员了解B真空泵入口真空度低报警原因及后果，确认真空泵入口真空度低报警后需要一定的回差才能恢复，且在此期间A真空泵手动停止后将失去自启备用（入口真空度低联启备用真空泵是脉冲信号，只触发一次）。为保证真空泵有备用，决定进行真空泵倒换。09时34分，启动A真空泵，检查机组真空正常。09时36分停B真空泵，此时发现入口气动门未关闭，机组真空急剧下降，09时36分，启动B真空泵，后又启动B循环水泵试图恢复真空，但都无效。09时36分，真空低ETS动作，机组跳闸，锅炉灭火，发电机解列。在机组跳闸后通过对入口气动门控制系统及控制设备检查时，发现气动门电磁阀进气气源管无气，经过2～3min发出一声气爆声后，气源恢复正常，再对该气动门进行开关试验正常。10时27分入口手动门开，B真空泵正常投入运行。

## 三、原因分析

（1）经分析查找确认，本次事件的直接原因为真空泵停止后入口气动门应连锁关闭，而

B真空泵停止时入口门未能连锁关闭，其原因是由于控制气源系统堵塞，因此造成在B真空泵停止后，真空系统直接和大气相通，机组真空迅速降低，导致2号机组停机。

（2）B真空泵入口门拒动的原因为气源系统堵塞所致。B真空泵入口气动门气源系统取自机侧压缩空气分支管路，分支管路管道直径20mm，材质为不锈钢；从分支管路到气控阀经过直径为10mm、长为2.6m的一截不锈钢管连接到仪表针芯门，针芯门后为一截直径为8mm的铜管，然后是过滤器，过滤器与电磁阀用直径为12mm硬塑料管连接。在这一气源系统中最有可能出现堵塞的部位是针芯门（见图23-2），因此分析它发生堵塞的可能性最大；过滤器与后面的塑料管均为透明的，可看见内部情况，基本可以排除。针芯门后的铜管通径6mm，也存在堵塞的可能。另外在对压缩空气管道系统的检查中发现压缩空气中带水。

图23-2 真空泵入口气动门

## 四、整改措施

（1）加强对仪用压缩空气系统设备的检查、维护，定期对压缩空气系统进行排污放水。

（2）对真空泵入口气动阀门进行定期活动试验，确保阀门动作灵活可靠。

（3）借鉴同类型设备电厂的成熟经验，重新优化真空泵启动、停止连锁逻辑，减少设备拒动、误动对机组安全的影响。

（4）根据夏季机组真空较低的特点，合理调整低真空报警压力断路器的定值，保证报警信号准确、及时、可靠。

（5）组织查找可能造成机组真空迅速下降的设备安全隐患，并采取切实有效的防范措施，利用机组检修机会进行系统改进、优化处理。

（6）通过加强运行人员的仿真机培训工作，不断提高运行人员故障判断、处理、恢复的能力。

（7）制订真空泵倒换管理规定，要求首先关闭真空泵的入口手动阀门再停止真空泵，防止入口气动阀门不能联关或因卡涩造成关闭不严密时真空下降。

## 案例170 因空气预热器运行信号消失引起MFT动作导致停机异常事件

### 一、设备简介

某电厂DCS采用北京ABB公司的Symphony系统，实现DAS、MCS、SCS、FSSS及ECS，控制器使用多功能处理器MFP12，通信网络采用双冗余结构。2009、2010年，对DEH/MEH、ETS也进行了一体化改造。FSSS系统采用负逻辑设计，实现锅炉炉膛安全保护和燃烧器控制功能，包括炉膛负压、主蒸汽温度、分离器水位、引送风机跳闸、空气预热器跳闸、MFT等锅炉主保护系统。

### 二、事件经过

事件发生前，机组负荷500MW，汽动给水泵运行，电动给水泵备用，1、2号引风机、送风机、一次风机运行，1、2号空气预热器运行，机组各运行参数正常。

7月21日14时55分，运行人员在DCS操作员站上发现，4号机组锅炉六大风机及空气预热器相关信号时好时坏，通知热控人员检查。同时值长向电网调度进行了汇报，热控人员初步判断可能是电源监视模块故障所致。15时08分，“两台空气预热器跳闸”信号发出，锅炉MFT动作灭火，机组停运。

### 三、原因分析

对空气预热器故障后的检查情况如下：

(1) 检查DCS事件记录和画面发现，故障信号全部为SCS的PCU20（包括六大风机及空气预热器）所属信号，且有PCU20所属模件故障报警记录。

(2) 检查PCU20机柜，发现PCU20柜所有模件状态灯红绿闪烁。

(3) 测试PCU20机柜内交直流电源电压，220V AC、+24V DC、+5V DC、+15V DC、−15V DC均正常稳定，测试检查接地良好。

(4) 检查PCU20柜门风扇、模件顶部风扇运转正常，手摸模件面板，温度不高。

(5) 检查PCU20柜各层MMU与电源总线连接良好，MMU之间子模件总线连接良好，各层子模件全部在锁位。

(6) 在工程师站检查PCU20机柜内模件状态也是时好时坏。

(7) 停机后，热工人员进行了进一步检查测试，发现PCU20机柜侧面总线上的电源监视信号PFI电压出现短时由+5V DC变为+1.2V DC的现象，又反复测试PCU20机柜内的模件工作电源电压，+5 VDC、+15V DC、−15V DC均正常稳定，因此确定故障点为PCU20机柜电源监视模块。

(8) 对PCU20机柜的PFI经过1kΩ的电阻与机柜内的+5V DC短接，去掉PCU20电源监视模块。处理后故障消除。

综上所述，操作员站上锅炉六大风机及空气预热器相关信号时好时坏的原因是PCU20机柜电源监视模块间断性故障，造成PCU20机柜内控制器不停地发生重启，这是发生本次事件的主要原因。

## 四、整改措施

（1）认真吸取本次事件教训，对发生的隐患举一反三，落实设备专责制，防止类似不安全事件的发生。

（2）对所有 PCU20 机柜的 PFI 经过 1kΩ 的电阻与机柜内的＋5V DC 短接，去掉 PCU20 电源监视模块。

（3）利用检修机会，进行设备改造和优化。

# 第六篇

# 辅机控制部分

# 第二十四章　辅机控制异常导致停机事件

## 案例171　因除盐水污染引起锅炉水冷壁泄漏导致停机异常事件

### 一、设备简介

某电厂2号锅炉为武汉锅炉厂制造的WGZ670/13.7-11型锅炉，为单炉膛、自然循环、一次中间再热、直流喷燃器四角切圆燃烧、呈倒U形布置、单汽包、炉膛四周为膜式水冷壁。主蒸汽压力13.7MPa，温度540℃，再热蒸汽压力2.65/2.47MPa，再热蒸汽温度314/540℃，锅炉计算效率92.672%。

### 二、事件经过

某年1月5日08时40分，该电厂运行三值辅控人员发现一期除盐水箱液位由8.7m突降至0.87m，经就地检查发现除盐水箱液位为0.6m，运行人员将两套离子除盐设备全部投入运行（其中包括一套已经失效的离子除盐设备）。

1月5日17时，发电部组织运行三值辅控人员针对一期除盐水箱缺水问题进行调查分析。对责任班组提出考核，并安排了增加制水量统计及水箱就地液位计消缺等工作。

1月6日生产早会上，公司领导针对1月5日一期除盐水箱缺水事件，要求安监部组织调查。当值运行人员向安监部汇报了除盐水箱缺水事发原因，但未对除盐水质情况进行说明。

1月7日06时，发电部运行人员在进行除盐水箱水质分析中发现硅含量3300μg/L，硬度900μmol/L，水质严重超标。发电部部长组织相关人员对此事件进行了专题分析，经研究决定：将除盐水箱中受污染的除盐水排放；将除盐系统取用水源由中水改为地下水，以提高除盐系统产水质量；开启1/3反渗透旁路，提高除盐系统出力；并要求运行人员增加除盐水质监督和设备再生工作，确保产水质量；增加锅炉定期排污次数，加大炉水磷酸盐处理，防止污染物在锅炉内沉积；要求化验班做水质查定试验，与在线仪表指示值进行比对，处理缺陷等措施。

1月7日—10日，因除盐制水设备出力不足及机组供热期间补水量较大，除盐水储水量始终处于低限值，水量不足导致离子交换设备再生受阻，除盐水水质没有得到完全改善。

1月11日01时45分，发电部运行人员手工测试2号锅炉水pH值为3.8，立即加大了炉水磷酸盐剂量，并向磷酸盐溶药箱中增加了500g氢氧化钠，锅炉定期排污由原来的每天1次调整为每小时1次。03时50分，炉水pH值为4.0，启动备用磷酸盐加药泵，并向磷酸盐溶药箱中加入1000g氢氧化钠。08时，炉水pH值为5.0。08时30分，发电部辅控专业主管向华北电科院化学所咨询炉水 pH 值低的原因和处理方法，再次向磷酸盐溶药箱中增加 2000g 氢氧化钠。10 时，炉水 pH 值为 6.8。13 时 40 分，2 号锅炉爆管停机。2 号锅炉割管检查发现：水冷壁管内表面有红色沉积物，并伴有腐蚀坑点和裂纹，向火侧垢量 752.9g/$m^2$，背火侧垢量 282.5g/$m^2$。

## 三、原因分析

（1）一期除盐水箱液位计指示失灵，将已空的除盐水箱液位指示为满水位，致使 1、2 号机组除盐水供给面临中断。为了加大除盐水制水量，当值运行人员错误地将已失效的离子除盐设备投入运行，致使大量不合格除盐水进入系统，引发了锅炉水冷壁管结垢、腐蚀爆管事故。

（2）在炉水系统受污染后，未能及时采取有效措施，致使水质劣化程度加剧，造成了事故的扩大。

（3）事故发生后，专业主管人员未能严格按照《技术监控预警制度》履行事故预警，造成事故处理工作组织不力，错失了事故的处理时机。

（4）运行人员对专业技术掌握不够，对异常的判断和处理能力差，是引发事故的必然原因。

## 四、整改措施

（1）加强公司生产管理工作机制的建设，落实管理责任。分析和研究公司生产管理工作存在的问题，制定切实有效的措施，严肃生产管理和生产纪律，加强技术监督管理，快速扭转生产管理的不利局面，全面落实各级人员岗位职责。各级技术人员要履行技术保障责任，全面落实公司的各项安全生产管理规定，做到精细管理，从隐患、从源头、从苗头抓起，堵塞漏洞，夯实安全生产基础。

（2）运行管理采取的防范措施主要包括：

1）发电部加强生产信息指挥管理制度的执行力度，严格执行生产情况汇报制度，发生异常情况及时汇报，确保生产信息畅通。

2）发电部要下大力气整顿运行管理，特别是辅控运行管理，加强人员的责任心教育，严格执行设备巡回检查制度，加强对运行人员巡检质量的抽查和监督管理。

3）加强部门和专业管理，针对化学监督方面暴露的问题，组织一次全面检查，重点检查岗位责任制落实情况，真正将岗位责任制管理落实到具体工作中。

4）完善化学监督管理制度，加强化学监督工作，发电部专业人员尽快完善水处理设备和精处理设备再生的相关制度，并监督运行人员严格执行，规范人员的工作行为。

5）发电部辅控班组加强化学基本知识学习和实际操作能力的培训工作，做好化学监督工作。

6）发电部要结合运行人员实际技能水平，重点加强辅控人员的技术培训工作，提高辅控人员发现问题、处理异常的能力。

（3）设备管理采取的防范措施主要包括：

1）加强设备检查、维护和技术监控管理工作，以技术监控为手段，组织各专业技术管理人员落实岗位职责，加强运行设备技术分析，认真开展设备定期检查工作，及时发现设备、系统异常，并采取有效整改措施。

2）要针对化学制水系统、化学在线仪表、精处理系统等设备管理暴露出的问题，认真吸取教训，举一反三，对设备系统进行一次全面检查和整改，切实提高设备的可靠性。

3）利用机组停备机会，对其他锅炉的水冷壁、省煤器、过热器进行割管检查（垢量检查分析和金相分析），根据检查情况，确定是否需进行酸洗和更换水冷壁管。

4）待供热期结束后，根据2号机组运行情况和暴露出的问题，视情况对水冷壁进行部分换管工作。

5）进一步加强管理人员的专业技术培训和点检培训工作，提高管理人员技术素质和点检质量，及时发现并处理设备异常，并做好设备检修过程监督、管理工作，确保检修质量。

6）加强对维护项目部培训工作的监督和管理工作，督促维护项目部认真组织开展安全和技术培训工作，提高消缺质量和设备维护水平，确保机组安全可靠运行。

7）安监部要充分发挥安全监督作用，发现问题严格按照“四不放过”原则对异常或者故障进行分析和责任追究。

## 案例172 脱硫系统故障造成锅炉炉膛压力高保护动作停机异常事件

### 一、设备简介

某电厂脱硫系统采用石灰石—石膏湿法脱硫工艺，每台锅炉设置一座吸收塔，每座吸收塔设置一台脱硫增压风机和一个100%烟气旁路烟道。

### 二、事件经过

2007年2月25日，1号脱硫增压风机油站A油泵因无法启动转检修。2月26日09时检修结束，押票试运增压风机A油泵电机，A油泵电机一经启动，就地控制柜内A油泵电源自动开关即跳闸。于是进一步检查电机电源线，发现控制端子箱有一相电源线不通，A油泵电机缺相运行，从而导致A油泵电机电源自动开关保护动作。由于A、B油泵电机电源电缆同在一个端子牌上且为插拔式，检修人员在对控制端子箱的A油泵电机电源接线进行接线操作过程中，引发了B油泵电机V相接线端子虚脱，导致了唯一运行中的B油泵电机热偶动作。10时55分，增压风机B油泵电机跳闸（增压风机未掉）。增压风机动调失压后逐渐回关，炉膛正压增大，A、B引风机自动调节使静叶开度增大至90%和70%，增压风机出力急剧下降，造成炉膛正压在1540Pa运行。由于当时烟气旁路挡板连锁保护未投入，11时02分运行人员查明增压风机故障后，紧急开启烟气旁路挡板，炉膛负压急剧下降，引风机静叶无法快速关回，造成炉膛负压低一值−1750Pa，MFT动作，锅炉灭火，机组跳闸。11时57分，机组并网，恢复正常运行。

### 三、原因分析

（1）检修人员处理增压风机控制油站A油泵电机缺陷，造成B油泵电机停运，这是此次机组跳闸事故的起因。

（2）增压风机烟气旁路挡板因连锁保护没有投入，未能及时打开，增压风机控制油压力低保护相当于退出状态，增压风机未联跳，这是造成此次机组跳闸的直接原因之一。

（3）脱硫值班人员在引风机和脱硫增压风机运行工况已处于相对稳定的情况下，快速打开旁路挡板，造成炉膛负压急剧下降，这是导致机组跳闸的直接原因。

## 四、整改措施

（1）设备部及维护项目部加强工作票的管理，加强对检修人员设备系统知识及危险点分析的培训，使危险点分析真正发挥作用，而不流于形式。

（2）设备部应落实设备管理责任制，确保连锁保护投、停审批制度严格执行，重点是外围系统；按照技术监控标准开展技术管理，提高基础管理水平；热控专业和继电保护专业立即检查连锁保护投退情况，严格履行连锁保护投退制度。

（3）发电部应根据生产实际情况以及特殊运行状况，有针对性地组织开展事故预想以及事故演练，不断提高运行人员分析问题、解决问题的能力，从而不断提高全体工作人员的安全意识。

（4）设备部应加强点检维护人员技术和安全培训，提高事故防范和预防能力。继续深入开展查、消设备隐患工作，电气、保护、热工专业全面检查全厂接线盒动力或控制接线端子是否规范，接线是否牢固，对不规范和不合理的立即治理；取消电机就地控制柜到电机之间的就地端子箱。

（5）在集控室增加脱硫烟气旁路挡板操作端，完善脱硫控制室的报警信号。

（6）发电部加强对外围值班岗位的管理，完善正常生产运行及异常情况下的联系制度，落实责任并严格执行。

# 案例173 脱硫空气压缩机故障导致停机异常事件

## 一、设备简介

某电厂脱硫空气压缩机为无锡阿特拉斯·科普柯压缩机有限公司生产，电动机为GA160-7.5。

## 二、事件经过

2008年7月23日09时45分，环保车间电气班技术员与专责在办完脱硫1号空气压缩机低压控制系统消缺工作票后，对空气压缩机低压控制系统进行检查。10时02分，技术员将工作票押回要求试运，运行人员在脱硫控制室DCS操作台远方操作合3TL109断路器，开启脱硫1号空气压缩机。10时03分，1号空气压缩机就地控制面板发“启动器反馈触点断开”故障，卸载脱硫1号空气压缩机负荷失败。同时，脱硫DCS操作员站发“脱硫1号空气压缩机跳闸”报警。脱硫运行值班员检查DCS操作员站画面，显示脱硫1号空气压缩机在停止位置，但电流指示40A，立即通知技术员。10时12分，技术员联系脱硫运行值班员，告知脱硫1号空气压缩机仍在运行，要求检查脱硫1号空气压缩机3kV断路器状态。

10时17分，技术员与专责发现空气压缩机发出胶皮烧焦异味，就地按下紧急停机按钮，但空气压缩机未停机。

同日10时25分，脱硫1号空气压缩机电机电缆放炮，4号发电机、变压器断路器跳闸，4号发电机厂用电备用自投成功。单元光字牌发“4号主变压器保护动作”、“7号高压厂用变压器保护动作”、“8号高压厂用变压器保护动作”、“3kV 7段备自投动作”、“3kV 8段备自投动作”、“4号机录波器动作”信号。

锅炉投油维持燃烧，汽轮机转速维持3000r/min。

脱硫3kV一段全部停电，检查发现脱硫1号空气压缩机3kV断路器（3TL109）机构到二次触点连杆断开。直流控制断路器跳开，本段直流消失。恢复本段直流，将其他设备操作至跳后状态，断开脱硫1号空气压缩机3kV断路器（3TL109），将故障点隔离后，对8号高压厂用变压器、4号主变压器、4号发电机进行全面检查和试验，并对保护装置进行检查和传动，经试验，4号发电机和变压器系统未见异常。

同日15时00分，将试验数据和结果报华北电网调度通信中心，申请恢复4号主变压器及4号发电机。经调度批准后，18时15分，4号发电机和变压器并入系统。图24-1为4号机组厂用电接线图。

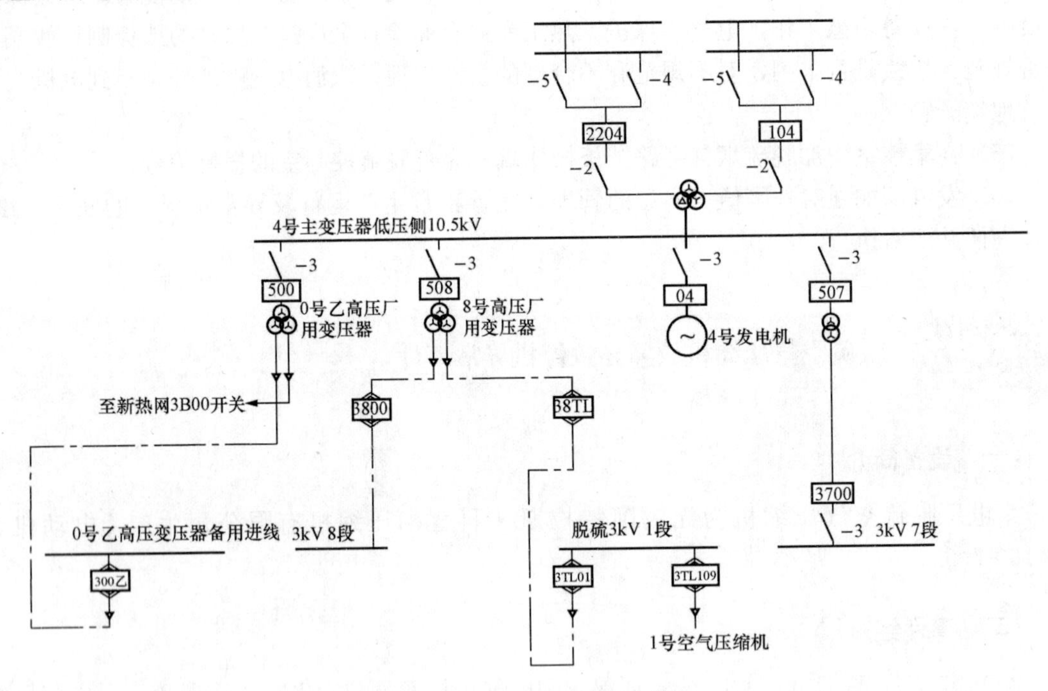


图24-1　4号机组厂用电接线图

## 三、原因分析

（1）由于脱硫1号空气压缩机设备质量问题，在开启后不能正常卸载，电机超负荷运转，绝缘过热损坏并发展成相间短路，而此时3TL109断路器拒动，这是造成4号机组和4号主变压器跳闸的直接原因。

（2）事故发生后，经过对脱硫1号空气压缩机电源断路器3TL109的检查，发现连接断路器机构和二次转换触点的拉杆因固定开口销断裂脱落，拉杆断开。经专业分析，在10时02分运行人员远方操作合3TL109断路器时，合闸成功，但同时连接断路器机构和二次转换触点的拉杆因固定开口销断裂而脱落（断裂的开口销和脱落的连接杆已找到），二次触点不跟随一次机构转换，造成断路器跳闸回路不能接通，远方、就地、事故按钮和保护装置动作均无法跳开断路器，这是脱硫1号空气压缩机电源断路器拒动的主要原因。

（3）由于3TL109断路器的二次触点未转换，致使合闸回路长时间通电发热短路，造成3TL109断路器所在的脱硫一段的直流控制断路器跳闸，使8号高压厂用变压器低压侧38TL断路器的直流控制电源消失（38TL断路器控制电源与3TL109断路器控制电源都由脱硫3kV一段控制电源带），38TL无法跳开，造成8号高压厂用变压器高压侧过电流保护动作，这是造成4号机组和4号主变压器跳闸的主要原因。

（4）因8号高压厂用变压器高压侧断路器（508）遮断容量不够，不允许开断故障电流，保护非选择跳上一级4号主变压器所有断路器，4号主变压器联跳4号发电机，这是造成4号机组和4号主变压器跳闸的重要原因。

## 四、整改措施

（1）立即组织人员对全电厂3kV断路器进行一次全面检查，防止断路器拒动情况重复发生，具体检查项目为：机构连板之间的铆钉是否松动，如有松动应铆牢。检查各焊缝是否开裂，如有开裂应补焊。检查分合闸弹簧是否良好，支架在扭簧作用下应能复位自如。查轴销与轴孔之间的配合间隙是否过大，应不大于0.3mm，各轴销窜动量不大于1mm。检查各连板部件是否灵活、动作可靠，并加润滑油。检查轴销连杆是否完好，连杆不应弯曲，辅助断路器运动过程中无卡滞现象。

（2）电气专业认真审查直流系统负荷分配，适当分开相关装置的直流电源所取位置。

（3）高压厂用变压器高压侧断路器遮断容量不够，无法断开故障电流，无法起到断路器作用。电气专业立即研究方案，在目前选不到满足要求的断路器的情况下，尽快取消该断路器，以免引起其他问题。

（4）继电保护人员和电气人员共同研究，尽快找出解决保护非选择问题的可靠方法。

（5）认真开展危险点分析与控制工作，进行任何一项工作前，针对不同的情况，提前制订并落实控制措施。

# 案例174 下装脱硫系统主控制器导致锅炉灭火异常事件

## 一、设备简介

某电厂增压风机为上海鼓风机厂生产的RAF31.5-17-1型动叶可调轴流风机。其控制系统为北京龙源正合公司F8-DCS系统，执行机构为德国EMG公司产品。

## 二、事件经过

1月13日08时23分07秒，由于脱硫系统增压风机动叶自动关闭，旁路烟气挡板没有自开，导致1号锅炉正压高保护动作灭火，保护动作时炉膛压力为+1499Pa/+1498Pa。当时正进行脱硫系统主控制器下装工作。锅炉灭火后17min，于1月13日08时40分恢复正常。

## 三、原因分析

脱硫系统工程师站主站及备站程序版本不一致，需要下装才能更改逻辑。因需要在线修改控制逻辑，工程师站下装时，造成1号CPU所有AO点自动回零，所有控制器内中间变量（主要为连锁投入点）复位，造成增压风机动叶角度为零，炉膛负压增高。因所有中间点复位，连锁保护自动取消，造成旁路挡板未能及时打开，炉膛憋压，发现负压异常时，运行人员立即手动打开旁路挡板，避免了事故扩大化，但已经造成炉膛压力过高，保护动作，锅炉灭火。

## 四、整改措施

（1）及时发现并处理脱硫设备运行过程中出现的各类问题。

（2）各主、辅系统每次重大操作前均要做好事故预想，做好防范措施。

（3）将脱硫系统增压风机运行参数进至集控主画面，同时炉盘与脱硫集控室装一部直通电话，以便于参数的监控，并为事故处理赢得时间。

（4）机组运行时，脱硫系统DCS主控制器严禁下载；发现双CPU版本不一致情况，调用备份文件检查版本是否一致，如果不一致，严禁联机，待系统停运后下装逻辑。

（5）调试期间及时备份控制逻辑，这样即使出现版本不一致情况，也能及时调用备份文件，不会对系统造成影响。

（6）如果出现必须下装逻辑才能保证脱硫机组正常运行情况时，要首先打开旁路挡板，调小增压风机动叶角度，采取相应的安全措施后才能下装。

（7）将此情况及时反馈给脱硫系统DCS厂家，完善控制系统，使控制器在一台下装时另一台可以自动切换为主站。

# 案例175 锅炉干排渣机钢带变形导致停机异常事件

## 一、设备简介

某电厂600MW燃煤空冷凝汽式发电机组，配置2080t/h亚临界参数、控制循环、一次中间再热、固态排渣煤粉锅炉。锅炉配一台干式排渣机，单侧出渣，底部灰渣经干式排渣设备冷却后经两级破碎，通过负压输送系统储存在渣仓内。

渣井采用自支撑式结构，并设液压关断门，其有效储渣容积不小于锅炉燃用设计煤种4h排渣量（4×22.15t/h）；炉渣温度≤850℃。锅炉灰渣量情况见表24-1。

干式排渣系统性能保证值为：正常出力18t/h，冷却渣温小于100℃，冷却空气量为11 030$m^3$/h。最大出力75t/h，冷却渣温小于150℃，冷却空气量为14 959$m^3$/h。负压气力输送系统出力（每套）80t/h（每路40t/h）。

表 24-1 锅炉灰渣量

| 容量（MW） | | 600 |
|---|---|---|
| 耗煤量（t/h） | 设计煤种 | 279.6 |
| | 校核煤种Ⅱ | 313.5 |
| 渣量（t/h） | 设计煤种 | 16.98 |
| | 校核煤种Ⅱ | 22.15 |

## 二、事件经过

2007 年 11 月 19 日 05 时 30 分至 11 月 24 日 12 时，利用机组停备机会对除灰渣系统进行了保养、维护，期间对干排渣机进行了钢网、钢带及清扫链张紧力调整、钢带及清扫链轴承座补油、一级与二级碎渣机轴承补油及清理杂物等工作，宏观检查钢带外观完好、无变形。

11 月 25 日 11 时 30 分机组并网，26 日 01 时 50 分 1 号锅炉干排渣机清扫链电机跳闸，就地检查发现清扫链脱链并造成 3 个链轮轴承座损坏（1 个轴承座严重损坏，另 2 个轴承座底座孔撕裂），检修人员立即办理工作票对清扫链轴承座进行更换抢修工作。在处理清扫链轴承座的过程中，就地检查发现挤压杆与挤压门芯处断开，大渣破碎机与壳体固定螺栓被拉断，造成大渣不能被破碎并落入到一级碎渣机中；就地检查还发现两台二级碎渣机全部堵塞，中间渣仓内的渣无法正常输送到渣仓；清扫链刮板处有较多积渣，同时检查发现清扫链减速机壳体有裂纹（壳体有一长度约 150mm 裂缝），减速机漏油严重。26 日 08 时 50 分，办理了大渣破碎机、二级碎渣机清理工作的工作票，采取了关断渣井排渣门、二级碎渣机停电等措施后，组织检修人员进行了抢修工作。大渣破碎机抢修工作于 26 日 10 时 30 分完成，清扫链轴承座抢修工作于 26 日 12 时完成。检查发现干排渣机清扫链上有较多积灰，运行人员将渣井关断排渣门进行了关闭，组织人员清理清扫链刮板处积渣。11 月 26 日 16 时 40 分，清扫链底部积渣清理干净，此时因锅炉渣量较大，渣井上部积渣较多（此时渣井上部的积渣量约 44t），为了将渣及时排走，运行人员逐步开启 1、11 号（近渣仓侧）排渣门进行排渣。在排渣过程中，因钢带受热拉长变形（见图 24-2、图 24-3），热渣漏到干排机清扫链及底部，底部堆积渣量较多，造成防跑偏托辊支架严重变形，钢带变形加剧，经全力抢修后，干排渣机已无法运行，申请停机处理。机组于 11 月 27 日 12 时 37 分解列停机。

图 24-2 变形的钢带

图 24-3 变形的防跑偏托辊

本次事故主要造成了钢网的变形，一、二级碎渣机轴承过热，组合式过滤器滤袋烧损等。

## 三、原因分析

本次事故最主要的原因为干排渣机设计和制造质量存在问题，具体如下：

（1）钢板及钢网（输送带）。

钢板及钢网为干排渣机的关键设备，从运行近两个月时间来看，主要表现为：

1）钢网的耐热度不足，强度较低，受热后急剧变形拉长，抵抗变形的能力不足，需频繁调整张紧程度。技术协议要求输送带的寿命保证值不小于50 000h，按照目前的使用情况，是难以达到设计要求的。因此要求钢板及钢网耐热度应至少按1000℃进行考虑，因为在事故情况下，渣井内大量积渣，在开启渣井关断门排渣至输送带的过程中，因负压无法形成（正常运行热渣主要靠负压形成的冷风进行冷却），大量的热渣（温度近850℃）落在输送带上，无法冷却，热渣进入中间渣仓后，将导致排渣设备处于高温状态而损坏。

2）输送带设计上存在缺陷，搭接部分较少，钢网受热后，多次拉长导致灰渣落入输送带非工作面，甚至落到干排渣机底部，导致输送带跑偏和堵塞。

3）输送带的防跑偏装置设计上存在缺陷，防跑偏托辊不能有效防止输送带的跑偏，输送带跑偏后无报警信号和停止输送带运行触点信号。

4）输送带的张紧系统不完善，不能达到技术协议要求自动张紧的功能（根据松紧程度需手动调整液压油压力，不定期调整张紧度），无法有效控制张紧的力度，张紧力不足导致钢带打滑或跑偏，张紧力过大导致钢网寿命缩短。

（2）清扫链装置。

1）清扫链减速机与传动轴安装方式不合理（直联式即减速机直接套装在轴上）；减速机裕量设计不足，不能带负荷启动。

2）清扫链强度不足，经常拉长。

3）清扫链的张紧系统不完善，无法有效控制张紧的力度，不能达到技术协议要求自动张紧的功能，张紧力不足可能导致脱链而卡涩，张紧力过大导致清扫链寿命缩短。

4）清扫链装置导向轴承座较多，不易保证其同心度。

5）清扫链减速机为悬空直联式，没有设计底座和过载保护装置，当清扫链脱链时极易造成减速机过载或因振动大而导致减速机损坏。

（3）一、二级碎渣机。

1）一级碎渣机出现故障后将导致灰渣无法排出，但运行中经常发生卡涩的现象，破碎能力较差。

2）二级碎渣机运行中经常卡涩，每天发生卡涩2～3次。

3）二级碎渣机为一运一备，但二级碎渣机出力设计偏小，经常两台运行。

（4）负压系统。

技术协议要求组合式过滤器滤袋采用进口材质，耐高温，寿命不低于50 000h。但实际上无法满足，从试运至今，1号机组已更换50多条滤袋，2号机组已更换100多条滤袋。

## 四、整改措施

（1）要求厂家对以上提出的问题进行认真研究，对整个干排渣系统提出切实可行的改造措施，并尽快实施。

（2）在改造方案未实施前，运行、点检人员加大对干排渣设备的监控力度（每小时巡查一次）；维修人员对缺陷的处理工作尽量控制在4h内完成，减少渣井内的积渣量，避免渣量过大无法排走。在处理紧急缺陷的同时，运行人员应尽可能降低机组负荷，以减少渣量的形成。

（3）点检人员每天监视输送带及清扫链的张紧力度，防止出现跑偏现象及掉链现象，出现后及时调整。

（4）局部更换已经变形较为严重的钢带，并更换为耐热钢带。

（5）对减速机增加底座，避免因清扫链脱链造成减速机损坏。

（6）对组合式过滤器的滤带骨架进行改造，改变目前滤带频繁破损的状况。

# 案例176 捞渣机堵渣导致停机异常事件

## 一、设备简介

某电厂锅炉炉底大渣采用干式除渣系统，单侧出渣。即锅炉排出的渣通过渣井和液压关断门排至干式排渣机，在输送过程中热渣被逆向运动的空气冷却后，排入碎渣机，经碎渣机破碎后由斗式提升机提升至渣仓储存，渣仓下留有运渣汽车通道，汽车在渣仓间内装渣外运至储灰场碾压储存或供综合利用。

每台锅炉设一套除渣系统，其出力保证不低于锅炉燃用设计煤种BMCR工况下的最大排渣量，并留有不小于4倍的余量，即正常出力约为6t/h，最大出力约为28t/h，连续运行。干式排渣机与锅炉出渣口用渣井相连，渣井独立支撑，渣井容积至少可满足锅炉燃用设计煤种BMCR工况下4h排渣量。渣井底部设有液压关断门，允许风冷式排渣机故障停运4h而不影响锅炉的安全运行，并能有效拦截大渣块，并预破碎，100%保护输送带安全运行和提高冷却效果。

每台锅炉（1×1067t/h）灰渣量见表24-2。

**表24-2　　1×1067t/h锅炉灰渣量　　(t/h)**

| 煤种 | 耗煤量 | 灰量 | 渣量 | 省煤器灰量 | 灰渣总量 |
|---|---|---|---|---|---|
| 设计煤种 | 157.40 | 44.28 | 5.22 | 2.61 | 52.11 |
| 校核煤种1 | 176.84 | 57.90 | 6.82 | 3.41 | 68.13 |
| 校核煤种2 | 134.12 | 16.70 | 1.97 | 0.98 | 19.65 |

干渣系统设碎渣、提升设备，其中碎渣机设在风冷干式排渣机出口，最终可将大块渣破碎至粒径小于35mm×35mm以下，破碎后的渣经缓冲渣斗，由斗式提升机提升到渣仓，斗式提升机设置2套（1运1备）。

每台锅炉设一座钢结构渣仓，能满足锅炉 BMCR 工况燃用设计煤种时储存约 34h 渣量。渣仓的底部设有 2 个排出口。

## 二、事件经过

2003 年 3 月 10 日 08 时，锅炉渣仓排渣双轴搅拌机给料机犯卡，维护人员上票处理，工作票经点检员签发后，按工作票流程办理开工手续，因办票过程中工作票发错，而生产现场急需消缺，于是维护人员未重新办理工作票就组织人员进行消缺工作。当时，锅炉渣仓料位 5.7m，因放干渣的给料机电机（3kW）也烧毁，锅炉渣仓两套排渣系统无法排渣。10 时 17 分，因渣仓料位显示 6.8m（渣仓已满），关闭了 7 号锅炉排渣机液压关断门。

同日 11 时，电气维护人员更换干渣给料机电机后，启动运行半小时后再次烧毁，电气维护人员检查并更换了控制断路器。16 时，维护人员在处理好双轴搅拌机给料机机械犯卡缺陷后，同时更换好放干渣的给料机电机。至此，锅炉渣仓放渣两套系统全部处理完毕。因处理渣仓放渣给料机，关闭锅炉捞渣机液压关断门已达 7h。

同日 17 时 15 分，捞渣机正常运行，渣仓正常排渣。21 时 18 分，点检接到三产除灰人员通知，渣仓排渣双轴搅拌机给料机再次犯卡，且放干渣的给料机电机又一次烧毁。21 时 20 分，点检员立即通知辅控人员继续开液压关断门，给渣仓上渣，同时通知维护人员抓紧时间处理。由于渣量大，只能缓慢断路器液压关断门，渣量大又造成碎渣机头部频繁堵渣，维护值班人员到除渣机处协助放渣。但因渣量过大，始终无法全部打开液压关断门，到交班时液压关断门也没有全部打开，无法实现连续放渣。

3 月 11 日 03 时 48 分，运行人员开始进行事故排渣，因事故排渣口铲灰人员较少，渣从两边流出，着火的渣很快填满斗提机地坑。因担心给料机电机被烧坏，辅机运行人员于是通知相关部门联系出渣车辆清运渣，并要求维护负责人抓紧时间组织处理。

同日 10 时 20 分，维护人员已处理完双轴搅拌器犯卡，因准备投运双轴搅拌器，维护人员开始清理捞渣机清扫链的积渣，停运捞渣机，关闭锅炉捞渣机液压关断门。

同日 11 时 30 分，电气维护人员第三次更换干出渣电机，维护电气人员继续查找电机频繁烧毁的原因，确认电气回路存在故障，更换两只接触器，检查工作直到 13 时结束。影响渣仓放渣的双轴搅拌机给料机和干渣给料机（检查处理后未投入运行）第二次全部恢复。在此期间，从 10 时 20 分—13 时，停运锅炉捞渣机，关闭了锅炉捞渣机液压关断门，关闭时间近 3h。

同日 13 时 10 分，运行人员启动捞渣机，打开液压关断门，通过双轴搅拌器排渣。

同日 14 时 10 分，因捞渣机清扫链故障再次停运，电气维护人员进行检查处理，又停运捞渣机，关闭锅炉捞渣机液压关断门，关闭捞渣机液压关断门时间近 2h。

同日 16 时，除灰点检考虑电气人员已处理清扫链故障时间较长，通知运行人员启动捞渣机（当时清扫链电缆接地正在处理中），进行排渣。

同日 17 时，电气维护人员处理完清扫链电缆接地缺陷。17 时 10 分，开始正常排渣，锅炉西侧稍微能放下渣，东面放不出渣，断路器液压关断门进行挤压也无效。22 时 45 分，因被捅下的大块渣将液压关断门卡住而无法关闭，捞渣机输送链打滑，维护项目部处理好后继续放渣。

同日 23 时 30 分，捞渣机液压关断门处看火孔不见火，且放渣不畅。3 月 12 日 01 时左右，因放渣效果不明显，渣量逐渐上涨，在锅炉12.6m看火孔只有一个能看到火。在组织人员进行打焦效果不明显的情况下，投等离子点火降负荷运行，最低负荷至70MW。

3月12日13时50分，机组因锅炉结焦堵渣严重，被迫停运。

因处理渣仓出渣给料机时间长达26h，锅炉出渣液压关断门关闭近十几小时。

## 三、原因分析

通过向维护项目部消缺人员、工程设备部除灰专业点检和运行辅机人员调查，结合PI系统运行参数分析得出：设备部消缺管理和组织不力，对设备缺陷的后果没有引起高度重视，发电部巡检不到位，缺陷管理不到位，消缺过程中没有采取危险预控措施，这是造成锅炉堵渣，机组被迫停运的主要原因。

## 四、整改措施

（1）设备部要加强对消缺工作和外委项目部的管理，作为设备责任主体和项目部的管理部门，要积极组织并指导项目部维护人员做好消缺工作，加强对维护项目部消缺工作的过程管理，杜绝以包代管。

（2）发电部加强缺陷管理工作，认真做好运行设备的巡检工作，对发现的异常情况不但要及时通知相关部门组织人员处理，而且要根据消缺情况，做好危险分析和预控措施；对严重危及机组安全运行的问题，要及时按生产指挥信息传递管理制度向有关生产部门和公司领导汇报，确保机组的安全稳定运行。

（3）维护项目部要加强人员的责任心教育和技术培训工作，提高每个人的责任意识和技术水平。维护项目部各级人员要增强责任意识，树立主人翁思想，认真按照设备维护合同的约定履行好设备维护工作。

（4）加强维护项目部的安全管理工作，维护项目部要组织人员认真学习公司和集团公司的安全管理制度，深刻领会公司安全理念，将安全管理落实到每项工作中，杜绝无票作业和违章作业情况的发生。

（5）发电部下发防止锅炉结焦的措施：保证一次风速，要求磨煤机出口压力不得低于2.0kPa；保证燃烧器出口一次风的刚度，要求周界风开度不得小于40%；保证燃烧充分，要求氧量控制在3%～5%之间；保证火焰不发生偏斜，要求燃烧器摆动机构开度一致，烟温偏差尽量控制在50℃内；每班检查结焦情况，按照要求定期吹灰。

（6）发电部辅控专业制定输灰出渣的技术措施，指导运行人员操作，确保输灰出渣系统的正常运行。

（7）设备部针对渣仓的放渣给料机在运行中经常容易犯卡的情况，机组小修时在渣仓上开一个DN300的孔，加装一道DN300的事故放渣门。在放渣设备不能正常运行时，从渣仓的事故放渣门处直接放渣，从而不影响排渣机的正常运行。

（8）加强设备的定期检查和设备巡回检查制度，出渣设备检修时间长时，做好定期排渣工作，确保干出渣系统上部不结渣，保证锅炉的正常运行。

## 案例177 循环流化床锅炉下渣管断裂导致停机异常事件

### 一、设备简介

某电厂锅炉型号为SG-1065/17.5-M804的300MW循环流化床锅炉，两侧排渣，共设6个排渣口，每个排渣口对应1台滚筒式冷渣器，滚筒冷渣器由百叶滚筒、支承机构、驱动机构、进渣装置、出渣装置、冷却水系统组成，冷却水系统用于流化床锅炉的热渣（约950℃）冷却，冷却后的渣温一般不大于150℃，最高不超过220℃。

### 二、事件经过

2010年1月21日23时29分，机组负荷275MW，燃煤量210t/h，主蒸汽压力15MPa，主蒸汽温度520℃，床压15/14.8kPa（左/右），床温850℃，1、2、4、5号冷渣器运行，3、6号冷渣器备用。

同日23时30分，锅炉检修班工作人员采用敲击方式对5号冷渣器下渣管不下渣进行处理。在敲击的情况下，入口下渣管裂开，见图24-4～图24-6，大量高温床料向外喷出，敲击人员立即撤离，高温床料落到地面，将周围电缆引燃起火。

图24-4 未断时下渣管

同日23时41分，进行事故处理和现场灭火。23时50分锅炉压火。00时08分，汽轮机打闸，发电机解列。

### 三、原因分析

（1）机组启动运行后，锅炉本体受热向下膨胀，产生的应力传递到下渣管上。由于下渣管及其连接的多维膨胀节设计不合理（设计膨胀量过小），不能完全吸收下渣管向下的应力，引起下渣管强度降低。

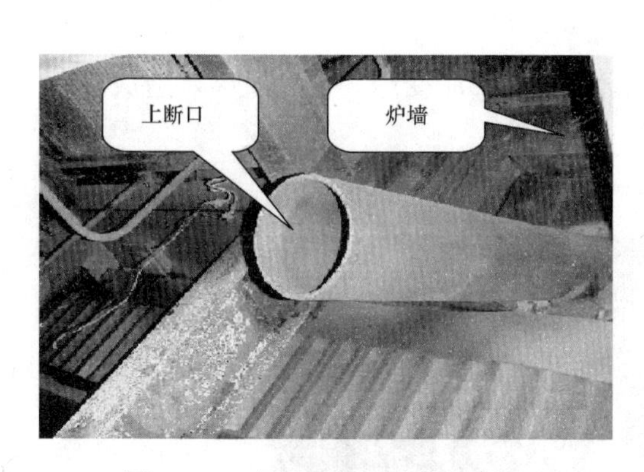


图 24-5 断开后的下渣管上断口

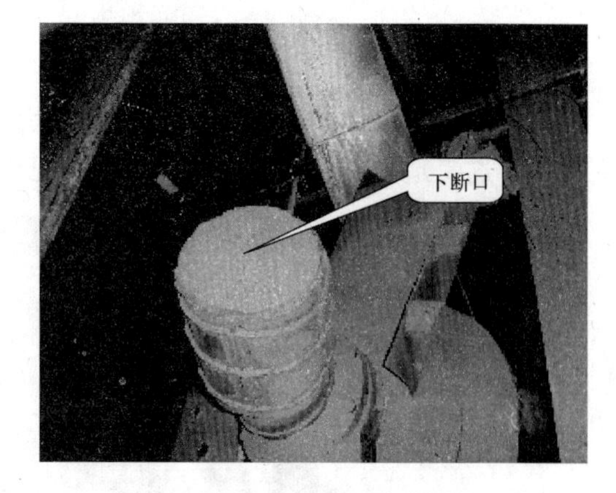


图 24-6 断开后的下渣管下断口

（2）锅炉负荷达到 200MW 及以上时，需连续排渣，高温炉渣对下渣管产生的热应力，导致下渣管强度进一步降低。

（3）以上两种热应力的共同作用，使下渣管已接近损害的边缘，此时检修人员用外力敲击下渣管（处理不下渣缺陷），造成入口下渣管裂开。

## 四、整改措施

（1）对 6 台冷渣器入口下渣管更换新管并更换符合要求的伸缩节，预留足够的膨胀间隙。

（2）对更换的下渣管做好入厂检验，保证材质。

（3）利用每次停炉机会对下渣管、焊口及膨胀节认真进行检查，必要时进行无损探伤，发现问题及时处理。

# 案例178 冷渣斗下渣管断裂导致停机异常事件

## 一、设备简介

某电厂锅炉型号为 SG-1065/17.5-M804 的 300MW 循环流化床锅炉，炉膛底部出渣采用 6 台滚筒式冷渣器，分别布置在锅炉两侧，能够满足锅炉正常的除渣要求。

## 二、事件经过

某年 1 月 21 日 23 时 30 分，维护部锅炉检修班人员对 1E 冷渣器落渣管准备进行敲击下渣时，发现入口落渣管裂开，大量床料跑出着火，并造成周围电缆等起明火。维护和运行人员组织灭火，机组快速减负荷。23 时 43 分，值长令：将 4～6 号冷渣器电机，冷渣器入口电动门，冷渣器冷却水电动门电源停电。23 时 50 分，值长令：锅炉手动熄火。00 时 08 分，汽轮机打闸，发电机解列。

## 三、原因分析

（1）冷渣器入口落渣管设计不合理，膨胀间隙不够，膨胀受阻，应力过大，造成管子卡涩断裂，这是造成本次事故的直接原因（见图 24 - 7）。

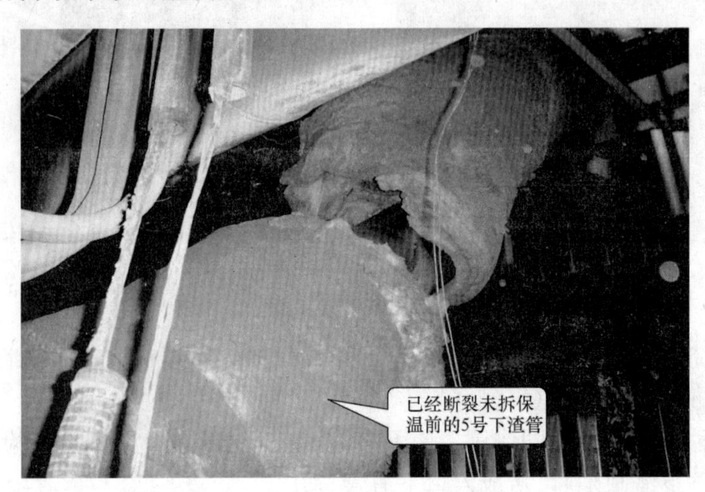


图 24 - 7　断裂的 5 号下渣管

（2）膨胀节本体与活动密封盘之间有炉渣，这是导致膨胀节不能正常释放应力的间接原因。

（3）落渣管本身也为多节焊接制作，施工单位的安装焊接质量存在缺陷，锅炉负荷200MW 时需连续排渣。落渣管长期在炉渣高温和重力挤压的作用下，应力无法释放，最终导致焊口开裂，这也是产生此次事故的重要原因。

## 四、整改措施

（1）针对冷渣器入口落渣管设计不合理的问题，协调相关单位和设备厂家优化设计。

（2）举一反三，对其他 5 个下渣管拆保温进行全面检查，加强设备的维护及质量管理。

# 案例179　锅炉水封断水引起汽温高导致停机异常事件

## 一、设备简介

某电厂锅炉型号为 HG-2030/17.5-YM9。该锅炉为固态排渣，通过捞渣机将炉渣捞到渣仓，渣水系统的补充水是工业水，系统中有渣水提升泵和清洗泵。捞渣机补水及锅炉冷灰斗的水封水由清水泵供给，见图 24 - 8 渣水系统图。主蒸汽管道材质为 A335P91，再热段蒸汽管道材质为 A335P22。

## 二、事件经过

2009 年 6 月 23 日，辅控主值收回 2 号锅炉渣水系统调节池 2 号渣水提升泵检修工作票。

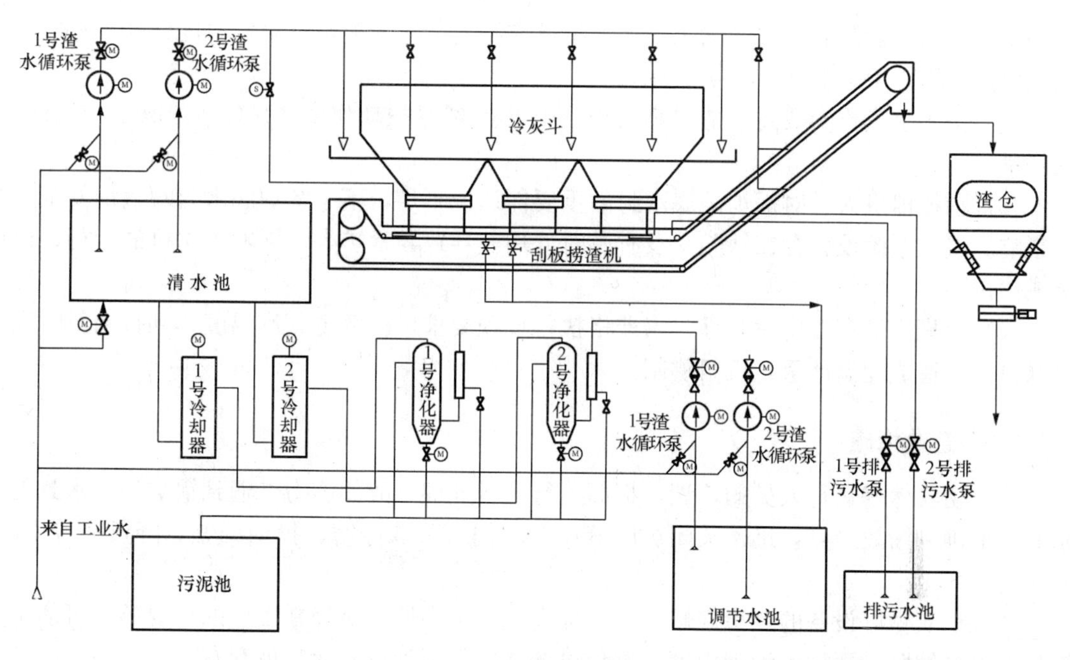


图 24-8 渣水系统图

同日 10 时 55 分，进行试泵。启动试验 2 号渣水提升泵正常打水后，停止 1 号渣水提升泵。期间为了消除渣水提升泵堵塞现象，进行了渣水外排，造成渣水调节池和清水池液位降低，停止两台清水泵运行。水位正常后，再次开启两台清水泵，但不打水，分析系统堵塞，进行喷射冲洗，但是 2 号清水泵冲洗水门打不开。12 时 24 分—30 分，1 号清水泵打水正常，随后又不再打水（流量表显示为零），值班人员未再进行处理，造成捞渣机水槽失去补水，水位降低。

同日 14 时 29 分，机组负荷 580MW，AGC 投入，锅炉 A、B、C、D、E 制粉系统运行，总燃料量 310t/h，汽压 16.3MPa，主蒸汽温度 541℃、再热蒸汽温度 540℃，锅炉汽包水位、汽温、送风、引风机、一次风压力投入自动控制方式。14 时 30 分，锅炉负压波动，1、2 号引风机电流分别由 210A、201A 开始升高。14 时 45 分，1、2 号引风机电流分别达到 308、293A，主、再热蒸汽温度开始升高。机组长判断锅炉底部水封系统破坏，机组开始以 20MW/min 的速度降负荷。14 时 48 分，1、2 号引风机电流分别达到 329、310A。14 时 50 分，锅炉主、再热蒸汽温度达到 580℃（规程规定锅炉主、再热蒸汽温度达到 580℃应停炉）。14 时 51 分，机侧主蒸汽温度达到 566℃（规程规定打闸值）。15 时 03 分，机组长手动 MFT，停止锅炉运行，当时机组负荷 328MW。锅炉左侧主蒸汽温度最高 598℃，锅炉右侧主蒸汽温度最高 596℃，锅炉左侧再热蒸汽温度最高 598℃，锅炉右侧再热蒸汽温度最高 594℃；机侧主蒸汽温度最高 587℃。15 时 06 分，因高排温度高保护动作，机组跳闸（保护定值 427℃）。

## 三、原因分析

（1）由于锅炉炉底水封失去，运行人员降负荷及停止制粉系统等操作速度慢。在发现锅炉水封出现问题以后，采取关闭炉底液压关断门的措施不及时，没有起到应有的作用。炉膛火焰中心升高，炉膛底部大量漏风，烟气量迅速增大，导致锅炉汽温大幅度升高，超出锅炉紧急停炉条件，手动 MFT 紧急停炉。

（2）由于主蒸汽参数高，造成高排温度高，达到保护动作值 427℃（三取二），机组跳闸停机。

（3）辅控值班人员对锅炉炉底水封的重要性认识不足，不了解炉底水封对锅炉安全运行的影响。渣水系统设备存在缺陷，没有及时处理，导致异常扩大，影响了主机的运行，最后造成停机。

（4）值班人员存在侥幸心理，未严格执行规程要求，机侧主蒸汽温度达到打闸值时没有果断打闸，造成超温严重，机组跳闸。

## 四、整改措施

（1）切实做好运行人员的培训，提高运行人员处理事故的能力。遇到锅炉失去水封的异常时，准确判断故障点，迅速关闭炉底液压关断门，采取停磨、投油助燃、降负荷等手段，防止超温。

（2）切实做好设备的点检定修工作，提高设备可靠性，对经常发生的重要的、可能扩大事故的设备缺陷，要加大治理力度，避免设备缺陷得不到消除而长期存在。

（3）加强安全生产管理，认真落实各级安全生产责任。认真执行交接班的管理制度，建立规范的生产秩序。

（4）加强主控与辅控之间的工作联系，强化工作配合和协调关系。避免辅控异常的扩大影响主机的运行。

（5）严格执行运行规程的规定，对设备达到极限参数的情况，不能存在侥幸心理，应避免损坏设备及扩大事故。